U0791918

中等职业学校教学用书
计算机课程改革实验系列教材

办公自动化应用教程

（Windows 10 + Office 2013）

第3版

杨　华　主　编
于景辉　段好强　副主编

電子工業出版社
Publishing House of Electronics Industry
北京 · BEIJING

内 容 简 介

本书根据教育部颁发的《中等职业学校专业教学标准（试行）信息技术（第一辑）》中的相关教学内容和要求编写。为适应现代文秘与行政工作的特点，本书针对性地介绍了 Office 2013 三大常用办公软件的具体应用。

全书共 8 个模块，首先介绍了办公自动化及 Windows 10 操作系统的相关知识，然后采用案例教学的方法，对 Word 2013、Excel 2013 和 PowerPoint 2013 在自动化办公中的应用进行了详细介绍，最后介绍了有关网络办公的知识，以及常用办公软件和办公设备的应用等。

本书内容丰富，知识新颖，注重理论和实践相结合，可供中等职业学校计算机及相关专业使用，也可作为文秘与行政办公人员的参考教材。

未经许可，不得以任何方式复制或抄袭本书的部分或全部内容。
版权所有，侵权必究。

图书在版编目（CIP）数据

办公自动化应用教程：Windows 10+Office 2013 / 杨华主编. —3 版. —北京：电子工业出版社，2019.11

ISBN 978-7-121-37673-3

Ⅰ. ①办… Ⅱ. ①杨… Ⅲ. ①Windows 操作系统—中等专业学校—教材②办公自动化—应用软件—中等专业学校－教材 Ⅳ. ①TP316.7②TP317.1

中国版本图书馆 CIP 数据核字（2019）第 246894 号

责任编辑：关雅莉　　文字编辑：徐　萍
印　　刷：北京虎彩文化传播有限公司
装　　订：北京虎彩文化传播有限公司
出版发行：电子工业出版社
　　　　　北京市海淀区万寿路 173 信箱　邮编　100036
开　　本：787×1 092　1/16　印张：13.5　字数：345.6 千字
版　　次：2008 年 8 月第 1 版
　　　　　2019 年 11 月第 3 版
印　　次：2024 年 8 月第 6 次印刷
定　　价：35.00 元

凡所购买电子工业出版社图书有缺损问题，请向购买书店调换。若书店售缺，请与本社发行部联系，联系及邮购电话：（010）88254888，88258888。

质量投诉请发邮件至 zlts@phei.com.cn，盗版侵权举报请发邮件至 dbqq@phei.com.cn。

本书咨询联系方式：（010）88254617，luomn@phei.com.cn。

前　言

PREFACE

随着计算机技术的飞速发展，办公自动化程度不断提高，其应用和普及程度已经成为衡量一个国家信息化程度的重要标志。如何有效地利用办公软件来提高工作效率，也成为中职计算机及相关专业学生的必修课程。

本书根据教育部颁发的《中等职业学校专业教学标准（试行）·信息技术类（第一辑）》中的相关教学内容和要求编写。

本书按照“以服务为宗旨，以就业为导向”的职业教育办学指导思想，根据初学者的实际情况，采用模块教学方式，介绍了办公自动化应用的方方面面。模块 1 主要介绍办公自动化的基础知识，模块 2 介绍了 Windows 10 操作系统的主要功能和使用技巧，模块 3、模块 4、模块 5 介绍了 Office 2013 办公软件的常用组件 Word、Excel 和 PowerPoint 的特点和使用技巧，模块 6 介绍了网络办公的有关知识，模块 7、模块 8 介绍了常用办公软件、办公设备的使用。

本书按照实训教学、模块教学的要求，从实用角度出发以循序渐进的方式，由浅入深地全面介绍了办公自动化工具的基本操作和实际应用，先讲解基本的知识要求，然后通过案例对所涉及的知识点进行全面讲解，以帮助读者进一步掌握和巩固基本知识，快速提高综合应用的实践能力，使学生的学与做、理论与实践达到有机的统一的目的。

本书由烟台职教室杨华主编，由齐河职业中专段好强、青岛经济学校于景辉任副主编。此外，一些职业学校的老师参与了程序测试、试教和教材修改工作，在此表示衷心的感谢。

由于作者水平有限，书中不妥之处在所难免，恳请广大师生和读者批评指正。

编　者

目　录

CONTENTS

模块 1

办公自动化基础

1.1 办公自动化概述

1. 办公自动化的定义

办公自动化（Office Automation，OA）是将现代化办公和计算机技术结合起来的一种新型办公方式，以实现办公业务过程数字化和决策管理信息化。凡是在传统的办公室中采用各种新技术、新机器、新设备从事办公业务，都属于办公自动化的领域。

办公自动化系统（Office Automation System，OAS）是利用先进的科学技术，不断使人的部分办公业务活动物化于人以外的各种设备中，并由这些设备与办公室人员构成服务于某种目标的人机信息处理系统。如图 1-1 所示为某单位办公自动化系统结构图。

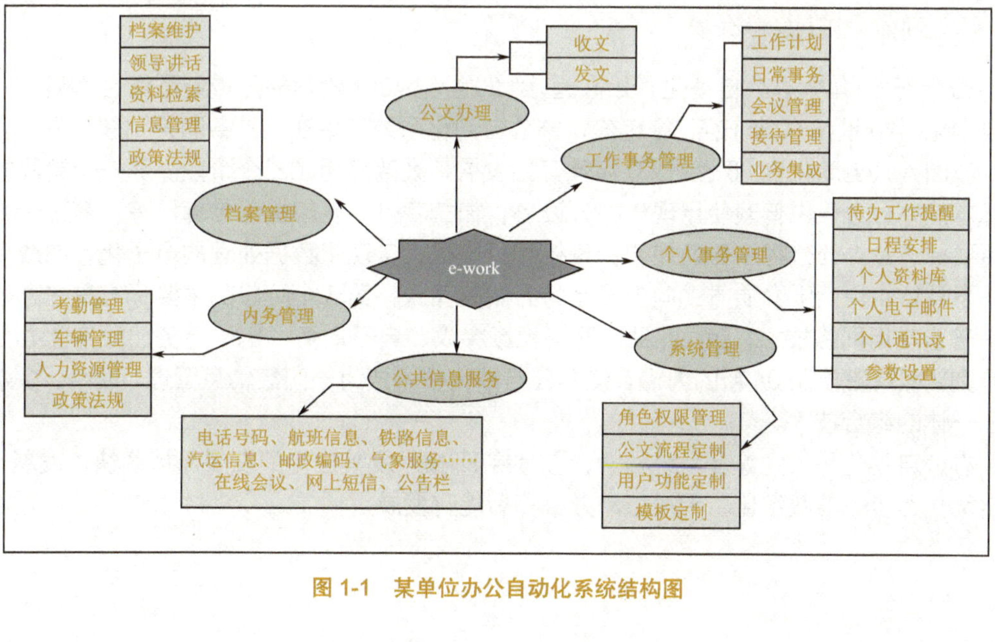

图 1-1 某单位办公自动化系统结构图

2. 办公自动化的功能

办公自动化的功能主要包括以下几点。

（1）文字处理

在办公中处理大量的文字工作，包括对中外文字和数字的输入、编辑、排版、存储、打印和文字识别等功能。

（2）数据处理

对数值及非数值工作的处理。

（3）资料处理

对各种文档资料的分类、登记、索引、转存、查询和检索等工作。

（4）事务处理

人力资源、工资、财务和办公事务管理等工作。

（5）图形图像处理

包括对图形和图像的输入、编辑、存储、检索、识别和输出等工作。

（6）语音处理

语音的输入、存储和输出，语音识别和合成及语音和文字之间的转换等工作。

（7）网络通信

沟通系统内部各部门之间的联系，实现信息交流，更有效地共享办公自动化系统的资源，同时便于和外界的信息联系。网络通信技术是实现办公自动化的关键技术之一。

（8）信息管理

对信息的收录、存储、查询和发布等工作。

（9）辅助决策

在对数据信息进行分析的基础上，为决策制定提供优化处理解决方案。

（10）安全保密

对需要安全保密的数据信息按要求进行防范加密措施。

3. 办公自动化的发展

20 世纪 50 年代办公自动化开始兴起，到 20 世纪 70 年代后期形成新型综合学科——办公自动化。20 世纪 80 年代至 90 年代，办公自动化系统开始在世界各国得到较快发展。

我国办公自动化自 20 世纪 70 年代开始发展，大致经历了三个阶段。第一个阶段的主要标志是办公过程中普遍使用现代办公设备，如打字机、复印机、传真机等；第二个阶段的主要标志是办公过程中普遍使用计算机和打印机，实现了数据处理的电子化，完成了办公信息载体由原始纸介质方式向电子比特方式的飞跃；第三个阶段的主要标志是在办公过程中普遍应用网络技术，Internet、网络视频会议、电子政务、电子商务、数字化办公等一系列新概念赋予了 OA 新的内涵，使办公自动化技术成为一门集信息管理、网络、多媒体等于一体的综合技术。

办公自动化是一门综合系统科学，它随着 IT 技术及其应用的发展而持续快速发展，办公自动化逐步朝着数字化、无线移动办公和智能化发展。

（1）数字化

数字化办公不同于传统的 OA，需要良好的技术支撑，如互联网技术及标准、工作流技术等。目前比较流行的是以邮件系统为基础的工作流技术，也称群件技术。随着 Web 技术的发展，基于 Intranet 模式下的工作流直接使用消息传递中间件作为消息传递手段，不需要使用专用的邮件系统作为消息平台，从而使整个工作流软件负载轻、开放性好、维护方便并且易于和网上其他业务系统结合。

（2）无限移动办公

无限移动办公又称为 3A 办公，即办公人员可在任何时间（Anytime）、任何地点（Anywhere）处理与业务相关的任何事情（Anything）。这种新的办公模式是以笔记本电脑、手机等便携终端为载体实现的移动信息化系统，该系统将智能手机、无线网络、OA 系统三者有机结合，实现任何办公地点和办公时间的无缝接入，极大地提高了办公效率。

（3）智能化

目前以云计算、大数据、移动技术为代表的新一代 IT 技术正在紧密融合，智能化是一个很清晰的未来，办公自动化也将强调更高的人工智能化。未来的 OA 办公自动化将越来越多地整合来自系统内部和外部的数据，以进行智能分析，帮助员工解决日常烦杂的数据处理问题，并生成统计报表，为领导者提供精准的决策依据。

1.2 办公自动化环境

办公自动化环境有硬件环境、软件环境、网络办公环境。

1. 硬件环境

硬件环境包括所使用的办公设备，办公设备是实现办公自动化的硬件基础。常用的办公设备主要包括计算机、打印机、复印机、投影机、扫描仪、传真机、数码相机、一体化速印机、多功能一体机等。

（1）计算机

计算机俗称电脑，是现代一种用于高速计算的电子计算机器，可以进行数值计算，也可以进行逻辑计算，还具有存储记忆的功能，是能够按照程序运行，并自动、高速处理海量数据的现代化智能电子设备。它由硬件和软件组成，被广泛应用于各行各业，是办公自动化必不可少的设备。常见的计算机有台式计算机和笔记本计算机，如图 1-2 所示。

图 1-2　台式计算机和笔记本计算机

（2）打印机

打印机是计算机的输出设备之一，是自动化办公中必不可少的办公工具之一，其应用非常广泛。各行各业都离不开打印机的使用，日常办公中可用它打印文件、报表、账单、信函，还可以打印照片、图片等，如图 1-3 所示。

图 1-3　打印机

（3）复印机

复印机可以直接从书写、绘制或印刷的原稿得到等倍、放大或缩小的复印品，主要用来复印文件、证件、书刊等资料，如图 1-4 所示。

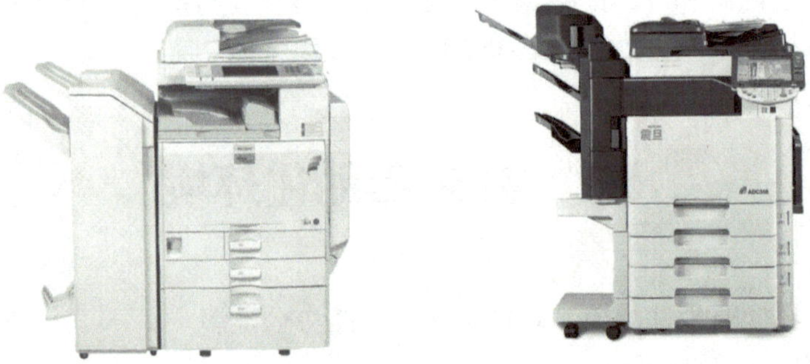

图 1-4　复印机

（4）投影机

投影机又称投影仪，是一种可以将图像或视频投射到幕布上的设备，可以通过不同的接口同计算机、VCD、DVD、BD、游戏机、DV 等相连接播放相应的视频信号，被广泛应用于家庭、办公室、学校和娱乐场所，如图 1-5 所示。

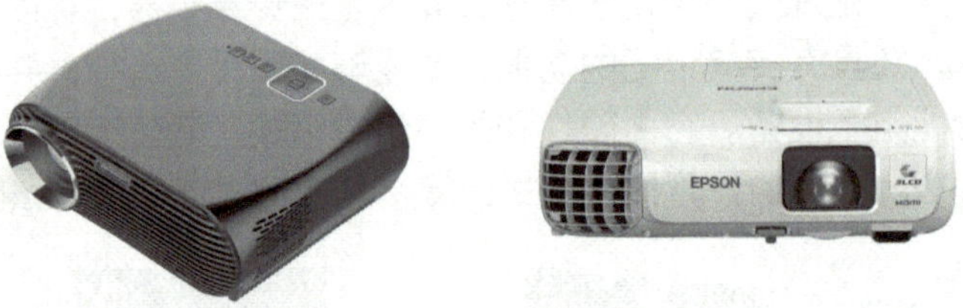

图 1-5　投影机

（5）扫描仪

扫描仪是利用光电技术和数字处理技术，以扫描的方式将图形或图像信息转换为数字信号的装置。扫描仪是一种计算机数字化输入设备，可以将印刷好的文本扫描输入到文字处理软件中，免去重新打字的麻烦，也可将图片扫描到计算机中，被广泛应用于现代办公、印刷行业等，如图 1-6 所示。

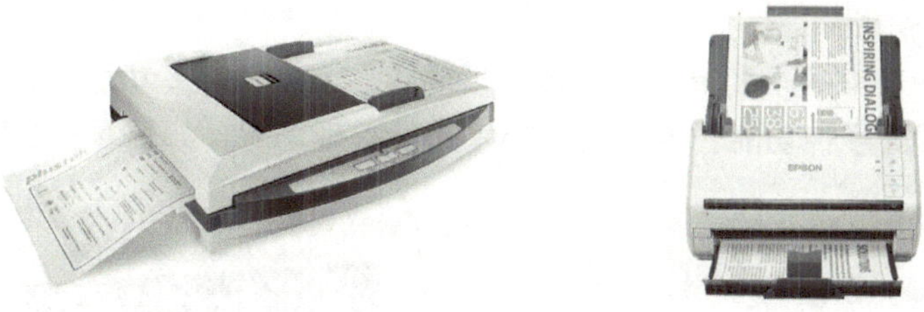

图 1-6　扫描仪

（6）传真机

传真机是应用扫描和光电变换技术，把文件、图表、照片等静止图像转换成电信号，并传送到接收端，以记录形式进行复制的通信设备，如图 1-7 所示。

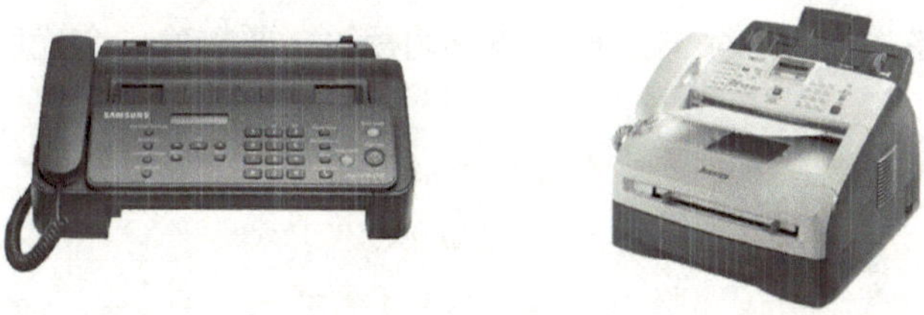

图 1-7　传真机

（7）数码相机

数码相机也叫数字式相机，是一种利用电子传感器把光学影像转换成数字信号数据的照相机，通常将数码相机拍摄的照片存储到计算机中进行处理，如图 1-8 所示。

图 1-8　数码相机

（8）一体化速印机

一体化速印机是集扫描、制版、印刷为一体的油印设备，它通过数字扫描、热敏制版成像的方式进行工作，从而实现高清晰的印刷质量，印刷速度在每分钟 100 张以上，如图 1-9 所示。

图 1-9　一体化速印机

（9）多功能一体机

多功能一体机是集打印和复印于一体的多功能办公器材。多功能一体机虽然有打印、复印、扫描、传真等多种功能，但是打印技术是其基础功能，如图 1-10 所示。

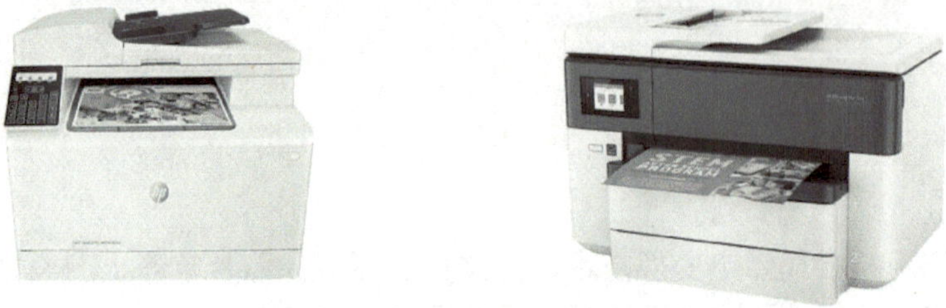

图 1-10　多功能一体机

现代化办公设备的使用寿命与运行环境密切相关，要构建一个优良的办公环境，一般要做到以下几点。

- 室内采光通风效果好，避免阳光直射办公设备，保持少尘洁净。
- 室内温度控制在 15℃～30℃，最佳室温为 22℃。
- 环境的相对湿度保持在 40%～75%，湿度不易过高和过低。
- 远离热源，避开腐蚀性强的气体和强磁场、强电场的干扰。

2. 软件环境

软件环境包括办公自动化所需的系统平台和应用办公软件等。

（1）Windows 操作系统

目前办公自动化环境中使用最多的系统平台为 Windows 操作系统，版本多为 Windows XP、Windows Vista、Windows 7、Windows 8，最新版本为 Windows 10。

（2）Office 办公软件

Microsoft Office

Microsoft Office 是微软公司开发的一套基于 Windows 操作系统的办公软件套装，包括 Word、Excel、PowerPoint、Outlook、Access、FrontPage 等组件，如图 1-11 所示。

图 1-11　Microsoft Office 办公软件

Microsoft Word：是 Office 应用程序中的字处理程序，也是应用最为广泛的办公组件之一，主要用于进行文本、表格的输入、编辑、排版、打印等。

Microsoft Excel：是 Office 应用程序中的电子表格处理程序，内置多种函数，可以对大量数据进行计算、分类、排序、绘制图表等。

Microsoft PowerPoint：主要用于演示文稿和幻灯片的制作和放映，可以编辑文字和图片，并提供有效清晰的信息。

Microsoft Outlook：是个人信息管理程序和电子邮件通信软件，用它可以收发电子邮件、管理联系人信息、记日记、安排日程、分配任务等。

Microsoft Access：是 Office 应用程序中的数据库管理程序，具有强大的数据处理、统计分析能力。

Microsoft FrontPage：是一款网页设计、制作、发布、管理的软件。由于良好的易用性，被认为是优秀的网页初学者的工具，但从 Office 2007 版开始 FrontPage 就被取消了。

WPS Office

由金山软件公司开发的 WPS Office 文字处理软件在办公自动化中也占有一定的市场份额。

（3）其他常用办公软件

在现代办公中，除了 Office 应用程序之外，常用的办公软件还包括：图像浏览与处理工具、压缩与解压缩工具、病毒防护工具、光盘刻录工具、计算机系统维护工具等。

图像浏览处理工具的作用是实现图片的获取、管理、浏览、优化、编辑等。ACDSee 是使用最为广泛的看图工具软件，大多数计算机爱好者都使用它来浏览图片，它的特点是支持性强，能快速打开 20 余种图像格式。Adobe Photoshop 是目前比较常用的图像处理软件，主要处理由像素构成的数字图像，它的众多的编修与绘图工具可以有效地进行图片编辑工作。

压缩软件可以把一些文件变成压缩包来存储，不仅可以减少文件的存储空间，还可以避免病毒的袭击，目前最为常用的压缩与解压缩工具是 WinRAR。WinRAR 界面友好、使用方便，是压缩率较大、压缩速度较快的格式。

Nero Express 是一款常用的光盘刻录软件，支持数据光盘、音频光盘、视频光盘、启动光盘、硬盘备份及混合模式光盘的刻录，并且具备光盘的复制功能。

Windows 优化大师是一款功能强大的系统辅助软件，主要提供系统检测、系统优化、系统清理、系统维护四大功能模块。Windows 优化大师能够帮助用户了解自己的计算机软/硬件信息、简化操作系统设置步骤、提升计算机运行效率、清理系统运行时产生的垃圾、修复系统故障及安全漏洞、维护系统的正常运转等，保证计算机系统始终处于最佳状态。

3. 网络办公环境

现代办公离不开网络环境，通过局域网上计算机的互访可以协同工作；利用 Internet 技术，可以实现资料的搜索、上传、下载及电子邮件的收发，实现资源共享。

通过 IE 浏览器并配合搜索引擎，可以在 Internet 上快速搜索所需的信息和资料。常用的搜索引擎有百度和 Google，百度搜索的主页如图 1-12 所示。

图 1-12　百度搜索的主页

电子邮件是 Internet 上的重要信息服务方式，收发电子邮件主要有两种方式：第一种是在线收取，邮件保存在邮箱所在的服务器上；第二种是在本地计算机上收取，邮件保存在用户自己的计算机上。使用第二种方式收发电子邮件需要专用的软件，常用的有 Microsoft Outlook、FoxMail 等，如图 1-13 所示为 Outlook 的窗口。

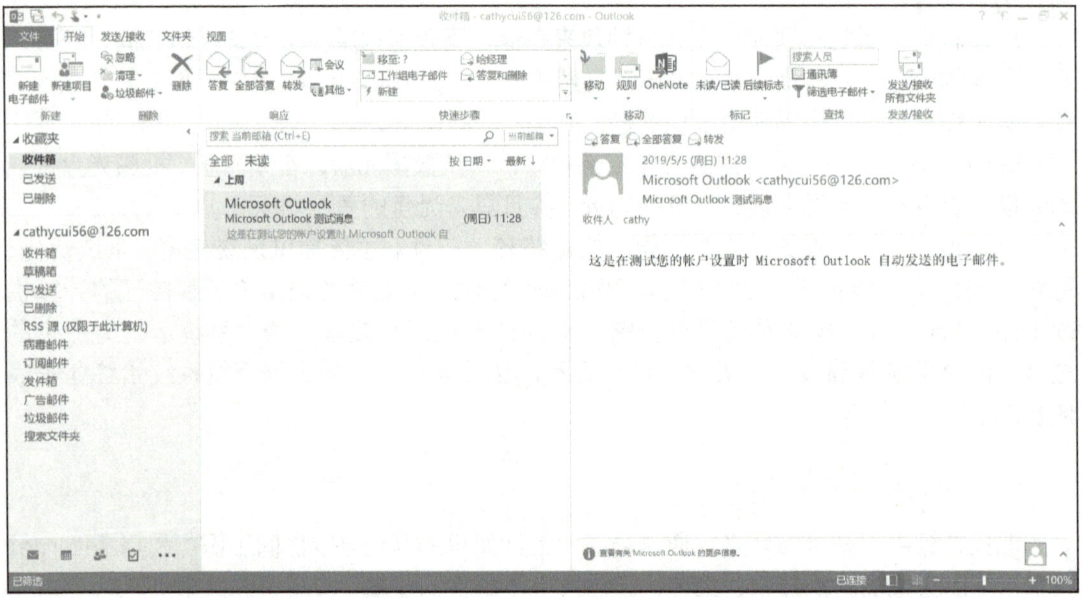

图 1-13　Outlook 的窗口

上传与下载工具的作用是通过互联网来传输文件，实现资源共享。CuteFTP 是一款 FTP 客户端程序，集文件上传、下载、网页编辑等多种功能于一身。

迅雷是一款基于多资源超线程技术的下载软件，是通过网络下载资料的主要工具之一。迅雷能将网络上存在的服务器和计算机资源进行整合，构成迅雷网络，通过迅雷网络使各种数据文件实现相互传递。

1.3 办公自动化系统

办公自动化系统（OA 系统）是一个集成的办公环境，可以使所有的办公人员都在同一个桌面环境下工作，使办公人员摆脱时间和地域的限制，实现协同工作。

在办公自动化系统的支持下，一是建立了统一的内部通信平台，使组织内部的通信与信息交流快捷流畅；二是提供了一个有效的信息发布与交流平台，如电子公告牌、电子论坛和电子刊物等；三是实现单位内部工作流程自动化，解决部门与部门之间的协同工作问题，实现单位各部门的高效协作；四是实现各类文档管理的自动化；五是实现辅助办公系统，如车辆调度管理、公用资产管理、资料管理等；六是实现单位内部信息系统构建与重组。

1. OA 系统的分类

办公自动化系统根据 OA 技术的级别可分为事务级、信息管理级和决策支持级。

事务级 OA 系统只限于单机或简单的小型局域网上的文字处理、电子表格、文件收发、电子文档管理、办公日程管理、人事管理、财务统计、报表处理、个人数据库等应用，这些应用可做成软件包，不同软件包之间可以互相调用或共享数据，以提高办公事务处理的效率。

信息管理级 OA 系统，是事务型办公系统和综合信息数据库紧密结合的一体化的办公信息处理系统。综合信息数据库存放该单位的日常工作所必需的信息，一个现代化的政府机关或企事业单位，必须具备供本单位各部门共享的综合信息数据库。

决策支持级 OA 系统建立在信息管理级 OA 系统的基础之上，它使用由综合数据库系统所提供的信息，针对所需要做出决策的课题，构造或选用决策数字模型，结合有关内部和外部的条件，由计算机执行决策程序，做出相应的决策。

事务级 OA 系统、信息管理级 OA 系统和决策支持级 OA 系统是完整的 OA 系统构成中的三个功能层次，三个功能层次间的相互联系可以通过程序模块的调用和网络通信手段实现。

随着网络通信技术、计算机技术和数据库技术三大核心支柱技术的成熟，世界上的 OA 已进入新的层次，在新的层次中系统有集成化、智能化、多媒体化、运用电子数据交换（EDI）四个新的特点。

2. OA 系统基本实现方案

OA 系统一般基于 Windows 操作系统，采用浏览器和服务器结构（B/S），实现目标为功能完善、性能稳定、安全可靠、资源共享、提高效率，系统网络架构如图 1-14 所示。

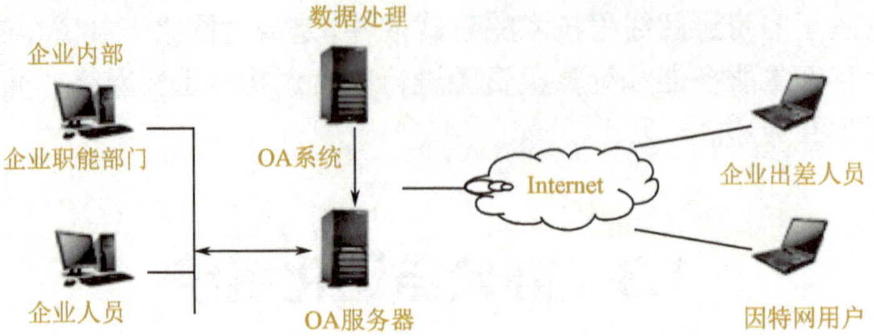

图 1-14　系统网络架构图

OA 系统主要实现以下功能。

(1)远程协同办公

协同办公是政府机关和现代企业管理的必然趋势，利用 OA 系统可以更为方便和协调的方式实现内部协作和外部协作，大规模缩短协同工作中的滞留时间，减少非必要的沟通环节，同时使内部或外部的通信实时、顺畅地进行，从而提高办公效率。如图 1-15 所示为某市政府协同办公架构示意图。

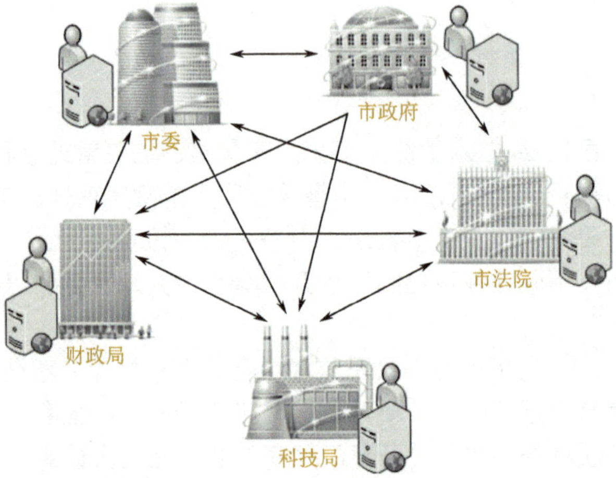

图 1-15　政府协同办公架构

(2)信息和知识管理

存储信息、管理信息和交换信息是信息技术在办公环境中最有效的应用，OA 系统提供了强大的信息和知识管理功能，集中组织知识和信息，并通过多级的、统一的管理，分类、维护、更新和共享信息和知识，同时提供完善的权限模型，确保信息和知识在正确的时间以正确的方式被正确的用户访问，在享受信息和知识共享的同时保障知识的安全。

(3)多途径信息交流

OA 系统中信息交流主要包括以下方式。

- 点到点的信息交流：主要通过电子邮件、短消息实现网络内外的点对点的信息交流。
- 点到面的信息交流：主要用于信息的发布。
- 面到点的信息交流：主要用于信息的汇总和收集。建立特定信息栏目，并允许用户发布信息，允许特定的用户查看信息，从而实现面到点的信息交流。

（4）基于数字证书体系的安全性

OA 系统要求建立安全体系，确保远端客户身份的真实性，确保信息在传输过程中不被修改和窃取。

3. 常见的办公自动化系统平台

（1）电子政务 OA 平台

电子政务 OA 平台主要通过 OA 系统构建政府信息门户、公文交换平台、信息共享平台、行政审批系统、信访管理系统等，实现政府的日常办公管理规范化、标准化、科学化，如图 1-16 所示。

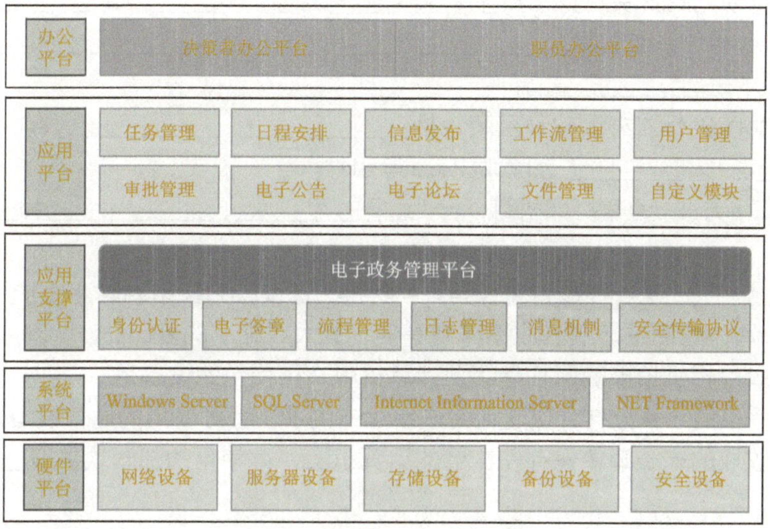

图 1-16　电子政务 OA 平台架构

（2）企业管理 OA 平台

企业管理 OA 平台主要通过 OA 系统实现行政办公、个人办公、人事管理、公文管理、客户管理、项目管理、绩效管理等，如图 1-17 所示。

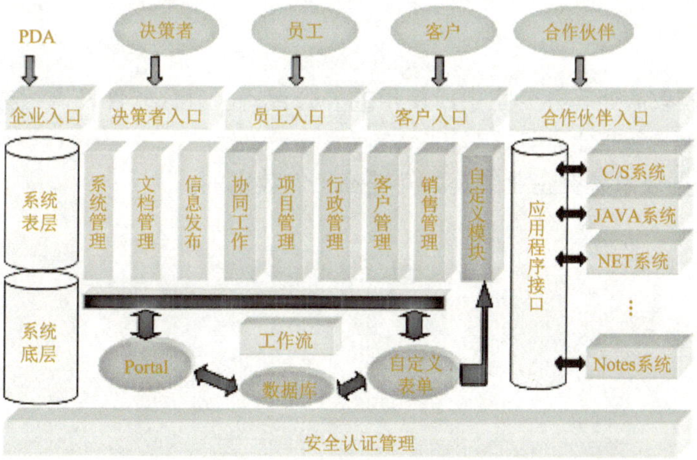

图 1-17　企业管理 OA 平台架构

思考与实训 1

一、填空题

1．办公自动化是将现代化办公和计算机网络功能结合起来的一种新型办公方式，英文原称__________________________，缩写为__________。

2．办公自动化的发展趋势包括____________、____________和____________。

3．Windows 操作系统包括___________、___________、___________和___________等版本，最新版本是____________。

4．Microsoft Office 办公软件套装包括____________、____________、____________、____________、____________、FrontPage 等组件。

5．根据印字方式，通常打印机可以分为____________、____________和____________ 3 种类型。

6．____________是一种数字化设备，可以将图像或视频投射到幕布上。____________可以直接从书写、绘制或印刷的原稿得到等倍、放大或缩小的复印品。

7．要将胶片相机拍摄的照片存储到计算机中，可使用的设备是__________。

8．要将手头的纸稿原样、快速地传送给远方的朋友，可使用的通信设备是__________。

9．要将收取的电子邮件保存在自己的计算机上，可使用的邮箱软件有___________和__________。

10．随着____________、____________和____________三大核心支柱技术的成熟，OA 已进入到新的层次。

11．办公自动化系统根据 OA 技术级别可分为__________、__________和___________。

12．OA 系统一般基于 Windows 操作系统，采用__________和__________结构。

13．常见的办公自动化系统平台有____________和____________两种。

二、实训题

1．了解本校教务处等办公室中所使用的办公设备、办公软件及网络办公环境。

2．模拟设计一个办公环境。

3．调查 OA 办公系统在企业中是如何提高工作效率的。

模块 2

Windows 10 操作系统

2.1 Windows 10 的基本操作

操作系统（Operating System，OS）是管理计算机硬件与软件资源的计算机程序，也是计算机系统的内核与基石。一般个人计算机中安装的操作系统有 Windows XP、Windows Vista、Windows 7、Windows 8、Windows 10、UNIX、Linux 等。其中 Windows 10 操作系统是未来的主流操作系统，它是目前唯一支持全平台模式的操作系统，可以在台式机、笔记本及移动智能终端设备中同时运行。

1. Windows 10 操作系统的安装

安装 Windows 10 操作系统，需要先准备 Windows 10 系统安装 U 盘，然后用 U 盘自动运行 Windows 10 安装向导。具体操作步骤如下。

（1）将 Windows 10 系统安装 U 盘插入计算机的 U 盘接口，开机进入 BIOS，打开主板的磁盘启动列表，选择刚插入的 U 盘启动，按回车键确认，系统就会从 U 盘启动安装程序。

（2）打开“Windows 安装程序”对话框，如图 2-1 所示，单击“下一步”按钮，打开如图 2-2 所示对话框，单击“现在安装”按钮。

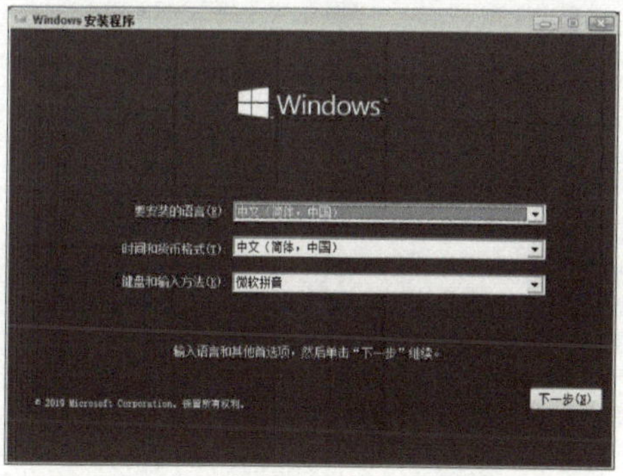

图 2-1 “Windows 安装程序”对话框

图 2-2 “现在安装”对话框

（3）打开“激活 Windows”对话框，如图 2-3 所示，如果已经有了产品密钥，就可在文本框中输入，然后单击“下一步”按钮；如果还没有产品密钥，就单击“我没有产品密钥（I）”按钮，打开“选择要安装的操作系统（S）”对话框，如图 2-4 所示。

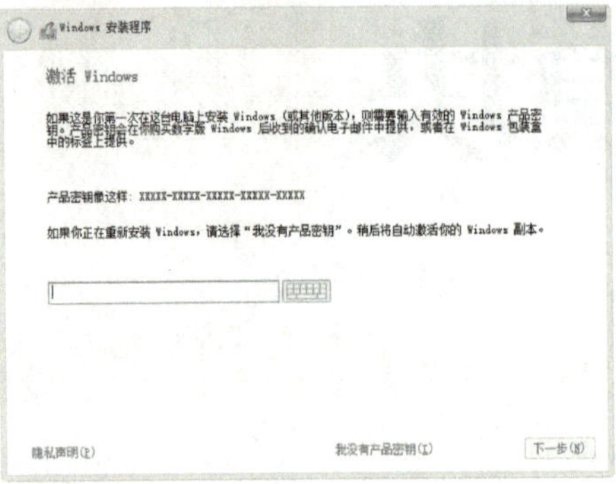

图 2-3　“激活 Windows”对话框

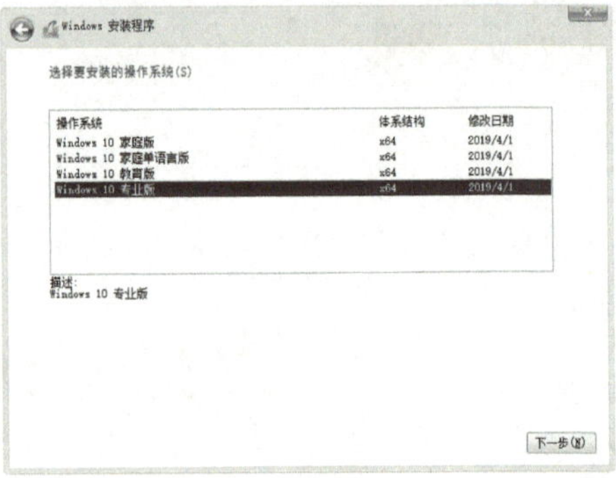

图 2-4　“选择要安装的操作系统（S）”对话框

（4）选择 4 种操作系统版本中的一个，单击“下一步”按钮，打开“适用的声明和许可条款”对话框，如图 2-5 所示，勾选“我接受许可条款”复选框，单击“下一步”按钮，打开“你想执行哪种类型的安装？”对话框，如图 2-6 所示。

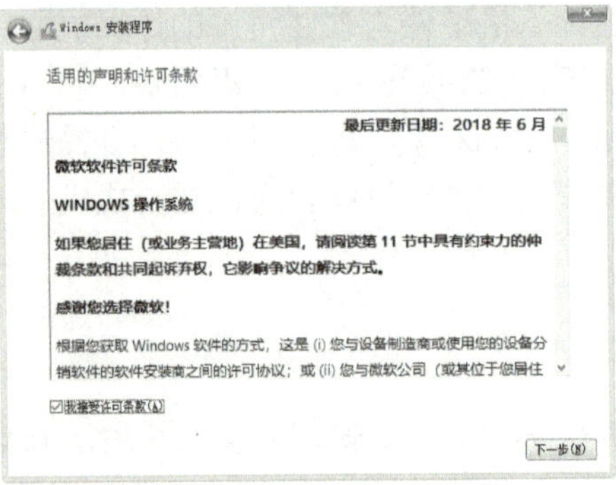

图 2-5　“适用的声明和许可条款”对话框

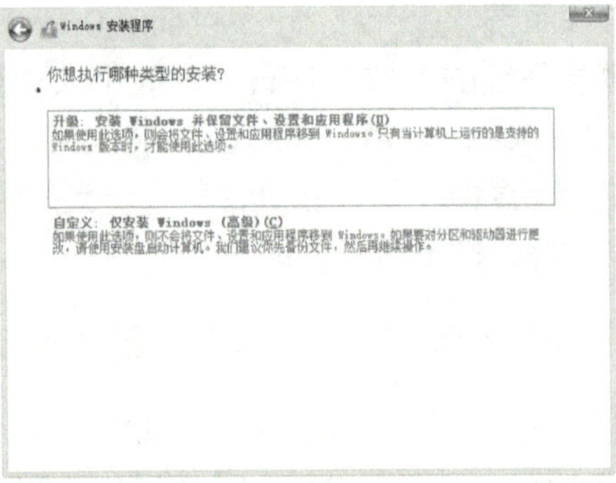

图 2-6　“你想执行哪种类型的安装?”对话框

（5）选择“自定义：仅安装 Windows（高级）（C）”，打开“你想将 Windows 安装在哪里？”对话框，如图 2-7 所示，选择安装系统的分区（一般选择 C 盘），单击“下一步”按钮，打开“正在安装 Windows”对话框，系统开始安装，如图 2-8 所示。

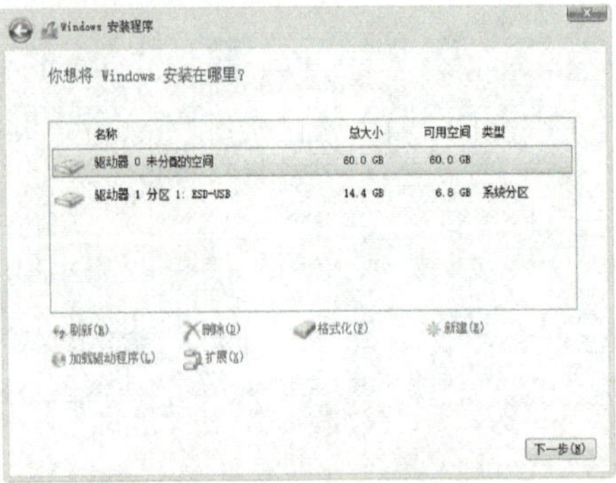

图 2-7　“你想将 Windows 安装在哪里？”对话框

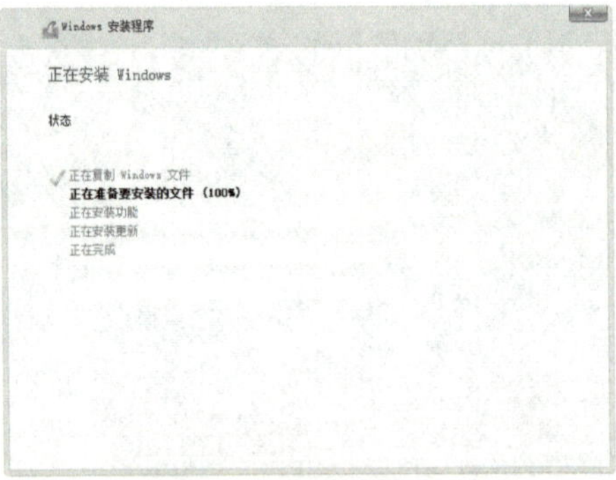

图 2-8　“正在安装 Windows”对话框

（6）安装完成后计算机自动重启，根据自己的实际情况完成后续的一系列设置，即可完成 Windows 10 操作系统的安装，安装结束后，开机启动画面，如图 2-9 所示。

图 2-9　开机启动画面

提示

① 无特殊情况，不要轻易重新安装操作系统。必须重新安装时，一定要先将 C 盘中重要资料备份到其他盘中，以免造成数据丢失。

② 制作 Windows 10 系统安装 U 盘：准备一个 8GB 以上的 U 盘，在百度中搜索“下载 Windows 10”，找到微软公司官网中的下载，如图 2-10 所示，单击“下载 Windows 10”命令，打开微软官方下载网址，如图 2-11 所示，单击“立即下载工具”按钮下载制作。

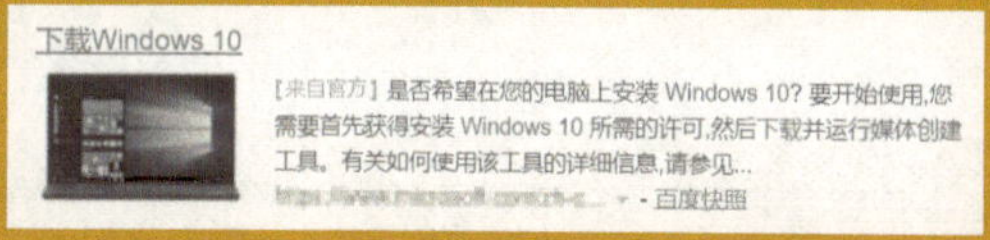

图 2-10　微软官方网站链接

图 2-11　微软官方下载网址

2. Windows 10 操作系统的启动和关闭

（1）启动 Windows 10 操作系统

打开显示器电源，接通主机电源，系统进行自检，显示 Windows 10 的开机画面，当显

图 2-12　“电源”菜单

示器出现如图 2-9 所示的界面时，表明计算机成功启动了 Windows 10 操作系统。

（2）关闭 Windows 10 操作系统

关闭计算机中所有运行窗口，退出所有的运行程序，单击左下角“开始”菜单按钮，选择“电源”命令，打开“电源”菜单，单击“关机”命令，如图 2-12 所示。

3. 桌面设置

Windows 10 桌面上用户可以设置个性化的桌面，包括改变桌面背景、颜色、锁屏界面、主题、字体等，以使用户得到赏心悦目的桌面。

（1）设置桌面背景、颜色

设置桌面背景时，右击（单击鼠标右键）桌面空白处，在弹出的快捷菜单中选择“个性化”命令，打开“设置”对话框，选择“背景”选项，如图 2-13 所示，在“背景”列表中选择背景模式，在“选择图片”列表中选择预定义的图片或单击“浏览”按钮选择其他图片文件，即可设置桌面背景。选择“颜色”选项，可以设置桌面主题颜色。

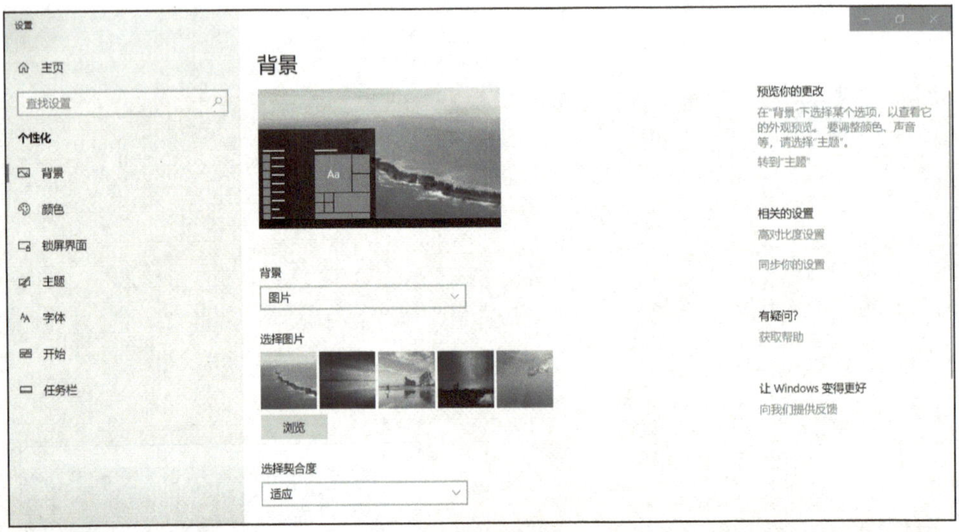

图 2-13　“背景”选项

提示

在如图 2-13 所示的“设置”对话框中，还可以进行主题的设置，包含背景、颜色、声音和鼠标光标等的设置。

（2）设置屏幕保护程序

当长时间不使用计算机的时候，屏幕长时间不变会使显示器发光器件疲劳变色甚至烧毁，设置屏幕保护程序可以很好地解决这一问题。右击桌面空白处，在弹出的快捷菜单中选择“个性化”命令，打开“设置”对话框，选择“锁屏界面”选项，单击“屏幕保护程序设置”命令，打开“屏幕保护程序设置”对话框，如图 2-14 所示，可以设置不同的屏幕保护方式及等待时间等。

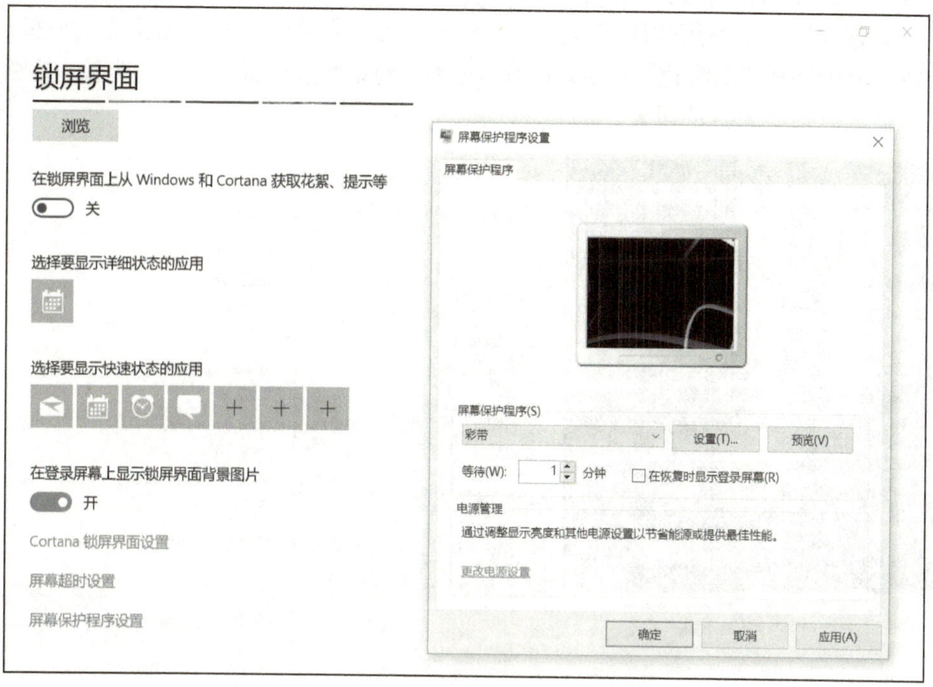

图 2-14 “屏幕保护程序设置”对话框

（3）设置屏幕分辨率

屏幕分辨率是由显示器和显卡决定的，分辨率越大，图像越清晰。设置时，右击桌面空白处，在弹出的快捷菜单中选择“显示设置”命令，打开“设置”对话框，选择“显示”选项，在“分辨率”列表中选择不同的分辨率，如图 2-15 所示。

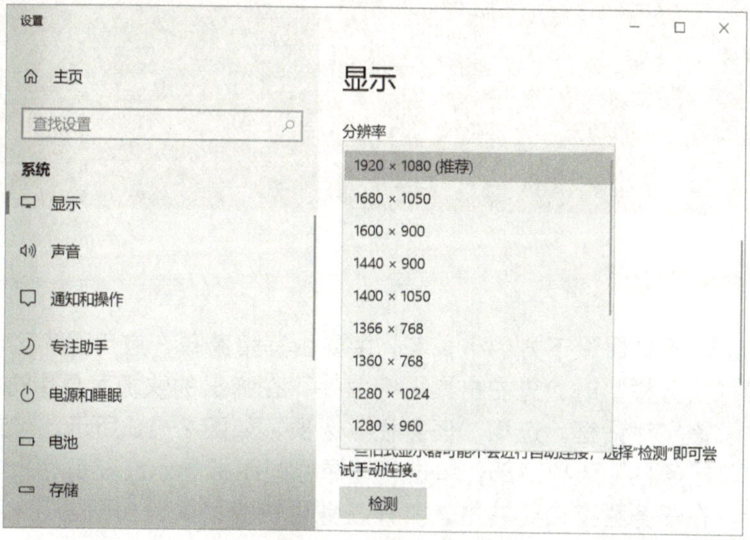

图 2-15 “显示”选项

4. “开始”菜单的设置

单击屏幕左下角的开始按钮或按 Ctrl+Esc 组合键，打开“开始”菜单，如图 2-16 所示，“开始”菜单由最左边的一些按钮、中间的程序区、右边“磁贴”区组成，“磁贴”比较直观、动态地显示了不用的程序应用。设置“开始”菜单时，先右击桌面空白处，在弹出的快捷菜单中选择“个性化”命令，打开“设置”对话框，选择“开始”选项，如图 2-17 所示，即可进行相应内容的设置。

图 2-16 “开始”菜单

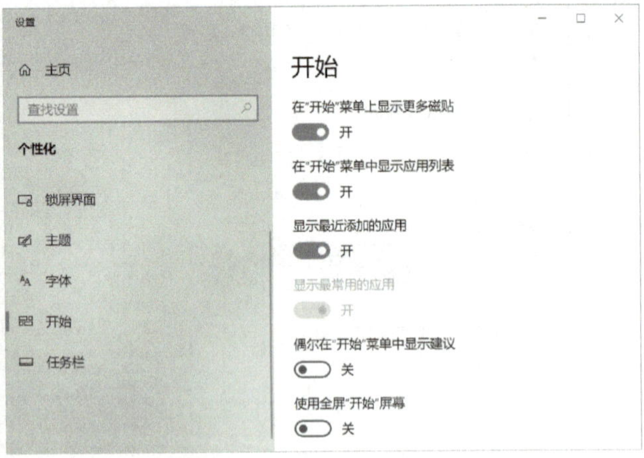

图 2-17 “开始”选项

提示

① 在默认情况下，“开始”菜单左边是由“电源”“设置”“文件资源管理器”“账户”四个按钮构成的，如果需要增加其他按钮，可以通过“开始”选项“选择哪些文件夹显示在（开始）菜单上”命令，进行相应设置。

② 添加磁贴：在程序区选择相应程序，然后借助鼠标左键拖动到磁贴区即可，或是右击相应程序，在弹出的快捷菜单中选择“固定到（开始）屏幕”命令。

磁贴的删除：右击磁贴，在弹出的快捷菜单中选择“从（开始）屏幕取消固定”命令即可。

5. “任务栏”的设置

任务栏就是位于桌面最下方的小长条，主要由开始菜单、应用程序区、语言选项带等组成。设置“任务栏”时，先右击桌面空白处，在弹出的快捷菜单中选择“个性化”命令，打开“设置”对话框，选择“任务栏”选项，如图 2-18 所示，可对任务栏进行相应设置，在“任务栏”选项下部，单击“选择哪些图标显示在任务栏上”命令，可设置任务栏图标。在任务栏空白处右击，打开任务栏快捷菜单，如图 2-19 所示，也可对任务栏进行相关设置。

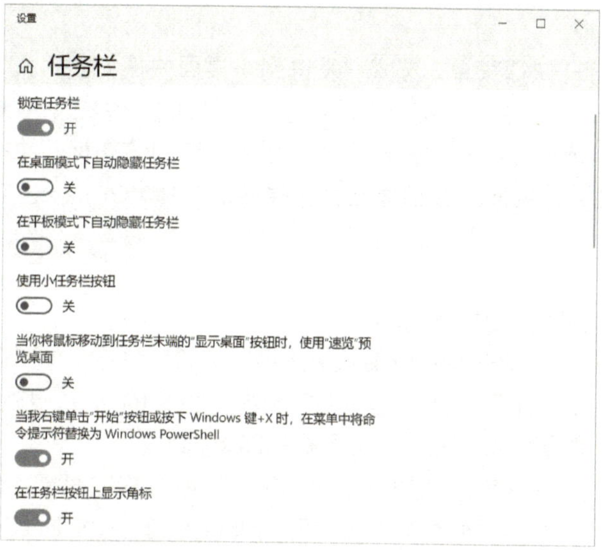

图 2-18 “任务栏”选项

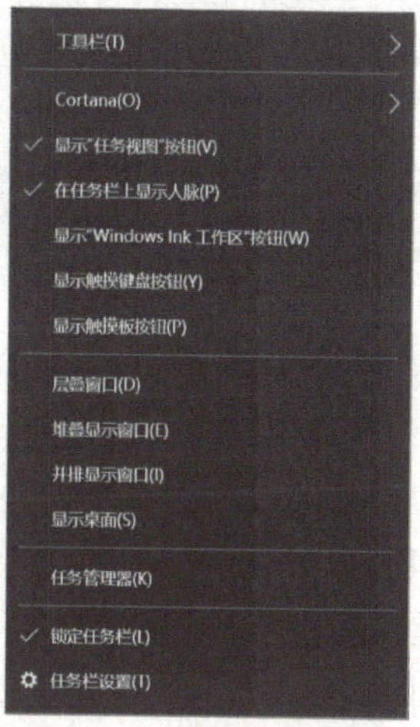

图 2-19 任务栏快捷菜单

6. 桌面图标的管理

（1）桌面图标的添加

Windows 10 安装系统后默认桌面上不显示计算机、网络等图标，要在桌面上显示这些图标，其操作方法如下：右击桌面空白处，在弹出的快捷菜单中选择“个性化”命令，打开“设置”对话框，选择“主题”选项，单击“桌面图标设置”命令，打开“桌面图标设置”对话框，勾选相应的图标即可，如图 2-20 所示。如果要更改图标可先选择要更改的项目，再单击“更改图标”命令进行相应的设置。

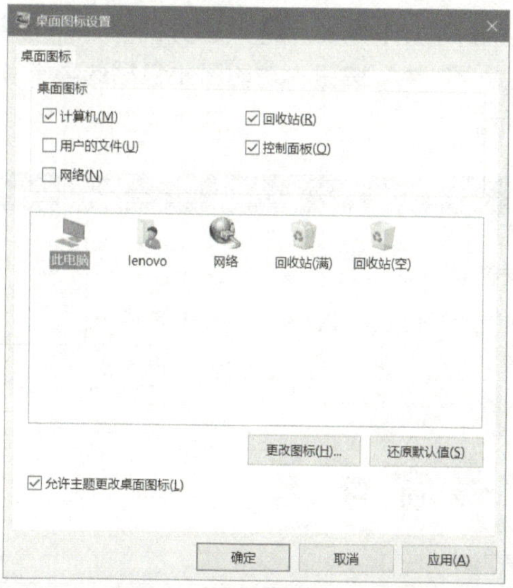

图 2-20 “桌面图标设置”对话框

（2）桌面快捷方式的添加

快捷方式是 Windows 提供的一种快速启动程序、打开文件或文件夹的方法，创建快捷方式的方法如下。

① 选择文件或文件夹，右击打开快捷菜单，选择“发送到→桌面快捷方式”命令，可为该文件或文件夹在桌面上创建一个快捷方式，双击它即可打开相应的文件或文件夹。

② 在“开始”菜单的程序区，选择需要创建快捷方式的程序，选中该图标，并按住鼠标左键不动，然后将该图标拖到桌面，桌面上就创建出相应程序的快捷方式，双击它即可打开相应的应用程序。

（3）桌面图标的排列

桌面图标的排列方法有手动排列和自动排列两种。

① 手动排列：右击桌面空白处，在弹出的快捷菜单中选择“查看”命令，使“自动排序图标”处于未选中状态，如图 2-21 所示；然后选中要重新排列位置的图标，按住鼠标左键将图标拖动到目标位置即可，这样可以实现桌面上图标的随意摆放。

② 自动排列：右击桌面空白处，在弹出的快捷菜单中选择“排序方式”命令，在其子菜单中选择排列方式，可以按名称、大小、项目类型和修改时间进行排列，如图 2-22 所示。

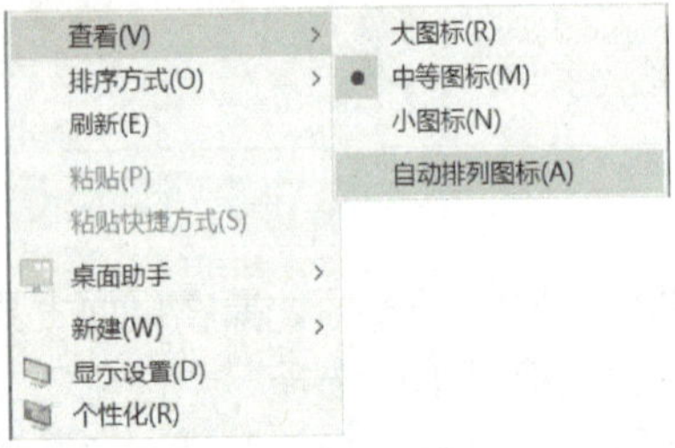

图 2-21 “查看”子菜单

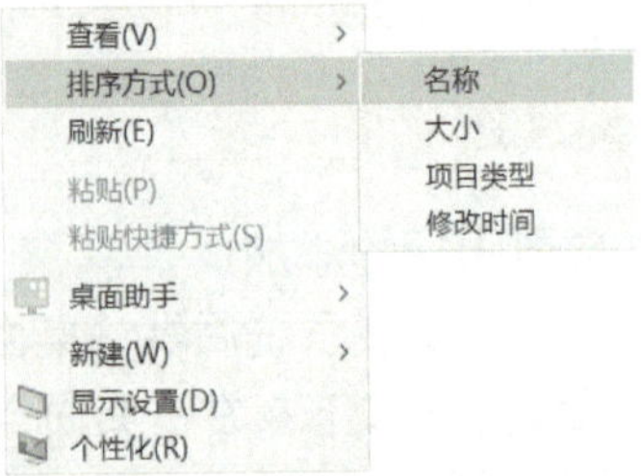

图 2-22 “排列方式”子菜单

7. 窗口的基本操作

窗口是 Windows 最主要的工作界面，绝大部分的操作是在各种不同窗口中进行的。Windows 10 窗口由标题栏、“文件”按钮、功能区（包括选项卡和命令组）、工作区、状态栏等组成，如图 2-23 所示。

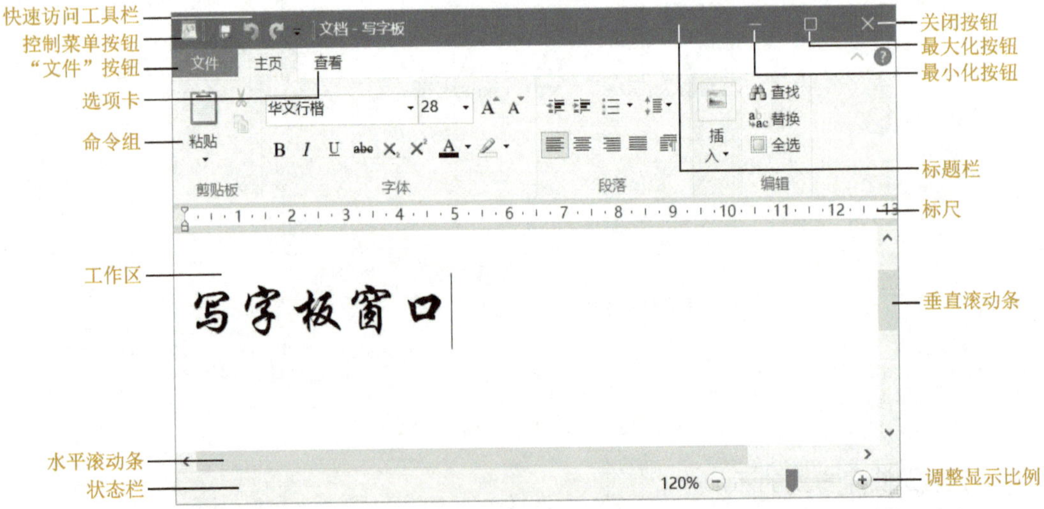

图 2-23 窗口组成

（1）打开窗口

打开一个窗口就是打开一个程序或文档的方法如下。

- 双击图标或快捷方式，即可打开相应的窗口。例如双击“这台电脑”图标，即可打开“这台电脑”窗口，如图 2-24 所示。

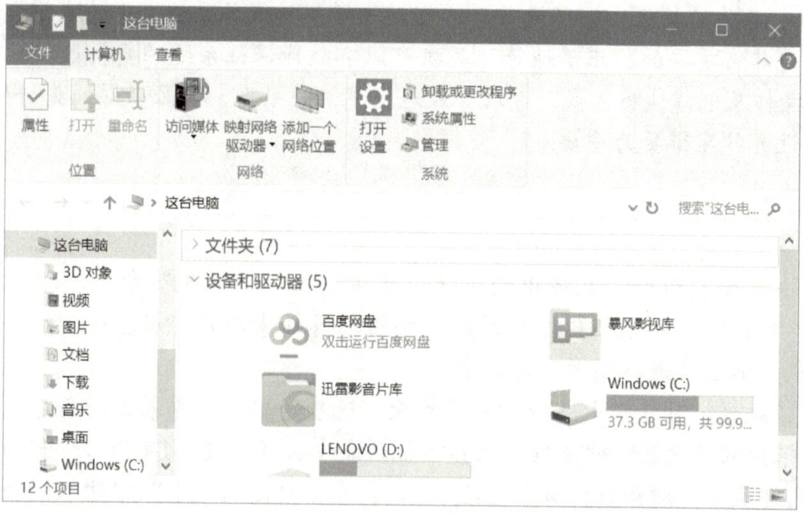

图 2-24 “这台电脑”窗口

- 右击图标，在弹出的快捷菜单中选择“打开”命令。
- 单击“开始”菜单中的磁贴，即可打开相应程序。
- 在“开始”菜单中单击要打开的程序或文档。

（2）移动窗口

一个非最大化的窗口可以从桌面上的一个位置移动到另一个位置，单击窗口的标题栏，按下鼠标左键拖动窗口即可。

（3）调整窗口大小

利用鼠标可以任意改变非最大化窗口的大小。将鼠标指针移动到窗口的边框，当鼠标指针呈双向箭头时按下鼠标左键并拖动鼠标即可调整窗口大小，也可单击窗口右上角的控制按钮，使窗口最小化、还原成默认大小或最大化。

（4）关闭窗口

关闭窗口即关闭运行的程序或文档等，操作方法如下。

- 选择“文件→关闭”命令。
- 单击窗口右上角的“关闭”按钮。
- 打开窗口左上角的控制菜单，选择“关闭”命令。
- 按 Alt+F4 组合键。

（5）排列窗口

如果打开了多个窗口，可以将所打开的窗口进行适当的排列。窗口的排列方式有层叠窗口、堆叠显示窗口和并排显示窗口三种，操作方法是将鼠标放在任务栏的空白处右击鼠标，在弹出的快捷菜单中勾选相应的排列方式。

【实例 1】体验 Windows 10

实例分析

Windows 10 作为将来办公环境及日常生活中常用的操作系统，熟练地掌握其基本知识和基本操作是非常重要的。正确地开、关机可以有效地保证系统的安全性，熟练地进行图标、窗口的操作及创建快捷方式，可以有效地提高工作效率。要保证得到更好的显示效果，显示属性的设置就显得更为重要。

操作过程

（1）右击桌面空白处，在弹出的快捷菜单中选择“个性化”命令，打开“设置”对话框，选择“背景”选项，单击“浏览”按钮，选择素材库“chapter2”文件夹中的文件“bj1.jpg”，单击“选择图片”按钮。

（2）在“设置”对话框中选择“锁屏界面”选项，单击“屏幕保护程序设置”命令，打开“屏幕保护程序设置”对话框，在其下拉列表中选择“3D 文字”，单击“设置”按钮，打开“3D 文字设置”对话框，如图 2-25 所示。在“自定义文字”中输入“快乐学习每一天!”，拖动“旋转速度”滑块至“快”的位置，单击“确定”按钮返回“屏幕保护程序设置”对话框，单击“预览”按钮浏览效果。

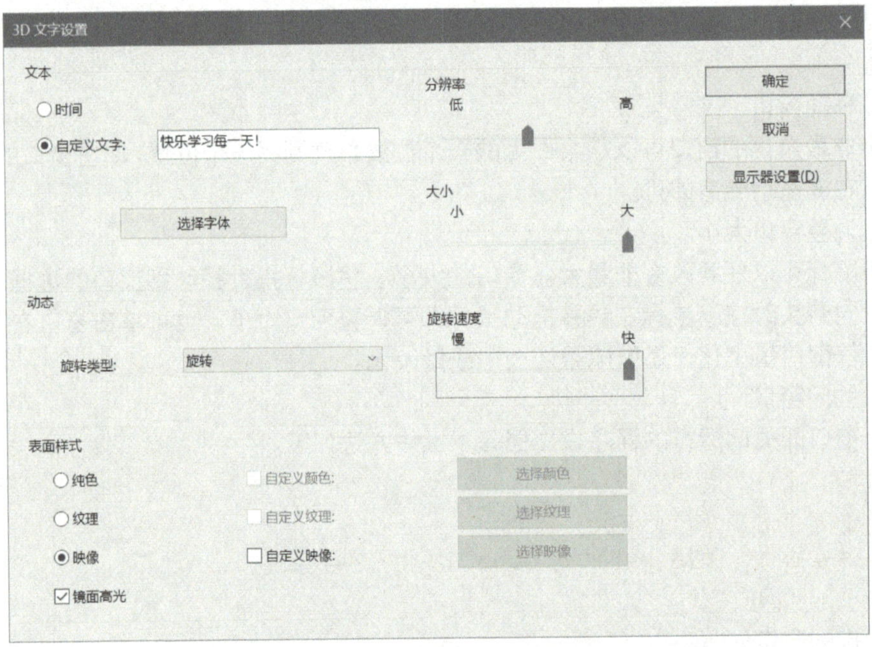

图 2-25 “3D 文字设置”对话框

（3）在“设置”对话框中选择“开始”选项，单击“选择哪些文件夹显示在（开始）菜单上”命令，将“文档”“个人文件夹”的开关打开，打开“开始”菜单，观察变化情况。

（4）在“设置”对话框中选择“主题”选项，单击“桌面图标设置”命令，打开“桌面图标设置”对话框，勾选“计算机”“控制面板”“回收站”复选框，单击“确定”按钮。

右击桌面空白处，在弹出的快捷菜单中选择“排序方式”命令，在其子菜单中选择不同排列方式，观察桌面图标排列变化。

（5）右击任务栏，打开任务栏快捷菜单，取消勾选“锁定任务栏”选项，借助鼠标左键拖动任务栏空白处，观察任务栏位置变化情况。

（6）在“开始”菜单程序区打开“Windows 附件”下拉列表，借助鼠标左键拖动“画图”到磁贴区；右击“画图”磁贴，在弹出的快捷菜单中选择“从（开始）屏幕取消固定”命令。

（7）在“开始”菜单程序区打开“Windows 附件”下拉列表，借助鼠标左键将“画图”图标拖到桌面上，在桌面上就创建了“Paint”快捷方式。

（8）打开“开始”菜单，单击“文件资源管理器”按钮（或是右击“开始”菜单按钮），单击“文件资源管理器”命令，打开“这台电脑”窗口，右击“chapter2”文件夹，在弹出的快捷菜单中选择“发送到”→“桌面快捷方式”命令。

（9）在桌面上双击“chapter2”文件夹快捷方式，打开“chapter2”文件夹，右击“bj2.jpg”文件，选择“设为桌面背景”命令，将 bj2.jpg 设置为桌面背景图像。

（10）关闭桌面上所有打开的窗口，然后打开“这台电脑”和“画图”窗口，使用鼠标调整两个窗口的大小。右击任务栏空白处，在弹出的快捷菜单中分别勾选“层叠窗口”“堆叠显示窗口”和“并排显示窗口”复选框，观察窗口排列情况。

2.2 Windows 10 的资源管理

在计算机系统中，所有的软件、数据、文字、声音、图像和视频都是以文件的形式存放的。对文件进行管理是操作系统的一种重要功能。尽管文件有多种存储介质可以使用，如硬盘、U 盘、光盘，但都是以文件的形式出现在操作系统的管理者和用户面前。

1. 文件与文件夹的基本操作

Windows 10 操作系统中对文件与文件夹的管理都是通过“这台电脑”或“文件资源管理器”来完成的。

（1）文件与文件夹的命名

文件名由主文件名和扩展名组成，中间用小数点隔开。主文件名表示文件内容或作用，可以是英文、汉字和数字等，但不能有/、\、:、*、? 、“、<、>、|等字符，最长可使用 255 个字符；扩展名表示文件类型，并根据文件类型的不同而不同，同一类型的文件的扩展名是相同的。

文件夹对磁盘文件采用树型目标的结构进行管理。文件夹中可以包含文件、程序等，也可以包含下一级文件夹。

（2）创建新文件夹

① 在“文件资源管理器”窗口中选择目标磁盘或目标文件夹。

② 选择“主页”选项卡下的“新建”命令组中的“新建文件夹”命令，或右击空白处，在弹出的快捷菜单中选择“新建”→“文件夹”命令。

③ 在新建文件夹名称文本框中输入文件夹的名称，按回车键或用鼠标单击其他位置确认，如图 2-26 所示。

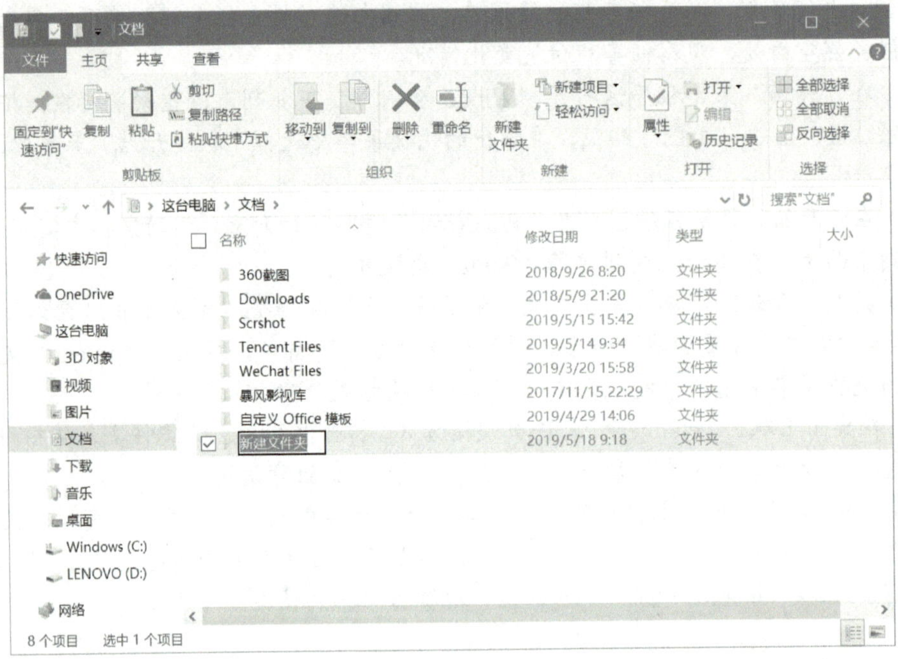

图 2-26 “文件资源管理器”窗口

（3）选择文件或文件夹

要对文件或文件夹进行操作时，需要先选择操作对象。

① 选择单个文件或文件夹：直接在“文件资源管理器”文件夹内容窗格中单击文件或文件夹。

② 选择多个连续文件或文件夹：选择第一个文件或文件夹，按住 Shift 键并选择连续区域的最后一个文件或文件夹。

③ 选择多个不连续文件或文件夹：按住 Ctrl 键，同时依次单击需要选择的文件或文件夹。

④ 选择全部文件或文件夹：选择“主页”选项卡下的“选择”命令组中的“全部选择”命令或按 Ctrl+A 组合键。

（4）复制文件或文件夹

复制文件或文件夹是将文件或文件夹复制相同的一份放到目标位置，执行复制命令后，原位置和目标位置均有该文件或文件夹。

① 选择要复制的文件或文件夹。

② 选择“主页”选项卡下的“剪贴板”命令组中的“复制”命令（或通过右键菜单选择“复制”命令）。

③ 打开目标文件夹。

④ 选择“主页”选项卡下的“剪贴板”命令组中的“粘贴”命令（或通过右键菜单选择“粘贴”命令）。

提示

① 选中文件或文件夹，选择“主页”选项卡下的“组织”命令组中的“复制到”命令，在打开的菜单中选择目标文件夹，可以实现复制；或借助鼠标左键将选定对象拖动到左边窗格中目标磁盘或目标文件夹，也可实现复制。

② 如果要将文件或文件夹复制到 U 盘，还可以在选定文件或文件夹后，右击鼠标，在弹出的快捷菜单中选择“发送到”→“盘符”命令，如图 2-27 所示。

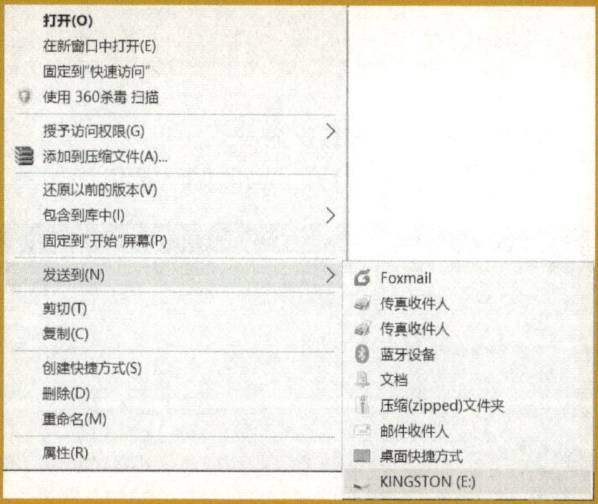

图 2-27　复制到 U 盘

（5）移动文件或文件夹

移动文件或文件夹是将文件或文件夹转移存放到其他地方，执行移动命令后，原位置的文件或文件夹消失，文件或文件夹出现在目标位置。

① 选择要移动的文件或文件夹。

② 选择“主页”选项卡下的“剪贴板”命令组中的“剪切”命令（或通过右键菜单选择“剪切”命令）。

③ 打开目标文件夹。

④ 选择“主页”选项卡下的“剪贴板”命令组中的“粘贴”命令（或通过右键菜单选择“粘贴”命令）。

（6）重命名文件或文件夹

① 选择要重命名的文件或文件夹。

② 选择“主页”选项卡下的“组织”命令组中的“重命名”命令（或通过右键菜单选择“重命名”命令）。

③ 文件或文件夹的名称处于编辑状态时，输入新的名称后按回车键确认。

（7）删除文件或文件夹

① 选定要删除的文件或文件夹。

② 按 Delete 键后选择“主页”选项卡下的“组织”命令组中的“删除”命令(或通过右键菜单选择“删除”命令)均可删除文件或文件夹。

提示

借助鼠标左键将文件或文件夹拖动到“回收站”图标，也可将文件删除；按 Shift+Delete 组合键，则彻底删除文件或文件夹，而不会放入“回收站”中。从 U 盘等可移动设备中删除的内容或超过“回收站”存储容量的内容将不放到“回收站”中，而是彻底删除，不能还原。

(8)删除或还原“回收站”中的文件或文件夹

① 双击桌面上的“回收站”图标，打开“回收站”窗口，如图 2-28 所示。

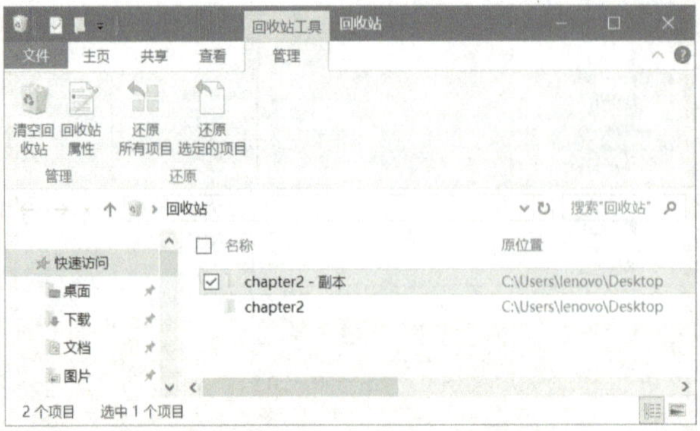

图 2-28 “回收站“窗口

② 选择“管理”选项卡下的“管理”命令组中的“清空回收站”命令，可彻底删除“回收站”中所有的文件和文件夹；单击“还原所有项目”命令，可还原所有的文件和文件夹；选中单个或多个文件/文件夹，单击“还原选定的项目”命令，还原选定的文件或文件夹。

提示

删除“回收站”中的文件或文件夹，意味着彻底删除该文件或文件夹，无法再还原；还原文件或文件夹，是将该文件或文件夹重建在删除前的位置。当回收站满后，将自动清除“回收站”中的空间以存放最近删除的文件和文件夹。

(9)查找文件或文件夹

有时用户需要查找一些文件或文件夹的存储位置，如果手动查找会浪费大量的时间，使用“搜索”命令可以帮助用户快速找到所需要的内容，除了文件和文件夹，还可以查找图片、音乐及网络上的计算机等，具体方法如下。

① 在如图 2-26 所示的“文件资源管理器”窗口中，选择要搜索的位置，单击搜索栏。

② 输入全部或部分文件名，也可以输入文件中包含的字或词组，搜索结果将出现在右侧窗格中。

提示

在任务栏上单击“在这里输入你要搜索的内容”按钮，输入搜索内容，搜索到的相关内容会立刻出现在窗口中。

2. 文件夹选项设置

在 Windows 10 中，“文件夹选项”是“文件资源管理器”中的一个重要菜单项，通过它用户可以修改文件的查看方式、编辑文件的打开方式等。

打开“文件资源管理器”窗口，单击“查看”选项卡，单击“显示和隐藏”命令组中的“选项”→“更改文件夹和搜索选项”命令，打开“文件夹选项”对话框。选择“常规”选项卡，如图 2-29 所示，在这里可以设置文件夹的浏览风格和打开方式。单击“查看”选项卡，如图 2-30 所示，在这里可设置文件夹显示方式，包括隐藏已知文件类型的扩展名、隐藏文件和文件夹、隐藏受保护的操作系统文件等选项设置。

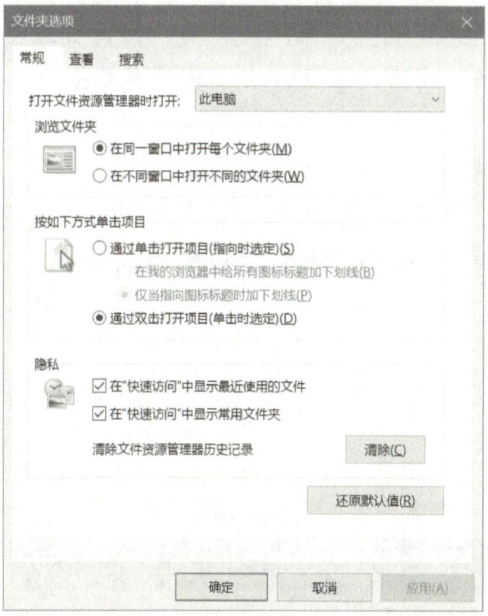

图 2-29 “常规”选项卡

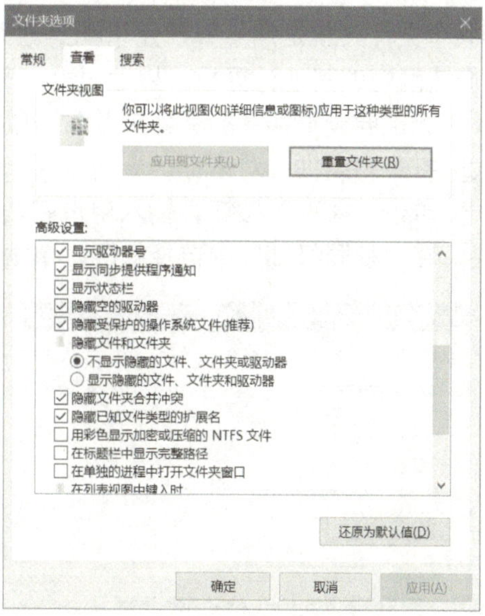

图 2-30 “查看”选项卡

3. 文件与文件夹的属性设置

文件或文件夹包含三种属性：只读、隐藏和存档。

“只读”属性，表明文件或文件夹不允许更改；“隐藏”属性，表明文件或文件夹在常规显示中将不被看到；“存档”属性是文件或文件夹的默认属性。

① 选中要更改属性的文件或文件夹并右击。

② 在弹出的快捷菜单中选择“属性”命令，打开“属性”对话框，勾选要设置的属性，单击“确定”按钮，如图 2-31 所示。

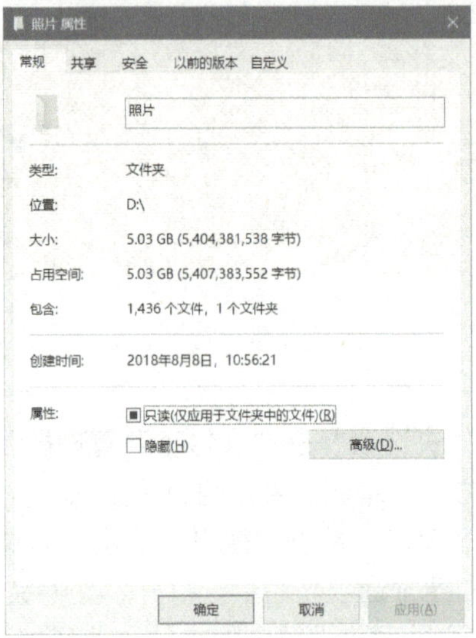

图 2-31 文件夹“属性”对话框

4. 设置共享文件夹

共享文件夹就是指计算机用来和其他计算机之间相互分享的文件夹，设置共享文件夹后，局域网内的其他计算机可以通过网上邻居来访问该共享文件夹，实现资料的共享。

① 选定要设置共享的文件夹并右击鼠标。

② 打开“属性”对话框，单击“共享”选项卡，如图 2-32 所示。

③ 单击“共享”按钮，输入用户名，单击“添加”按钮。

④ 在“权限级别”中选择权限，单击“共享”按钮，如图 2-33 所示。

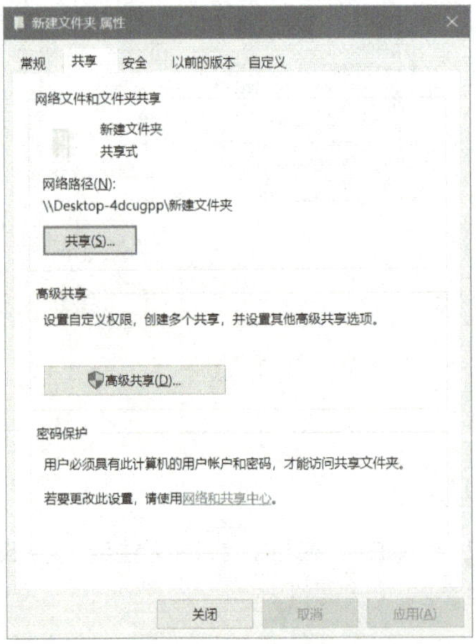

图 2-32 “共享”选项卡

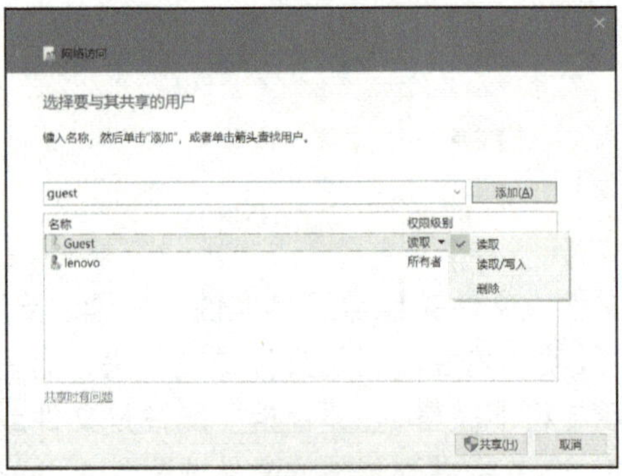

图 2-33 设置共享

5. 磁盘管理

在日常办公中，将会使用计算机存储许多个人或公司的重要数据，同时不可避免地会经常安装、卸载程序或软件，移动、删除文件或在 Internet 上下载程序等操作，而这样的操作在一段时间后将会产生很多磁盘碎片或大量临时文件等。因此，用户需要定期对磁盘进行管理，以使计算机处于良好的运行状态。

（1）磁盘管理

右击在“这台电脑”图标，在弹出的快捷菜单中选择“管理”命令，打开“计算机管理”窗口，选择左侧窗格中的“磁盘管理”命令，则显示当前磁盘的所有状态，如图 2-34 所示。

选中磁盘并右击，在弹出的快捷菜单中可以实现更改驱动器号和路径、格式化、查看属性等操作，如图 2-35 所示。

（2）磁盘格式化

磁盘格式化，尤其是 U 盘格式化是计算机中比较常用的操作之一，执行格式化操作后，磁盘上原有的数据将全部丢失。

在如图 2-35 所示的右键快捷菜单中选择“格式化”命令，或在“文件资源管理器”窗口中选中要格式化的磁盘驱动器并右击，在弹出的快捷菜单中选择“格式化”命令，均弹出“格式化”对话框，如图 2-36 所示，在其中进行相应设置后，单击“确定”按钮，即可进行格式化。

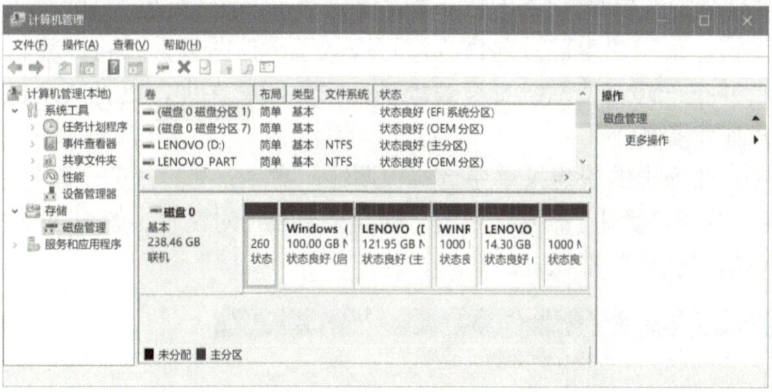

图 2-34 “计算机管理”窗口

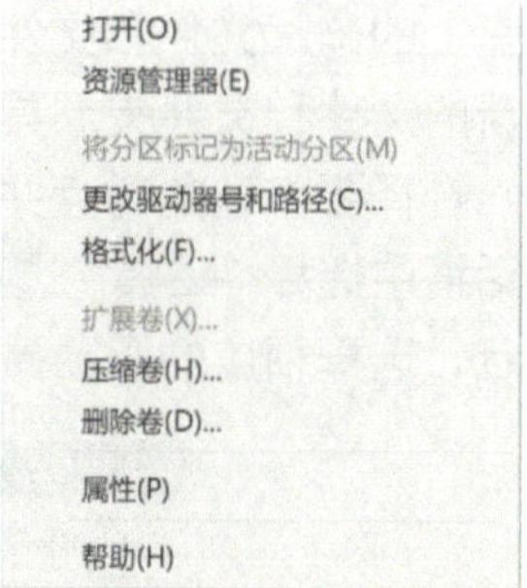

图 2-35 “磁盘”右键快捷菜单

提示

不要轻易对硬盘进行格式化操作，除非确实需要，否则会丢失全部数据。

（3）磁盘清理

磁盘清理程序可以帮助用户释放硬盘驱动器空间。磁盘清理程序搜索指定的驱动器，然后列出临时文件、Internet 缓存文件和可以安全删除的不需要的程序文件，可以使用磁盘清理程序删除部分或全部这些文件。具体操作步骤如下：

选中要清理的磁盘并右击，在弹出的快捷菜单中选择“属性”命令，在打开的“属性”对话框中单击“磁盘清理”命令，打开“磁盘清理”对话框，勾选要删除的文件，单击“确定”按钮，如图 2-37 所示。

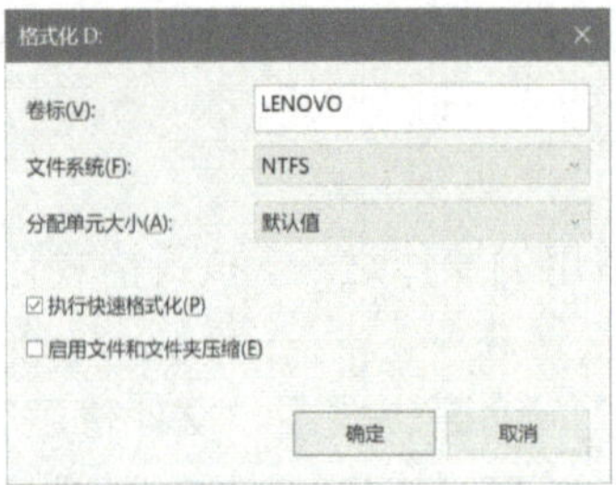

图 2-36 “格式化磁盘”对话框

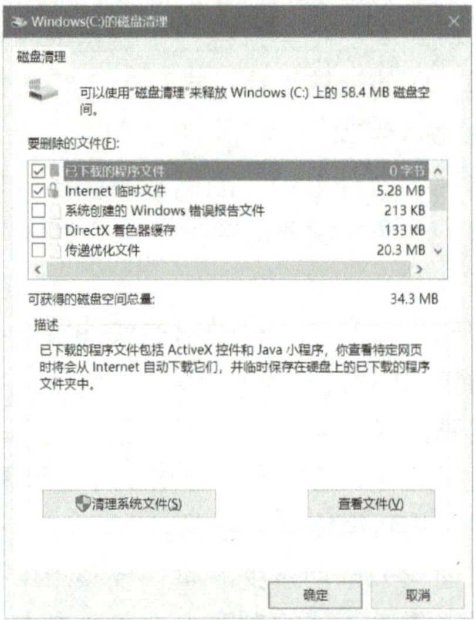

图 2-37 “磁盘清理”对话框

（4）磁盘碎片整理

在计算机使用过程中，对硬盘的频繁读写会产生大量磁盘碎片，从而降低整个 Windows 的性能，使得文件读写速度变慢。使用磁盘碎片整理程序可有效清除这些碎片，将计算机硬盘上的碎片文件和文件夹合并在一起，使系统更有效地访问文件和文件夹，更有效地保存新的文件和文件夹。具体操作步骤如下：

选择要整理的磁盘并右击，在弹出的快捷菜单中选择“属性”命令，在打开的“属性”对话框中选择“工具”选项卡，单击“优化”命令，打开“优化驱动器”对话框，如图 2-38 所示，选择相应的驱动器，单击“优化”按钮。

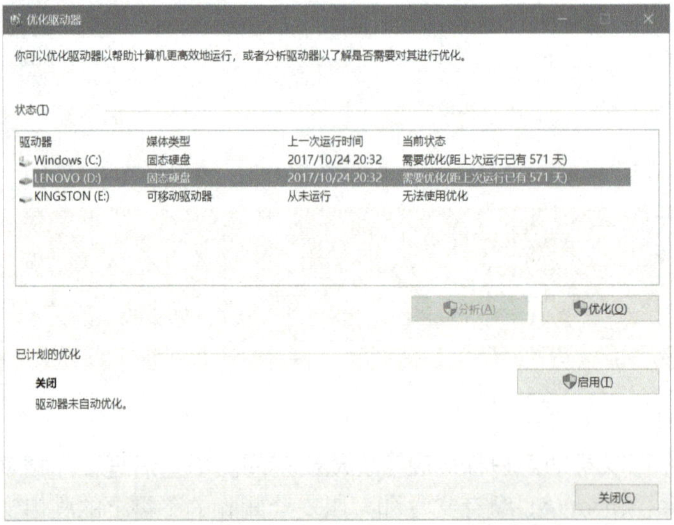

图 2-38 “优化驱动器”对话框

【实例 2】管理我的资源

实例分析

有效合理地对磁盘和文件进行管理并提高系统的性能，是提高办公效率的有效手段。文件操作和磁盘操作是 Windows 10 中最基本的操作，熟练地掌握其操作，是一个办公室人员必须具备的基本技能。

操作过程

（1）打开“这台电脑”窗口，双击打开 D 盘，选择“主页”选项卡下的“新建”命令组中的“新建文件夹”命令，输入名称“我的资料”，然后按回车键，关闭“这台电脑”窗口。

（2）右击“开始”按钮，从弹出的快捷菜单中选择“文件资源管理器”命令，打开“文件资源管理器”窗口，在窗口左侧展开 D 盘的文件夹，选择“chapter2”文件夹，按 Ctrl+A 组合键选中该文件夹中的所有内容，按 Ctrl+C 组合键或选择“主页”选项卡下的“剪贴板”命令组中的“复制”命令。

（3）在左侧窗口中选择 D 盘/“我的资料”文件夹，按 Ctrl+V 组合键或选择“主页”选项卡下的“剪贴板”命令组中的“粘贴”命令，将“chapter2”文件夹中的所有内容复制到“我的资料”文件夹中。

（4）选择“我的资料”文件夹中的“会议纪要.doc”，借助鼠标左键将其拖动到“公司资料”文件夹中，文件的移动操作完成。

（5）用同样的操作，将 bj1.jpg 和 bj2.jpg 移动到“图片”文件夹中。

（6）按 Ctrl 键的同时选择“工资.xls”和“考察路线.doc”文件，然后按 Delete 键将其删除。

（7）打开“回收站”，查看回收站中已被删除的文件，选择“工资.xls”，右击后选择“还原”命令。单击工具栏“管理”→“清空回收站”命令删除回收站中的所有文件。

（8）选择刚刚还原的文件“工资.xls”并右击，从弹出的快捷菜单中选择“属性”命令，勾选“隐藏”复选框，单击“确定”按钮，观察“工资.xls”文件是否显示。

（9）在“我的电脑”窗口中打开素材文件夹中的“chapter2”文件夹，右击“音乐”文件夹，在弹出的快捷菜单中选择“属性”命令，勾选“隐藏”复选框，单击“确定”按钮，在打开的“确认属性更改”对话框中选择“仅将更改应用于此文件夹”单选按钮，如图 2-39 所示，观察文件夹显示状态的变化情况。

（10）用同样的操作，将计算机中其他一些文件或文件夹设置为“隐藏”属性。观察这些文件或文件夹是否显示。

（11）选择“查看”选项卡下的“显示和隐藏”命令组中的“选项”→“更改文件夹和搜索选项”命令，打开“文件夹选项”对话框，单击“查看”选项卡，在“隐藏文件和文件夹”选项中勾选“显示隐藏的文件、文件夹和驱动器”复选框，单击“确定”按钮。观察这些隐藏的文件或文件夹是否显示。

（12）单击窗口左侧的“这台电脑”，在搜索栏中输入文件名“*.jpg”，观察搜索结果。

（13）右击“我的资料”文件夹，在弹出的快捷菜单中选择“属性”命令，打开“属性”对话框，单击“共享”选项卡中的“共享”按钮，输入用户名“guest”，单击“添加”按钮；在权限级别中选择权限“读取”，单击“共享”按钮。

（14）右击“C”盘，在弹出的对话框中单击“属性”命令，在打开的“属性”对话框中单击“磁盘清理”命令，打开“磁盘清理”对话框，勾选“Internet临时文件”和“回收站”复选框，单击“确定”按钮。

（15）右击D盘，在弹出的对话框中单击“属性”命令，在打开的“属性”对话框中选择“工具”选项卡，单击“优化”命令，打开“优化驱动器”对话框，选择驱动器，单击“优化”按钮。

（16）打开“这台电脑”，右击D盘，在弹出的对话框中选择“属性”命令，打开“磁盘属性”对话框，如图2-40所示，查看磁盘空间利用情况。

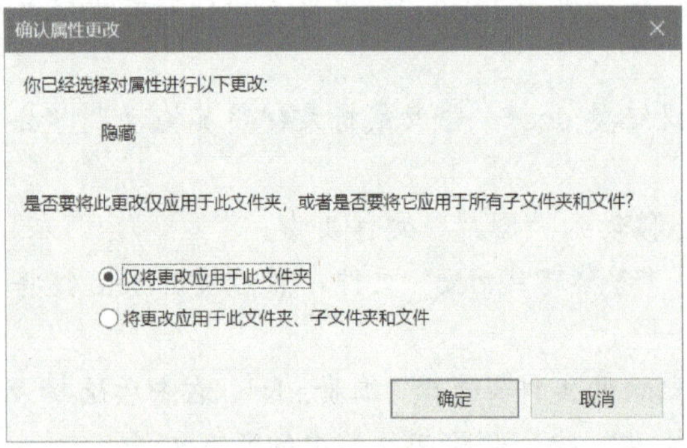

图2-39 “确认属性更改”对话框

图2-40 “磁盘属性”对话框

（17）使用局域网中的其他电脑，打开“开始”菜单，单击“Windows系统”→“运行”命令，打开“运行”窗口，输入刚才配置“共享”时的IP地址或计算机名，单击“确定”按钮，查看共享文件夹。

2.3 Windows 10的高级办公应用

1. 控制面板的应用

在Windows 10中，控制面板非常重要，是Windows设置的中枢功能区。包括外观和个性化、网络和Internet、程序的卸载、用户账户管理等在内的，都需要用到控制面板。

打开“开始”菜单，选择“Windows系统”→“控制面板”命令，或是右击“这台电脑”，在弹出的快捷菜单中选择“属性”命令，在打开的“系统”窗口中单击“控制面板主页”命令，均可打开“控制面板”窗口，如图 2-41 所示。

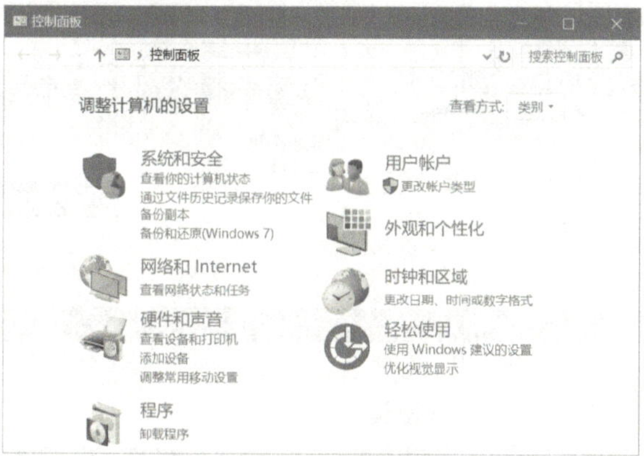

图 2-41 “控制面板”窗口

2. 应用程序管理

（1）安装应用程序

在 Windows 10 中下载安装软件的方法有两种。

① 在浏览器中下载安装。

打开浏览器，直接在“百度”中搜索要下载的软件，如搜索“美图秀秀”，如图 2-42 所示。单击“立即下载”按钮，打开“新建下载任务”对话框，如图 2-43 所示。单击“直接打开”按钮即可进行软件安装，或者单击“下载”按钮，将安装程序下载到本地磁盘，然后双击安装程序进行软件安装。

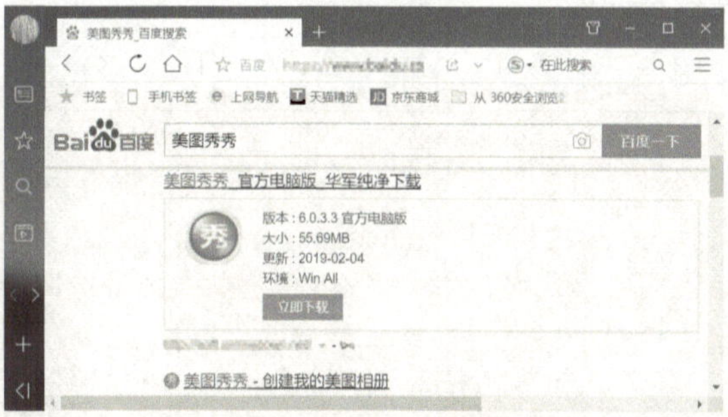

图 2-42 搜索“美图秀秀”

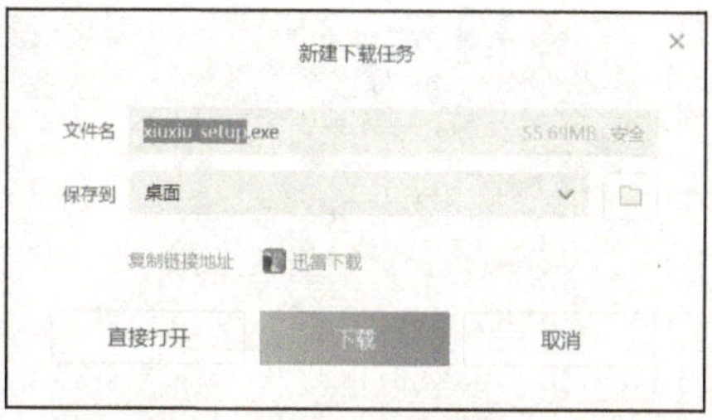

图 2-43 “新建下载任务”对话框

② 在应用商店下载安装。

打开“开始”菜单，单击应用商店命令，打开“Microsoft Store”窗口，如图 2-44 所示，单击“爱奇艺”按钮，打开爱奇艺下载窗口，如图 2-45 所示，单击“获取”按钮进行下载安装，安装结束后，单击“启动”按钮即可打开。

（2）删除应用程序

计算机应用软件在装入 Windows 系统后还可以进行程序的修改。单击“控制面板”窗口中的“卸载程序”命令，打开“程序和功能”窗口，如图 2-46 所示，可以实现卸载、更改或修复程序等功能。

图 2-44　“Microsoft Store”窗口

图 2-45　爱奇艺下载窗口

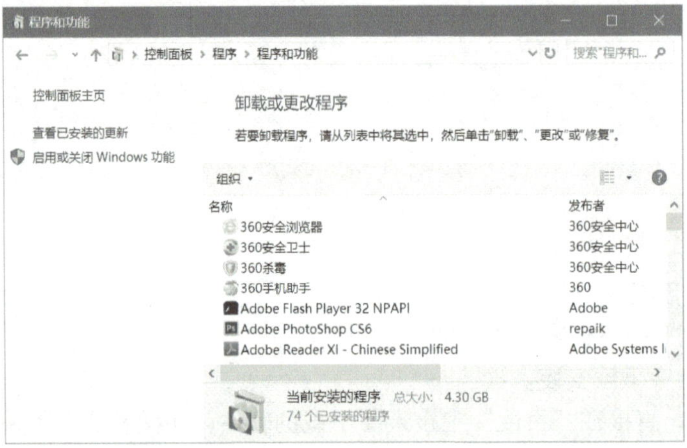

图 2-46　“程序和功能”窗口

选择要删除的程序，右击打开快捷菜单，选择“卸载/更改（U）”命令，在弹出的询问对话框中，单击“卸载”按钮即可删除该应用程序。

提示

对于很多应用软件来说，通过单击“卸载/更改（U）”按钮，并根据提示可以重新安装或修复该软件、添加或删除软件的部分功能、卸载软件等。另外，很多软件被安装后，在“开始”菜单中会自带卸载程序，卸载时也可以通过运行“开始”菜单中的卸载程序完成对软件的卸载，如图 2-47 所示。

图 2-47　卸载应用程序

（3）启用或关闭 Windows 功能

安装 Windows 10 系统时，一般不会打开全部组件，如果需要用到没有打开的组件，或者关闭已经安装的组件，可在如图 2-46 所示的“程序和功能”窗口中单击“启用或关闭 Windows 功能”按钮，打开“Windows 功能”对话框，如图 2-48 所示，勾选相应的复选框进行组件的取舍。

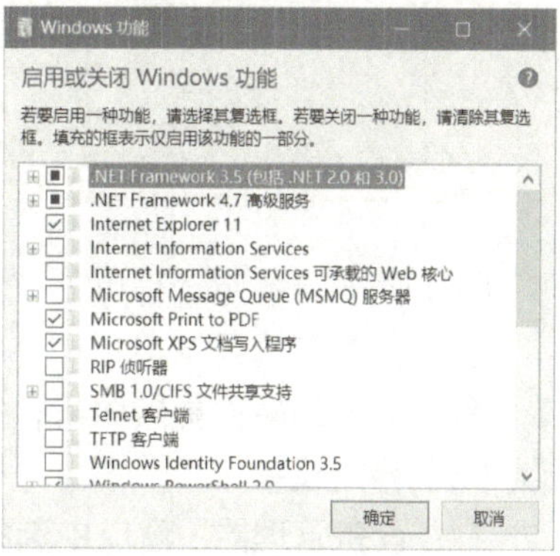

图 2-48 “Windows 功能”对话框

3. 硬件设备管理

在 Windows 操作系统中，设备管理器是计算机硬件设备的管理工具，它的功能非常强大，用户可以借助设备管理器查看计算机中所安装的硬件设备、设置设备属性、安装或更新驱动程序、停用或卸载设备。

右击“这台电脑”，在弹出的快捷菜单中选择“属性”命令，在打开的“系统”窗口中单击“设备管理器”命令；或是打开“开始”菜单，单击“Windows 系统”→“设备管理器”命令，均可打开“设备管理器”窗口，如图 2-49 所示，设备管理器显示了机器配置的所有硬件设备。

（1）查看设备状态

在“设备管理器”窗口中选择硬件设备并右击，在弹出快捷菜单汇总选择“属性”命令，打开该设备对应的属性对话框，可以查看该设备的运行状态、驱动程序等详细信息，如图 2-50 所示。

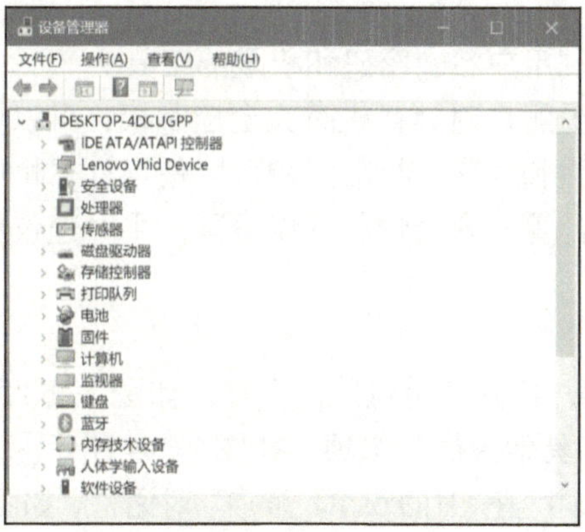

图 2-49 “设备管理器”窗口

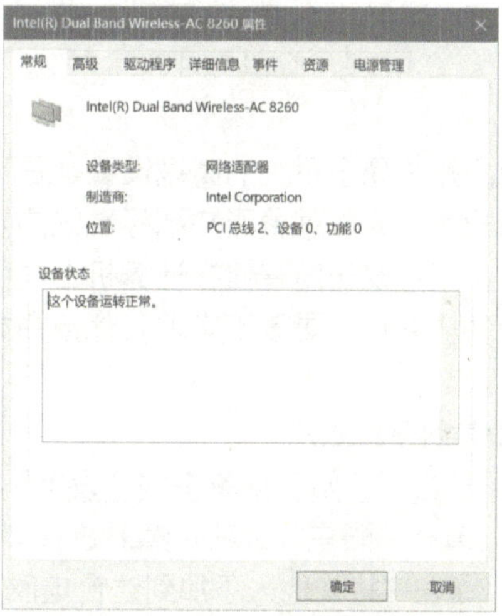

图 2-50 网络适配器属性对话框

提示

如果某硬件设备前显示，则说明该设备已被停用，这时可以在该设备标识上右击，在弹出的快捷菜单中选择“启用设备”命令即可启用该设备。如果某硬件设备前显示了黄色的问号或感叹号，前者表示该硬件未能被操作系统所识别，后者表示该硬件未安装驱动程序或驱动程序安装不正确，此时可以在该硬件设备上右击，选择“卸载设备”命令，然后重新启动系统，大多数情况下系统会自动识别硬件并自动安装驱动程序。

（2）更新设备驱动程序

在“设备管理器”窗口中选择硬件设备并右击在弹出的快捷菜单中选择“更新驱动程序”命令，启动硬件更新向导，如图 2-51 所示，用户可以根据提示更新驱动程序。

（3）停用设备

在“设备管理器”窗口中选择硬件设备并右击，在弹出的快捷菜单中选择“禁用设备”命令，弹出询问对话框，如图 2-52 所示，单击“是”按钮停用该设备。

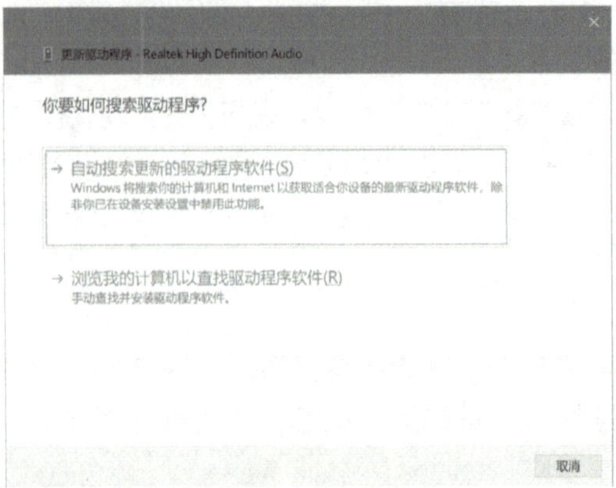

图 2-51　更新驱动程序向导

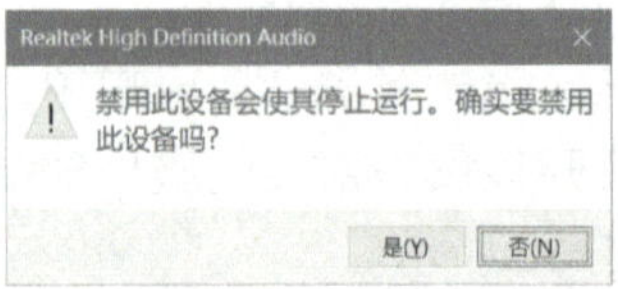

图 2-52　是否禁用此设备询问对话框

4. 用户账户管理

用户账户属于系统的高级设置，是用来更改用户名、密码和权限的工具。

账户可分为管理员账户和标准账户。管理员账户对计算机有完全控制权，可以更改任何设置，还可以访问存储在计算机上的所有文件和程序。标准账户可以使用计算机中的大多数软件，并可以更改不影响其他用户或这台计算机安全性的系统设置，平时建议使用标准账户。

（1）创建新账户

① 单击“开始”菜单中的“设置”按钮，打开“设置”对话框，如图 2-53 所示。

② 选择“账户”选项，然后选择“家庭和其他人员”选项，如图 2-54 所示。

③ 单击“将其他人添加到这台电脑”命令，打开“Microsoft 账户”对话框，如图 2-55 所示。

④ 单击“我没有这个人的登录信息”按钮，打开如图 2-56 所示对话框。

⑤ 单击“添加一个没有 Microsoft 账户的用户”命令，打开如图 2-57 所示对话框。

⑥ 输入新账户的相关信息后，单击“下一步”按钮。

（2）更改账户信息

用户创建后，打开“控制面板”对话框，在查看方式为“类别”的情况下，选择“用户账户”→“管理其他账户”命令，双击要更改的账户名，打开“更改账户”对话框，如图 2-58 所示，可以对账户进行更改名称、创建密码、更改类型、删除账户等操作。

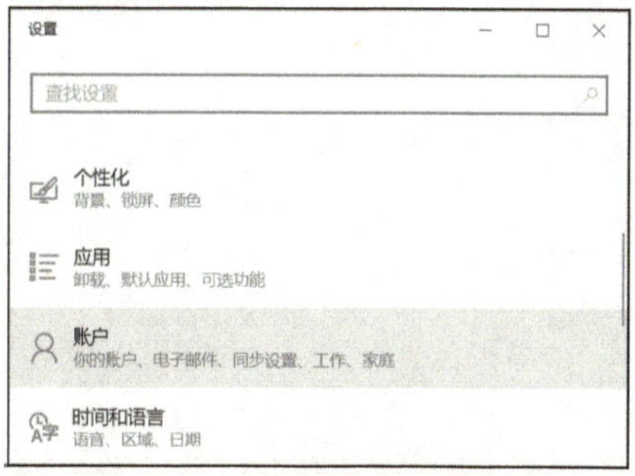

图 2-53　“设置”对话框

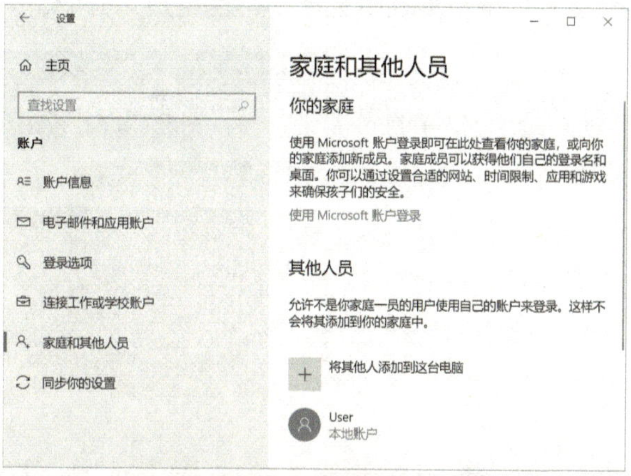

图 2-54　“家庭和其他人员”选项

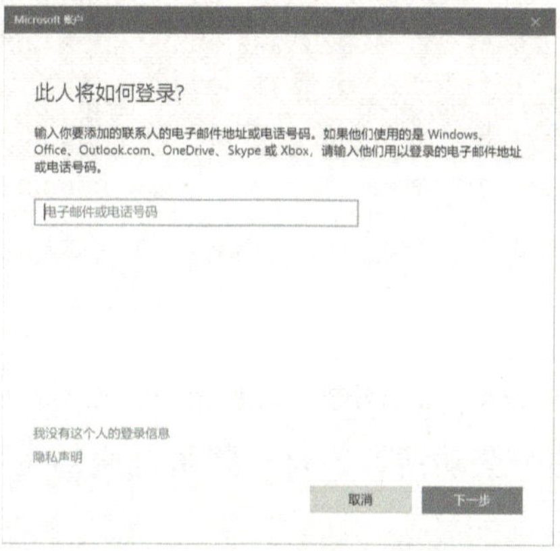

图 2-55　“Microsoft 账户”对话框

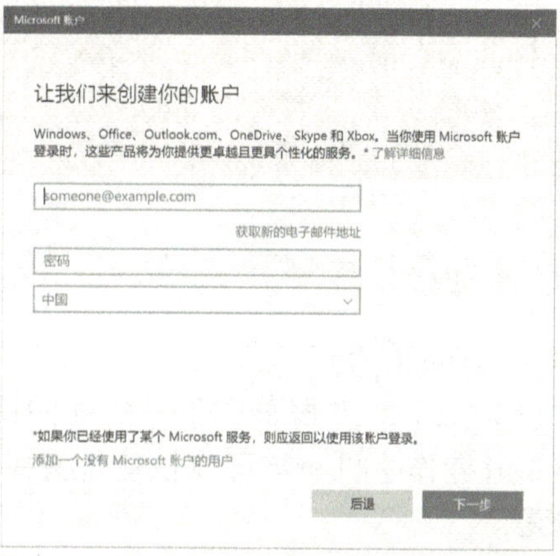

图 2-56　“让我们来创建你的账户”对话框

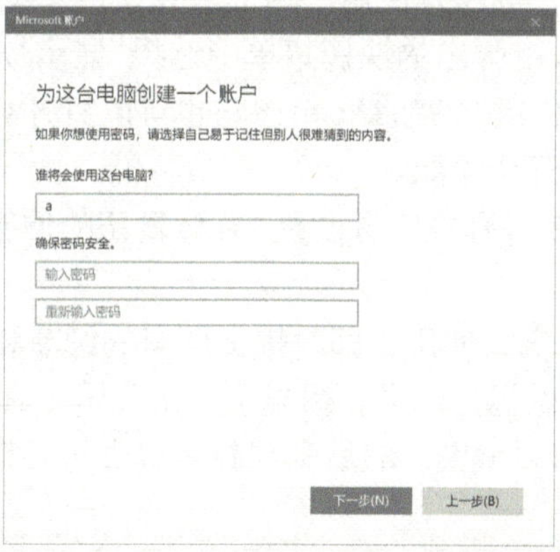

图 2-57　“为这台电脑创建一个账户”对话框

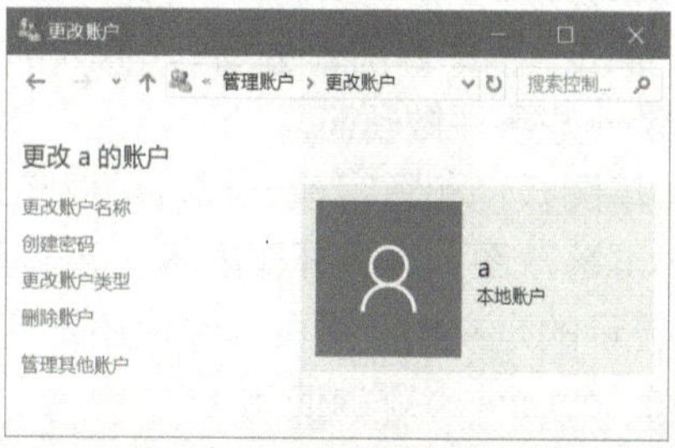

图 2-58　“更改账户”对话框

(3) 切换用户登录

在 Windows 10 系统里按 Alt+F4 组合键，打开“关闭 Windows”窗口，在“希望计算机做什么？”下拉列表中选择“切换用户”命令，如图 2-59 所示，可切换登录用户。

图 2-59 “关闭 Windows”窗口

提示

Windows 10 操作系统与以前版本的操作系统相比，多了一个“设置”面板，因此有许多的操作和以前系统中的不同。

5. 其他办公应用

(1) 通知栏的使用

单击 Windows 10 屏幕右下角的通知按钮，在屏幕右边打开通知栏，如图 2-60 所示，与平时操作手机一样可以快捷地开关上面的一些功能，还有一些系统通知也可以在这里查看。

(2) Windows Ink 工作区的使用

Windows Ink 是 Windows 10 系统中一个创新，可以方便用户的记录和使用。按 Win+W 组合键，打开“Windows Ink 工作区”；或右击任务栏，在弹出的快捷菜单中选择“显示‘Windows Ink 工作区’按钮”，在任务栏出现“Windows Ink 工作区”按钮，单击它也可以打开 Windows Ink 工作区，如图 2-61 所示，工作区主要有以下三个功能。

① 便签：不受当前任务窗口的影响，可以贴在屏幕的任意位置，并像真正的便签一样，用来记录一些事件做备忘。

② 草图板：和写字板一样，可以用来当作草稿纸使用，即时捕捉所有的细节和创意。

③ 屏幕草图：捕捉屏幕内容，并使用数字笔做标记记录，相当于一个截屏工具，无论屏幕上显示的是文档、网页、照片还是应用，都可以截图，然后利用数字笔进行后期标记。

(3) Cortana 小娜的使用

Cortana 小娜是微软推出的一个基于云平台的个人助理，“她”可以为用户提供个性化的体验，“她”会了解有关用户的喜好和习惯，如搜索、日历、联系人和位置等，帮助用户进行日程安排、回答问题等；如果单击话筒图标说话，还可以让她回答问题、唱歌、讲故事等。单击任务栏上的“在这里输入你要搜索的内容”按钮，打开搜索的内容对话框，如图 2-62 所示，即可以使用 Cortana 小娜了。

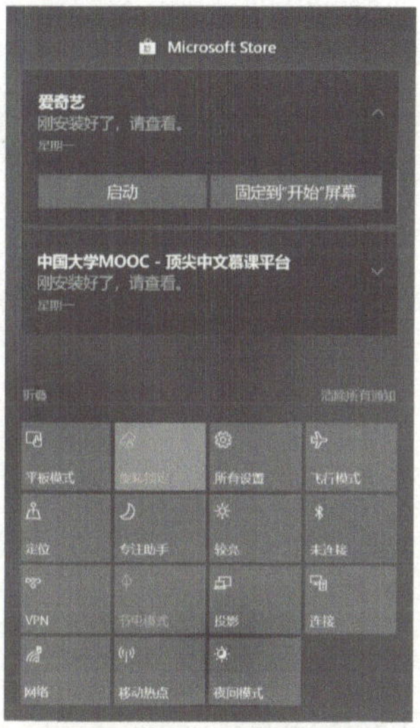

图 2-60　通知栏

图 2-61　Windows Ink 工作区

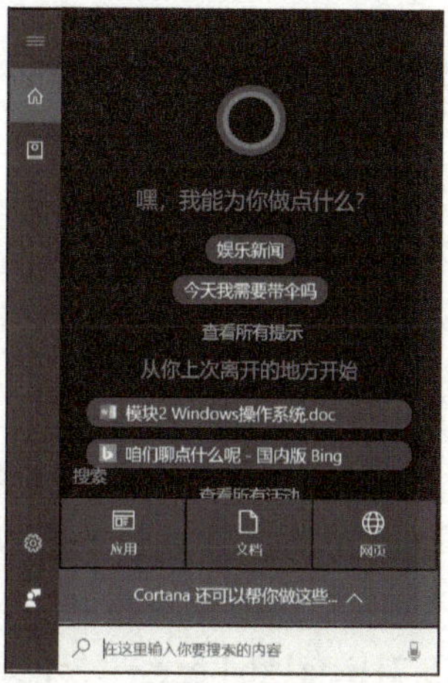

图 2-62　搜索的内容对话框

（4）Timeline 时间轴的使用

在 Timeline 时间轴上用户能够跳转到任意一个时间点查看当时的工作状态，类似于一个以时间顺序排列的系统快照，它可以避免用户忘记保存文件、系统崩溃时造成的损失。按 Win+Tab 组合键，即可打开 Timeline 时间轴，如图 2-63 所示，向下滚动鼠标可以查看更多信息，最多可以查看一个月内的信息。

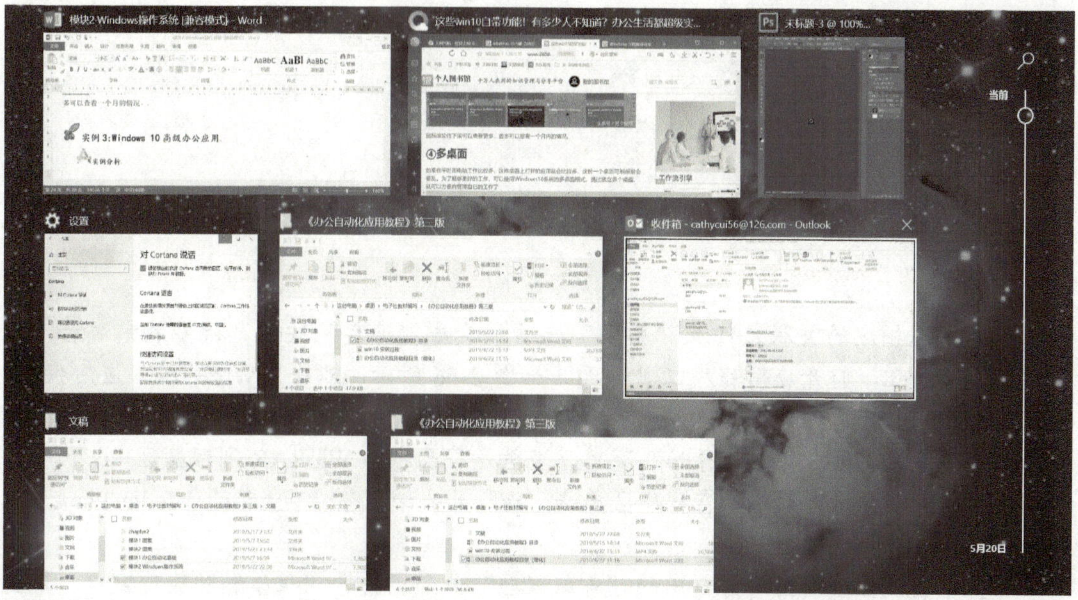

图 2-63　Timeline 时间轴

【实例 3】Windows 10 高级办公应用

实例分析

正确地安装和卸载应用软件在办公应用中是必不可少的操作，有效地管理硬件设备、合理地设置用户账户可保证机器的正常运行和数据安全，使用 Windows10 的一些新功能可更好地解决办公中的一些常见问题，使工作更加轻松。

操作过程

（1）打开“开始”菜单，选择“Windows 系统”→“控制面板”命令，打开“控制面板”窗口，单击“卸载程序”按钮，查看系统是否已经安装 WinRAR 压缩软件，若已安装，选择该软件，单击“卸载”按钮将其卸载。

（2）打开素材库 chapter2 文件夹，双击 WinRAR 压缩软件安装程序 WinRAR_5.71Beta1x64.exe，打开安装对话框，如图 2-64 所示，设置软件的安装位置。

（3）单击“安装”按钮，打开“WinRAR 安装”对话框，如图 2-65 所示。

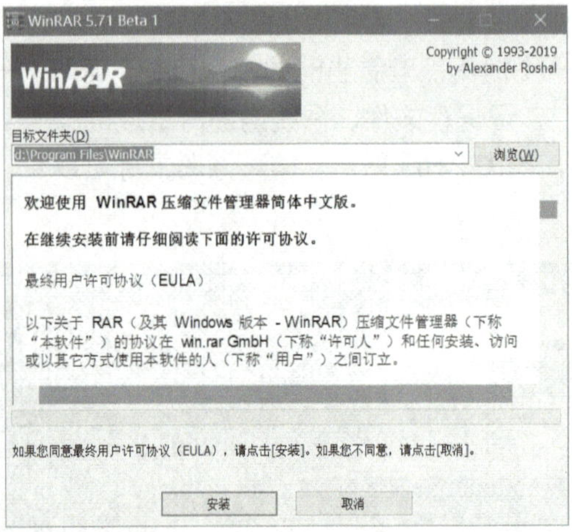

图 2-64　WinRAR 安装界面

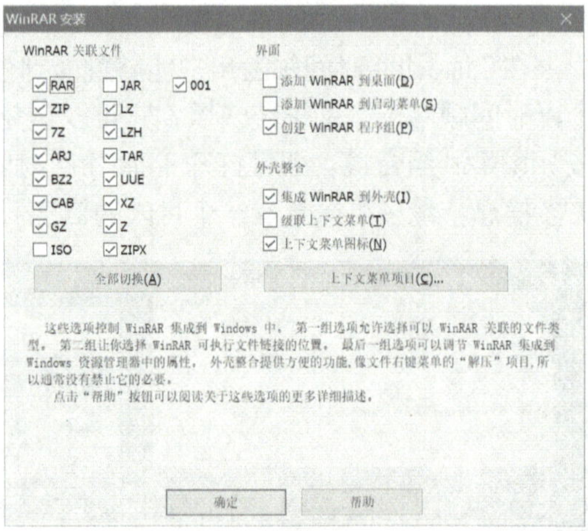

图 2-65　“WinRAR 安装”对话框

（4）勾选相应的关联文件及“界面”选项，单击“确定”按钮，待安装完成后，单击“完成”按钮，打开应用程序工具界面，如图 2-66 所示，双击“WinRAR”应用程序，即可打开使用。

（5）安装完成后，打开“开始”菜单，查看是否已添加 WinRAR 到程序区中。

（6）打开“开始”菜单，在程序区单击“W”开头的程序“Windows Media Player”，并观察其特点。

（7）单击“控制面板”窗口中的“卸载程序”命令，打开“程序和功能”窗口，单击“启用或关闭 Windows 功能”按钮，打开“Windows 功能”对话框，如图 2-67 所示。

（8）勾选“媒体功能”下的“Windows Media Player”复选框，打开“Windows 功能”提示框，如图 2-68 所示，先单击“是”按钮，再单击“确定”按钮。经过系统更改之后，系统会提示“Windows 已完成请求的更改”，最后单击“关闭”按钮。

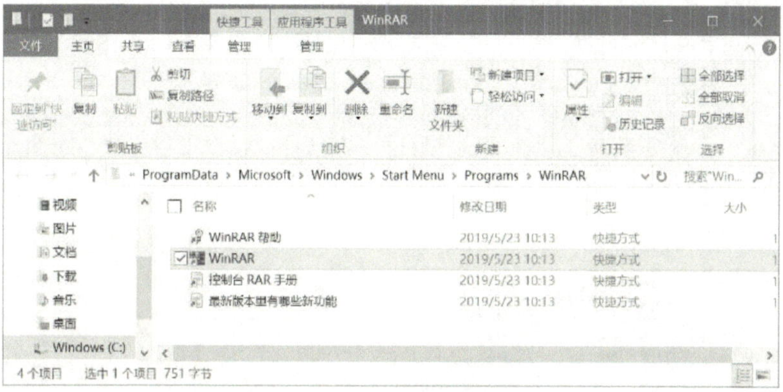

图 2-66　应用程序工具

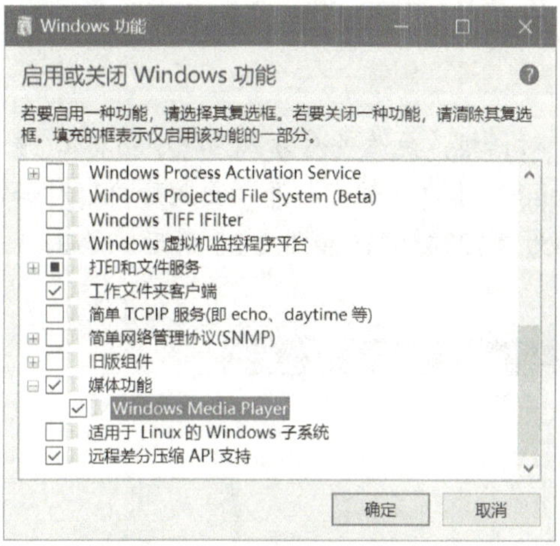

图 2-67　“Windows 功能”对话框

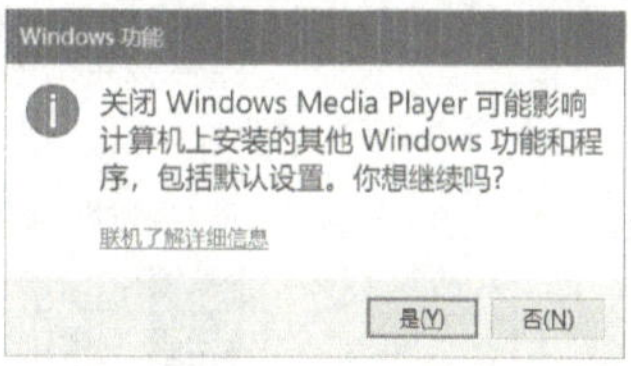

图 2-68　“Windows 功能”提示框

（9）再次打开“开始”菜单，在程序区单击程序“Windows Media Player”，观察其变化。

（10）右击“这台电脑”，在弹出的快捷菜单中选择“属性”命令，在打开的“系统”窗口中单击“设备管理器”选项，打开“设备管理器”窗口，展开“声音、视频和游戏控制器”选项，右击音频设备，在弹出的快捷菜单中选择“属性”命令，如图 2-69 所示，可以查看该设备的运行状态、驱动程序等详细信息。

（11）在“设备管理器”窗口中展开“通用串行总线控制器”选项，右击“Intel(R) USB3.0 可扩展主机控制器”选项，在弹出的快捷菜单中选择“禁用设备”命令，在打开的对话框中单击“是”按钮，可以将对应的 USB 接口停用，再将 U 盘插入 USB 接口，检查能否使用。

（12）再次右击刚停用的“Intel(R) USB3.0 可扩展主机控制器”选项，在弹出的快捷菜单中选择“启用设备”命令，再将 U 盘插入到 USB 接口，检查能否使用。

（13）单击“开始”菜单中的“设置”按钮，打开“设置”对话框，选择“账户”选项，再选择“家庭和其他人员”选项，单击“将其他人添加到这台电脑”命令，打开“Microsoft 账户”对话框，单击“我没有这个人的登录信息”按钮，然后单击“添加一个没有 Microsoft 账户的用户”命令，输入新账户名“liming”，最后单击“下一步”按钮。

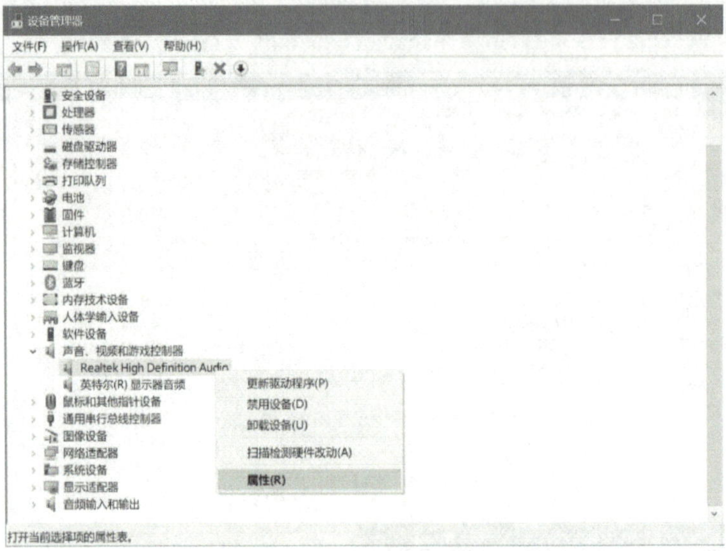

图 2-69 “设备管理器”窗口

（14）用户创建完成后，打开“控制面板”对话框，更改查看方式为“小图标”，选择“用户账户”→“管理其他账户”命令，双击“liming”账户按钮，打开“更改账户”对话框。

（15）单击“创建密码”命令，设置密码为“123456”，如图 2-70 所示，单击“创建密码”按钮。

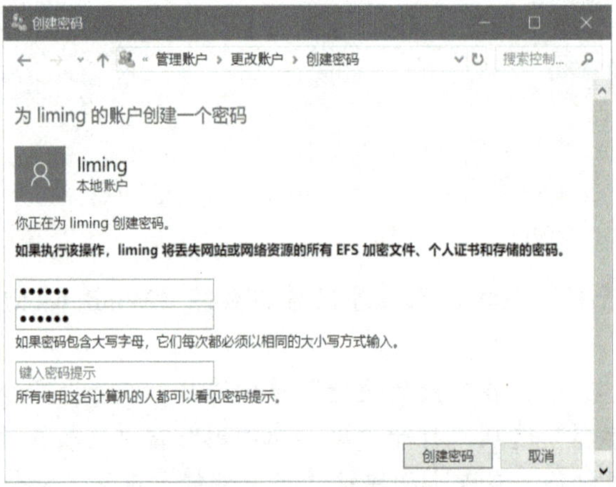

图 2-70 “创建密码”对话框

（16）使用 Alt+F4 组合键，打开“关闭 Windows”窗口，单击下拉列表选择“切换用户”命令，选择 liming 用户登录，输入密码 123456，以 liming 用户身份登录系统。

（17）以 liming 用户身份登录系统后，再重复本实训（1）～（9）步操作，观察是否能实现以上操作。

（18）打开“控制面板”对话框，更改查看方式为“小图标”，选择“用户账户”→“管理其他账户”命令，双击“liming”账户按钮，打开“更改账户”对话框，单击“删除账户”按钮。

（19）单击 Windows 10 屏幕右下角的通知按钮，打开通知栏，开关“平板模式”，回到桌面，观察其变化情况；再开关“旋转锁定”“飞行模式”“蓝牙”等，观察其相应变化。

(20) 右击任务栏，选择“显示‘Windows lnk 工作区’按钮”，单击“Windows lnk 工作区”按钮，单击“便签”按钮，练习记录一些备忘信息。

(21) 单击“Windows lnk 工作区”中的“草图板”按钮，练习使用方法。

(22) 单击“Windows lnk 工作区”中的“屏幕草图”按钮，抓取屏幕，练习做笔记。

(23) 单击任务栏上的“在这里输入你要搜索的内容”按钮，打开搜索内容对话框，练习使用 Cortana 小娜。

(24)按 Win+Tab 组合键，打开 Timeline 时间轴，向下滚动鼠标查看情况，再按 Win+Tab 组合键或按 ESC 键返回。

思考与实训 2

一、填空题

1. ____________是目前唯一一个支持全平台模式的操作系统，可以在台式机、笔记本计算机及移动端等智能终端设备同时运行。

2. 屏幕分辨率是由显示器和显卡决定，分辨率____________，图像越清晰。

3. 在 Windows 10 中，要打开“开始”菜单，可以单击任务栏上的“开始”按钮或按____________组合键。

4. “开始”菜单由最左边的一些按钮、中间的程序区、右边____________区组成。

5. 桌面图标的排列有____________和____________两种方法。

6. 文件名由____________和____________组成，中间用小数点隔开。

7. 要选择多个不连续的文件，必须按住________组合键单击要选择的文件；要选择全部文件或文件夹，可按____________组合键。

8. 如果要将选定的文件复制到 U 盘上，可以右击选择_____________命令。

9. 按____________组合键，可以彻底删除被选中的文件，而不放入“回收站”中。

10. 文件或文件夹的基本属性有存档、只读和____________。

11. 经常在硬盘上进行更改、移动、删除文件等操作，会产生很多____________，从而影响机器的存取速度。

12. 在“设备管理器”窗口中，如果某硬件设备前显示 ，则说明该设备已被________。

13. 在 Windows 10 中，一般账户可分为____________、____________两种。

14. ____________是 Windows 10 系统中一个很大的创新，可以方便用户记录和使用。其工作区主要有____________、____________、____________三个功能。

15. ____________是微软推出的一个云平台的个人助理，可以为用户提供个性化的体验。

二、实训题

1．制作 Windows 10 系统安装 U 盘。

2．在“开始”菜单中练习磁贴的添加和删除。

3．练习桌面快捷方式的添加及桌面图标的排列方法。

4．在文件“资源管理器”窗口中使用多种方法进行文件或文件夹的新建、复制、移动、删除、重命名操作。

5．清理 D 盘中的临时文件、回收站及磁盘碎片。

6．从 Internet 上下载 CuteFTP 软件，先安装，然后再进行卸载。

7．设置文件夹的属性及共享。

8．使用设备管理器查看计算机的设备。

9．创建一个标准账户，并设置密码。

10．练习 Windows Ink 工作区的使用。

模块 3

Word 2013——图文处理

3.1 创建文档

1. Word 2013 的工作界面与视图

启动 Word 2013，选择“空白文档”命令，新建一个 Word 文档，它的工作界面主要包括标题栏、快速访问工具栏、功能区、工作区、标尺、滚动条、状态栏等，如图 3-1 所示。

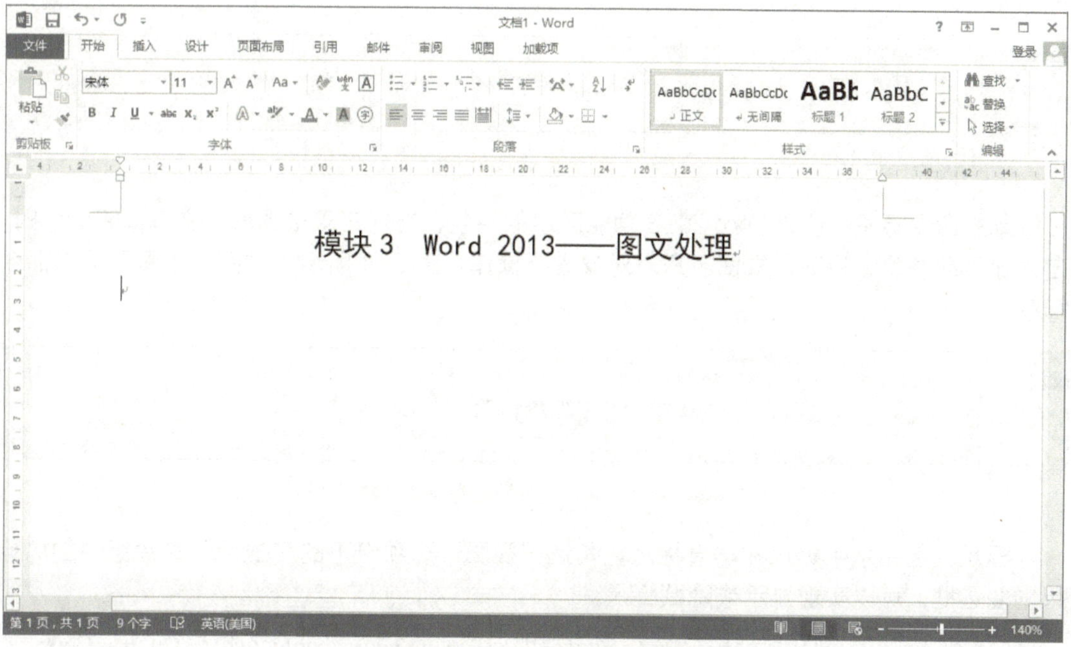

图 3-1　Word 2013 工作界面

标题栏：位于 Word 2013 工作界面的顶端，显示当前文档的名称。

快速访问工具栏：由用户最常用的命令按钮组成，如新建、打开、保存、撤销等命令。“快速访问工具栏”中的命令按钮可以根据用户的需要进行增加、删除。单击快速访问工具栏最右边向下箭头按钮，在下拉列表中勾选出需要添加到快速访问工具栏中的项目，如图 3-2 所示。勾选“在功能区下方显示”选项可使“快速访问工具栏”显示在功能区的下方。

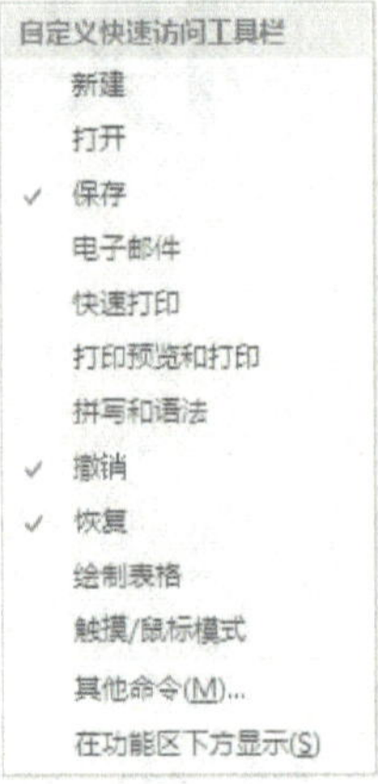

图 3-2　“自定义快速访问工具栏”对话框

功能区：Word 2013 中的功能区代替了早期版本习惯使用的下拉菜单命令，图标化按钮替代了菜单命令，并且重新组织归类，分为“开始”“插入”“设计”“页面布局”“引用”“邮件”“审阅”“视图”“加载项”九个选项卡，每一个选项卡中又对命令按钮进行了分组，如图 3-3 所示。单击右上角的按钮，可以实现功能区的隐藏、显示选项卡和命令不同状态的变化。

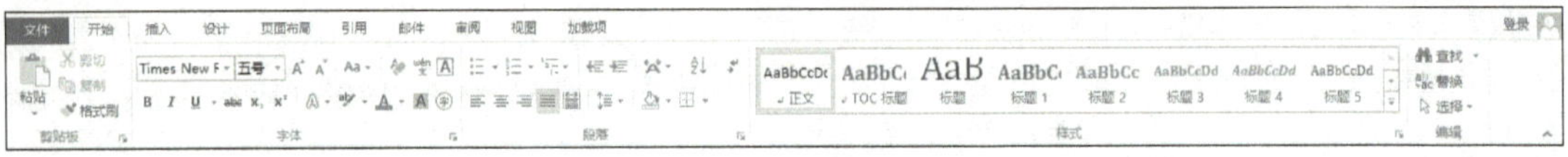

图 3-3　功能区

动态命令标签：这是 Word 2013 功能区中的特色，当用户双击图形、文本框等命令时，自动显示动态命令标签，方便用户对对象进行操作，图 3-4 所示为“图片工具”动态命令标签。

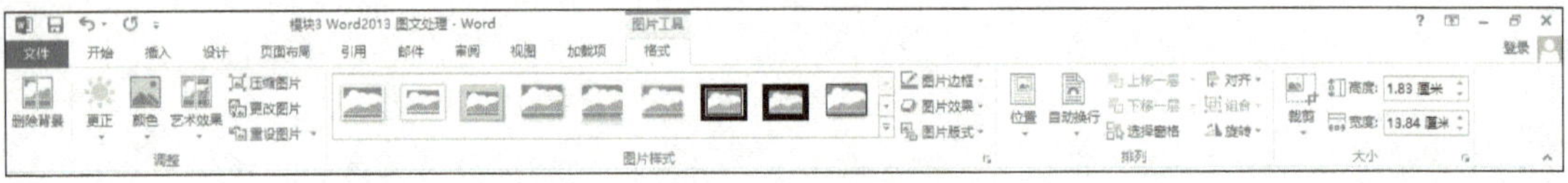

图 3-4　“图片工具”动态命令标签

标尺：包括水平标尺和垂直标尺，勾选“视图”选项卡下的“显示”命令组中的“标尺”复选框，可以实现显示或隐藏标尺。

状态栏：位于 Word 窗口的底部，包括当前页数、文档总页数、文档包含的文字数、视图模式等内容。

视图模式：Word 2013 提供页面视图、阅读视图、Web 版式视图、大纲视图和草稿视图五种视图模式，可通过“视图”选项卡下的“视图”命令组中的相应命令按钮切换视图模式；或通过状态栏右侧的视图切换按钮，可实现页面视图、阅读视图、Web 版式视图三种视图模式的转换。通过按钮可以改变文档的显示比例。

页面视图可以直接按照用户设置的页面大小显示文件内容，显示文档的打印效果，主要包括页眉、页脚、图形对象、分栏设置、页面边距等元素，是最接近打印效果的页面视图。

阅读视图以图书的分栏样式显示文档，“文件”按钮、功能区等窗口元素被隐藏起来。用户还可以单击“工具”按钮选择各种阅读工具，适用于用户全屏阅读文档，如图 3-5 所示。单击左、右两侧的箭头，可实现翻页功能。

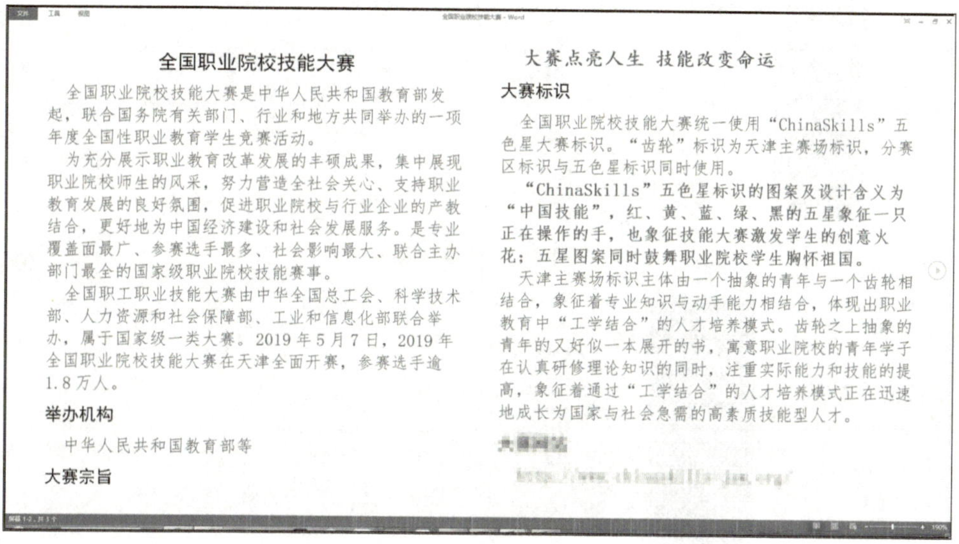

图 3-5 阅读视图

Web 版式视图主要用于查看网页形式的文档外观，在 Web 版式视图模式下编辑文档，可以更准确地看到文档在 Web 浏览器中显示的效果。

大纲视图可用于 Word 2013 文档的设置和显示标题的层级结构，并方便地折叠和展开各种层级的文档，主要用于长文档的快速浏览和设置。

草稿视图取消了页面边距、分栏、页眉页脚和图片等元素，仅显示标题和正文，便于快速编辑文本，是最节省计算机系统硬件资源的视图方式。

2. 新建与保存

单击“文件”按钮，在弹出的菜单中选择“新建”选项，如图 3-6 所示，系统提供了“书法字帖”等多种文档模板，可直接选择文档模板，也可在搜索框中输入内容进行模板搜索，如无特殊要求，可选择“空白文档”。

启动 Word 2013 时，系统会提示选择新建文档的模板，选择“空白文档”，文件名默认为“文档 1”。在文档中输入内容后，单击“文件”按钮，在打开的菜单中选择“保存”命令，打开“另存为”选项，如图 3-7 所示。

单击“浏览”按钮，在弹出的菜单中选择“另存为”命令，在弹出的如图 3-8 所示的对话框中，选择文件存放位置，输入文件名，默认所保存文档的保存类型为“Word 文档”，扩展名为“.docx”，单击保存类型右侧下拉箭头可以选择 Word 早期版本的文档、模板、PDF 等多种类型，设置结束后，单击“保存”按钮。

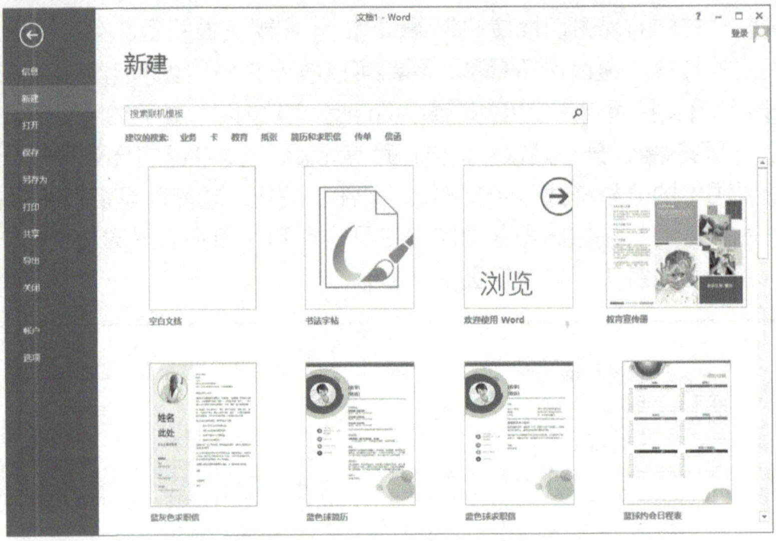

图 3-6 “新建”选项

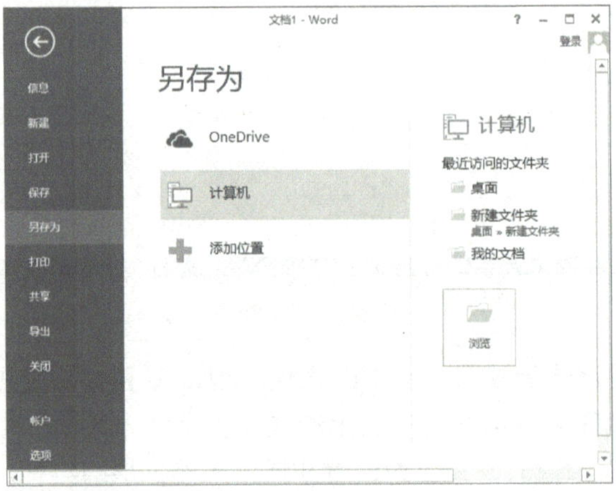

图 3-7 “另存为”选项

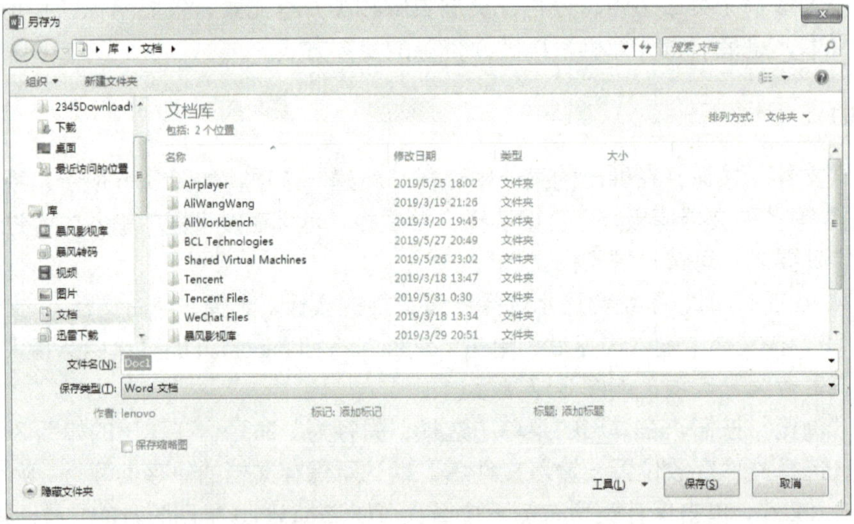

图 3-8 “另存为”对话框

提示

① 在新建文档时可以使用 Ctrl+N 组合键快速创建一个新的空白文档；保存文档可以使用 Ctrl+S 组合键。

② 单击“文件”按钮，在打开的菜单中还有“信息”“打开”“另存为”“打印”等选项，如果要对文档设置保护密码，可在“信息”选项中设置。

【实例 4】制作大赛文档

实例分析

以制作“全国职业院校技能大赛”文档为例，如图 3-5 所示，练习在 Word 2013 中新建文档、保存文档等相关操作。

操作过程

（1）启动 Word 2013，在新建 Word 文档中输入“全国职业院校技能大赛”文档文字内容。

（2）单击“文件”→“保存”，打开“保存”对话框，选择需要保存的文件夹，文件名命名为“全国职业院校技能大赛”，保存类型选择“Word 文档”。

（3）对文档加密：打开要加密码的文档，单击“文件”→“信息”，打开“信息”选项，如图 3-9 所示，单击“保护文档”按钮，打开“保护文档”下拉菜单，如图 3-10 所示。

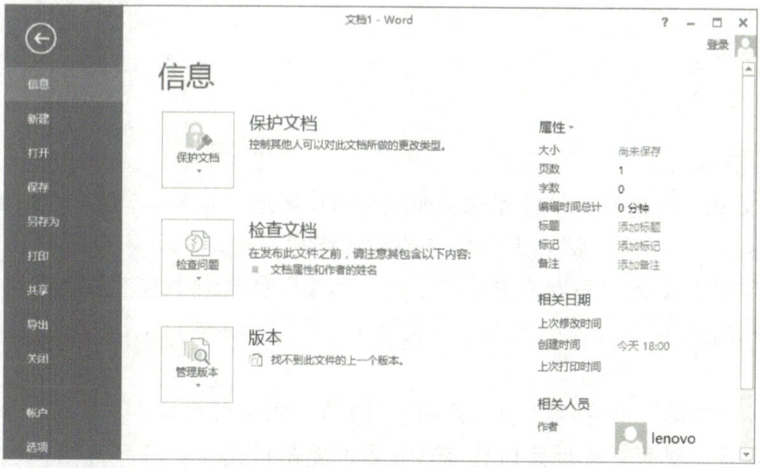

图 3-9 “信息”选项

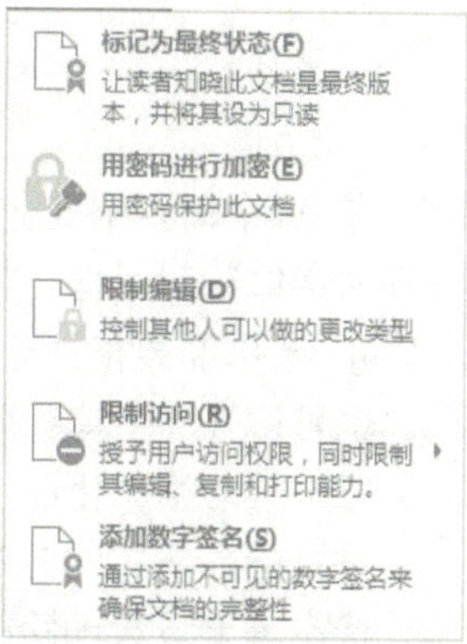

图 3-10 “保护文档”下拉菜单

（4）单击“用密码进行加密”，打开“加密文档”对话框，如图 3-11 所示，输入密码，单击“确定”按钮，再次输入密码确定。

（5）保存并关闭文档，再次双击打开文档时，将出现“密码”对话框，如图 3-12 所示，输入刚才设置的密码，单击“确定”按钮，打开文档。

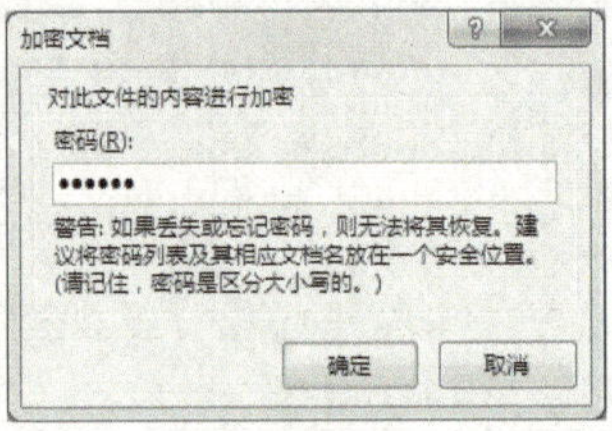

图 3-11　“加密文档”对话框

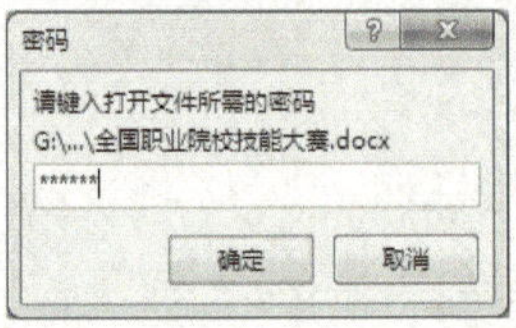

图 3-12　“密码”对话框

（6）取消文档加密：打开文档后，再次单击“文件”→“信息”→“保护文档”→“用密码进行加密”，在加密文档对话框中删除原密码，再单击“确定”按钮。

3.2　格式与页面设置

1. 文本和段落格式化

（1）文本格式化

设置文本格式的方法有浮动菜单、“字体”命令组、快捷菜单、“字体”对话框等。

① 选中需要格式化的文本，浮动菜单会立刻显示出来，如图 3-13 所示，单击相应格式图标可完成字体、字号、加粗、倾斜、下画线、增大字号、减小字号等文本格式设置。

② 选中需要格式化的文本，在“开始”选项卡下的“字体”命令组中进行相应的文本格式设置，如图 3-14 所示。

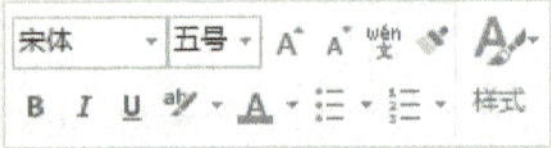

图 3-13　浮动菜单

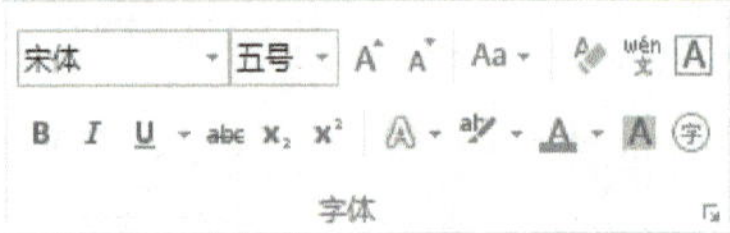

图 3-14　“字体”命令组

③ 选中需要格式化的文本，右击打开快捷菜单，如图 3-15 所示，单击“字体”按钮，打开“字体”对话框，如图 3-16 所示，然后进行相应的文本格式设置。

④ 选中需要格式化的文本，单击“开始”选项卡下的“字体”命令组中右下角的 按钮，也可打开“字体”对话框。

（2）段落格式化

设置段落格式的方法有“段落”命令组、快捷菜单、“段落”对话框等。

选中需要设置间距的段落，或者把光标定位在需要设置间距的段落中，在“开始”选项卡下的“段落”命令组中进行项目符号、编号、多级列表、减小缩进量、增大缩进量、中文版式、对齐方式、底纹、边框等段落格式设置，如图 3-17 所示；在“页面布局”选项卡下的“段落”命令组中可以进行缩进、间距的设置，如图 3-18 所示。

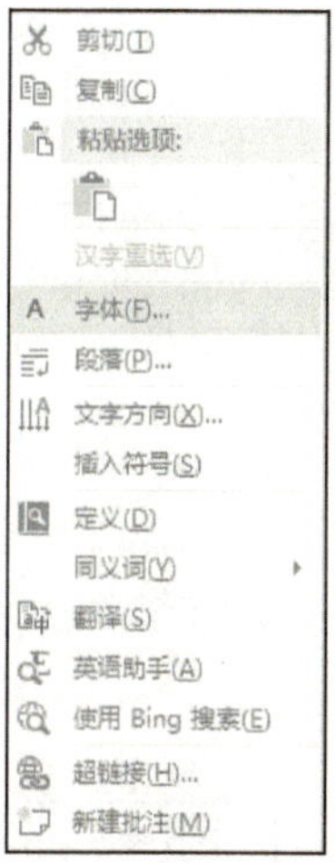

图 3-15 快捷菜单

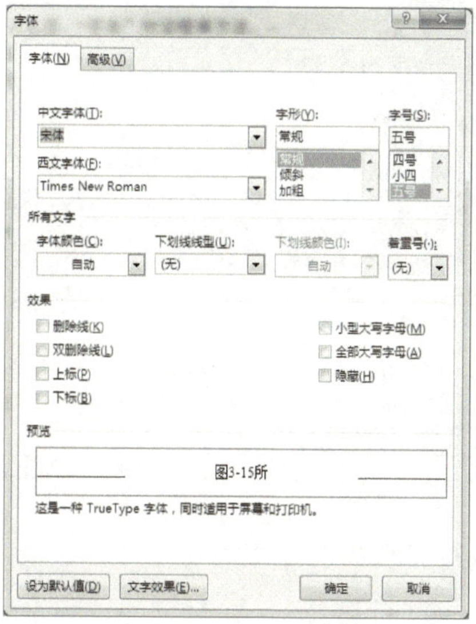

图 3-16 “字体”对话框

图 3-17 “段落”命令组

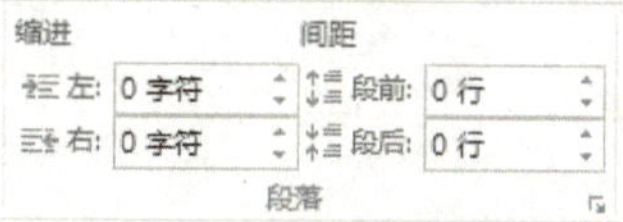

图 3-18 “页面布局”选项卡下的“段落”命令组

选中段落右击，在弹出的快捷菜单中选择“段落”命令，也可以单击“开始”选项卡下的“段落”命令组中右下角的按钮，打开“段落”对话框，如图 3-19 所示，然后进行相应的段落格式设置。

段落格式设置包括间距、对齐方式、缩进方式等。

① 间距设置：间距分为行间距和段间距。

在如图 3-19 所示的“间距”组中可设置段前、段后的距离，行与行之间的距离。或者直接使用“开始”选项卡下的“段落”命令组中的功能按钮设置行距，使用“页面布局”选项卡下的“段落”命令组中的段前: 0 行或者段后: 0 行设置段前、段后的距离。

② 对齐方式设置：对齐方式包括左对齐、右对齐、居中对齐、两端对齐、分散对齐等，可以使用“段落”对话框中的“对齐方式”下拉列表来选择，或是“段落”命令组中的设置对齐。

③ 段落缩进设置：可通过水平标尺中的段落缩进符、“段落”命令组、“段落”对话框等方法实现。水平标尺上的段落缩进符包括“首行缩进”、“悬挂缩进”、“左缩进”和“右缩进”，如图 3-20 所示。

在“页面布局”选项卡下的“段落”命令组中，通过左: 0 字符和右: 0 字符调整数值设置左、右缩进值；或者通过“段落”对话框中的“缩进”选项设置左、右缩进；也可以在“特殊格式”下拉列表中设置首行缩进和悬挂缩进。

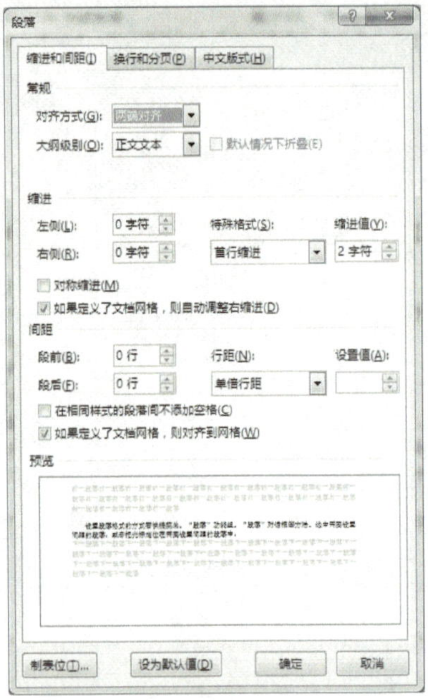

图 3-19 “段落”对话框

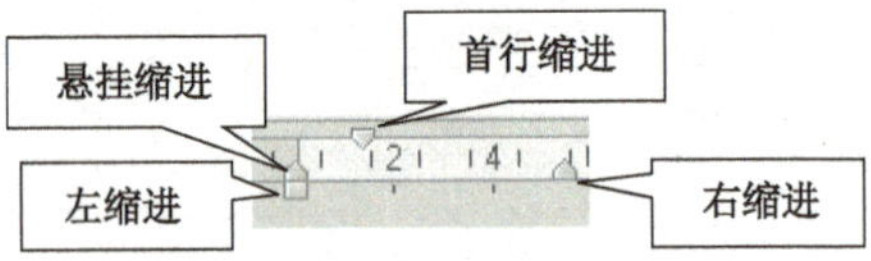

图 3-20 段落缩进符

> **提示**
>
> 格式刷是 Word 中的一种工具，用格式刷可以快速地将指定段落或文本的格式延用到其他段落或文本上，让用户不再重复设置。使用方法是：选中被复制格式的文字或段落，单击“开始”选项卡下面的“剪贴板”命令组中的格式刷按钮复制格式，再选择要设置格式的文字或段落，将后面的文字或段落设置成与前面的文字或段落一样的格式；如果要实现多次复制格式，可以双击格式刷按钮来实现。

2. 页面设置

文档的页面设置包括页边距、纸张方向、纸张大小等。

（1）页边距是页面的边线到文字的距离。单击“页面布局”选项卡下的“页面设置”命令组中右下角的 按钮，如图 3-21 所示，打开“页面设置”对话框，如图 3-22 所示，进行页边距的设置；或单击“页面设置”命令组中“页边距”按钮，在“页边距”下拉列表中选择已经自定义的页边距，如图 3-23 所示，单击“自定义边距”命令，也可打开“页面设置”对话框。

图 3-21 “页面设置”命令组

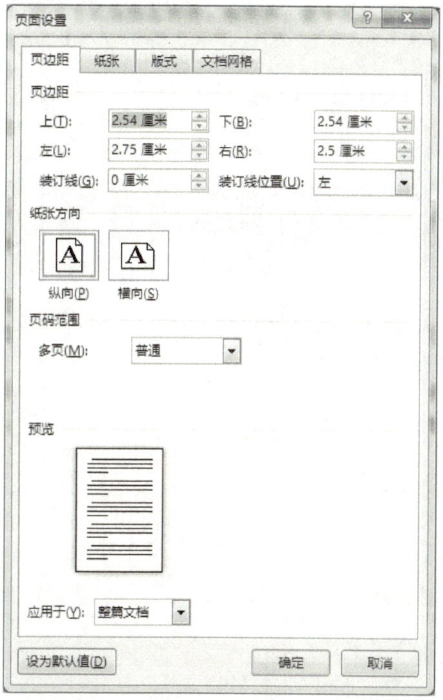

图 3-22 “页面设置”对话框

图 3-23 “页边距”下拉列表

（2）单击“页面布局”选项卡下的“页面设置”命令组中的“纸张方向”和“纸张大小”按钮，用于设置页面方向和页面大小，在“页面设置”对话框中的“纸张方向”和“纸张”选项卡中也可以设置。

提示

在同一篇文档中使用纵向和横向两种纸张方向时，可以选定文档中部分内容，在“页面设置”对话框中设置纸张方向，选择应用于“所选文字”即可。

当制作书籍、杂志、小册子、请柬时，需要在“页码范围”中选择对称页边距、拼页、书籍折页、反向书籍折页等相关选项。

3. 文档打印

单击“快速访问工具栏”中的按钮，或者单击“文件”→“打印”命令，显示打印信息，如图 3-24 所示。在打印信息中，右侧功能区中可以按照显示比例预览文档，单击垂直滚动条下方的“缩放到页面”按钮，可以保证预览文档时看到一个完整的页面。在打印信息左侧功能区进行打印份数、打印机属性、打印范围、纸张大小等设置。

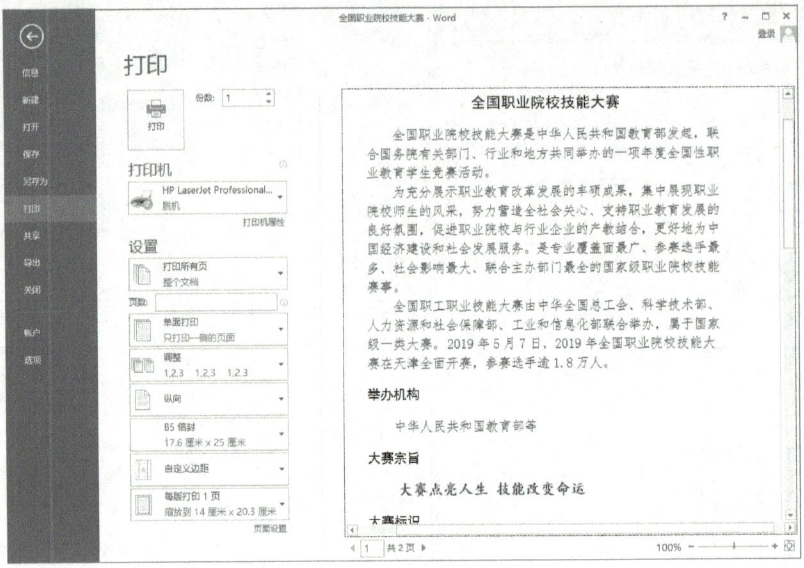

图 3-24　打印信息窗口

【实例 5】美化大赛文档

实例分析

对实例 4 的大赛文档进行文本、段落格式化和页面设置的相关操作，实现如图 3-25 所示的效果。

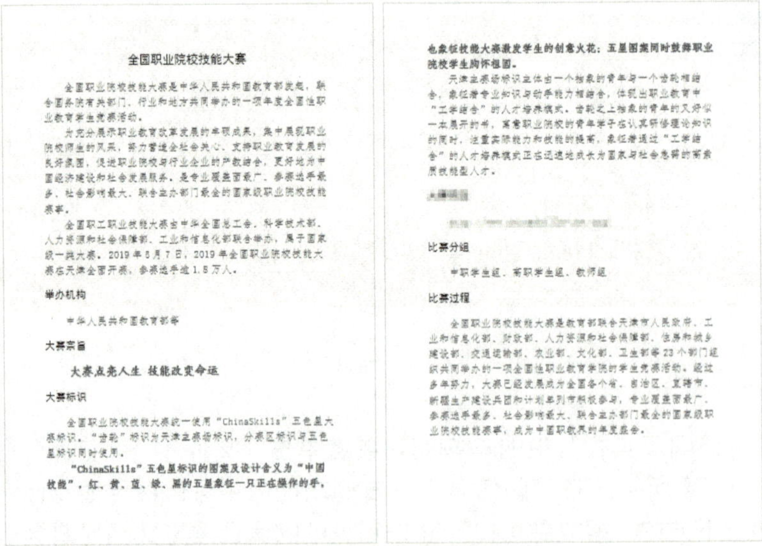

图 3-25　全国职业院校技能大赛

实例要求掌握文字字体、字形和字号的设置，段间距、行间距的设置及页面的基本设置等功能。要求大标题文字使用黑体三号，“举办机构”“大赛宗旨”“大赛标识”等一级标题使用黑体四号，其下面对应文字分别使用仿宋四号、楷体四号及加粗体。每行的行距为固定值 20 磅，大标题与“举办机构”“大赛宗旨”等一级标题的段前与段后间距为 0.5 行。

操作过程

（1）启动 Word 2013，单击“文件”→“打开”→“计算机”→“浏览”命令，或单击“快速访问工具栏”中的按钮，打开“打开”对话框，如图 3-26 所示。选择文档“全国职业院校技能大赛”，单击“打开”按钮。

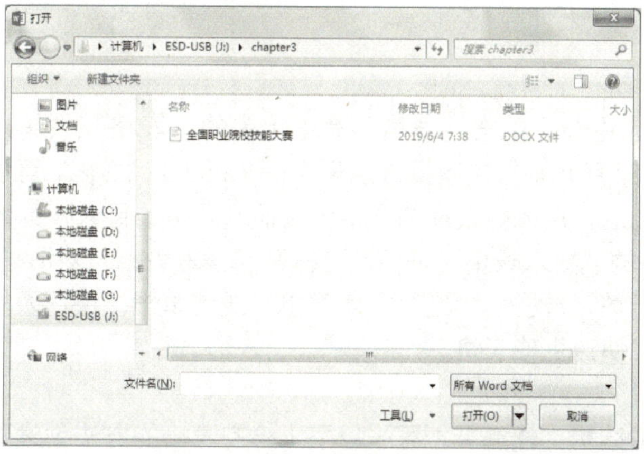

图 3-26 “打开”对话框

（2）打开“页面布局”选项卡，单击“页面设置”命令组中的“页边距”→“自定义边距”命令，在“页面设置”对话框中设置纸张大小为自定义大小，高度为 25 厘米，宽度为 18 厘米，上、下页边距各为 1.75 厘米，左、右边距各为 2 厘米，纸张方向为纵向。

（3）选中大标题“全国职业院校技能大赛”，在浮动菜单中设置文字字体为黑体，字号为三号，把“举办机构”“大赛宗旨”“大赛标识”等标题字体设置为黑体四号；利用“开始”选项卡下的“字体”命令组，把“大赛宗旨”下面的文字字体设置为楷体、加粗、四号，其他文字设置为仿宋体、四号，并把图 3-25 中“ChinaSkills”五色星标识一段设置加粗。

（4）选中大标题“全国职业院校技能大赛”，打开“开始”选项卡，单击“段落”命令组按钮，设置对齐方式为“居中”。

（5）选中大标题“全国职业院校技能大赛”，然后右击，在弹出的快捷菜单中选择“段落”命令，在“段落”对话框中设置段前间距和段后间距均为 0.5 行；选中“举办机构”标题，打开“页面布局”选项卡，利用“段落”命令组中的“间距”选项设置段前和段后间距均为 0.5 行；再用格式刷工具将“大赛宗旨”“大赛标识”等标题也设置段前和段后间距均为 0.5 行。

（6）选中第一段落，利用水平标尺上的段落缩进符设置首行缩进 2 个字符，或在“段落”对话框中设置行“特殊格式”→“首行缩进”→“2 个字符”，并设置行距为固定值 20 磅。用格式刷工具将其他段落为首行缩进 2 个字符及行距为 20 磅。

（7）单击“快速访问工具栏”中的按钮，保存对文档所做的修改。

（8）单击“快速访问工具栏”中的按钮，预览打印效果，调整显示比例，观察打印效果变化情况。

(9)在打印信息中设置打印机类型、打印范围、份数等,单击“打印”按钮,进行文件打印。

3.3 表格操作

1. 创建与编辑表格

(1)新建表格

① 自动插入表格

选择“插入”选项卡,单击“表格”命令组中的“表格”按钮,打开“插入表格”菜单列表,如图3-27所示。如果欲插入的表格在8行10列之内,可以按住鼠标左键从菜单列表中的方格上拖过,用鼠标选择的方格代表插入表格的行数和列数。

单击图3-27中的“插入表格”按钮,可打开“插入表格”对话框,如图3-28所示,设置表格的列数和行数,单击“确定”插入表格。或者单击“快速表格”按钮,按照表格模板库中的模板样式快速生成表格。

② 手工绘制表格

如果插入的表格结构比较复杂,可采用手工绘制表格的方法创建表格。

单击图3-27中的“绘制表格”按钮,鼠标指针变为铅笔状,使用鼠标直接绘制表格。拖动铅笔状鼠标指针可以绘制出矩形、直线、斜线等,同时自动出现“表格工具”标签,选择“设计”选项卡,如图3-29所示,利用其中的命令组功能可以设计表格的样式、表格的边框、表格中线条的宽度等。

图3-27 “插入表格”菜单列表

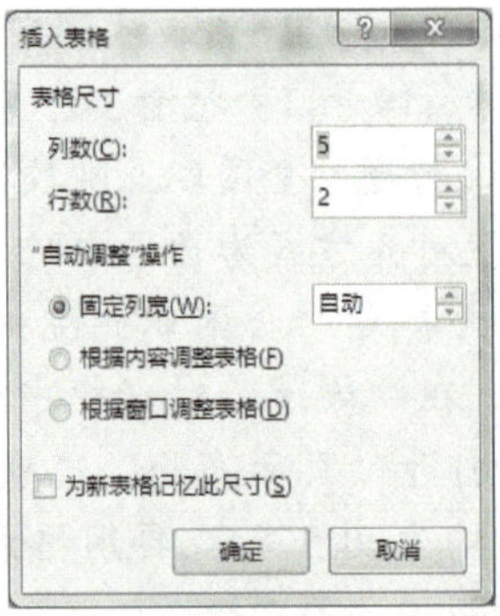

图3-28 “插入表格”对话框

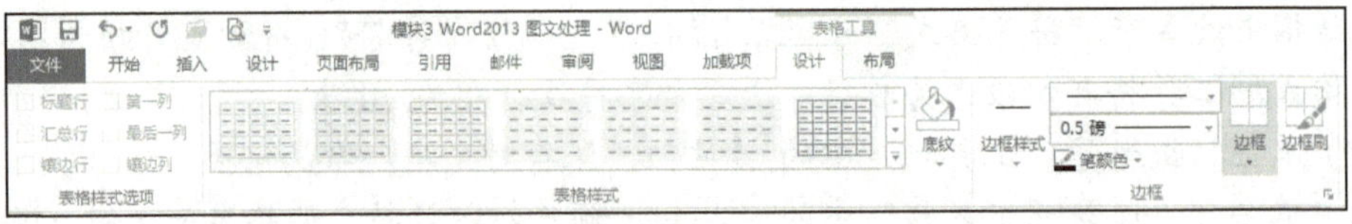

图3-29 “表格工具—设计”选项卡

（2）编辑表格

① 选中表格

移动鼠标指针至表格某列上方，当鼠标指针变为黑色向下箭头时单击可选中一列；移动鼠标指针至表格某行左边，当鼠标指针变为右向空心箭头时单击可选中一行；拖动鼠标可选定表格中的若干行、列和整个表格；直接单击左上角的⊞，即可选中整个表格。

② 输入内容

在完成表格创建后，将光标定位到单元格中，输入内容，当完成单元格内容的输入后，按 Tab 键使插入点跳转到下一个单元格，或者用鼠标单击下一个要输入内容的单元格，也可以按上、下、左、右方向键来跳转单元格。如果当前单元格已经是最后一行的最后一列，那么按下 Tab 键后系统会自动产生新的一行。

③ 插入单元格、行、列

将光标定位在单元格中，选择“表格工具”标签中的“布局”选项卡，打开“行和列”命令组，如图 3-30 所示，根据需要选择命令；或者单击“行和列”命令组右下角的 按钮，打开“插入单元格”对话框，如图 3-31 所示，选择插入选项；或者在单元格中右击，在弹出的快捷菜单中选择“插入”命令，打开子菜单，如图 3-32 所示，选择相应插入命令。

④ 删除单元格、行、列、表格

在表格中选择需要删除的单元格、行或列，选择“表格工具”标签中的“布局”选项卡，单击“行和列”命令组中的“删除”命令，打开下拉菜单，如图 3-33 所示，选择相应命令；或者直接右击要删除的单元格、行或列，在弹出的快捷菜单中选择“删除单元格”命令，打开“删除单元格”对话框，如图 3-34 所示，选择相应删除方式，其他单元格位置会做相应调整。

图 3-30 “行和列”命令组

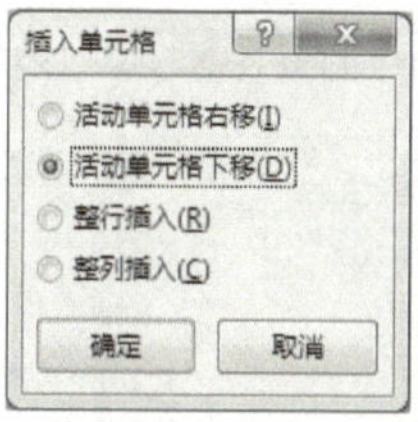

图 3-31 “插入单元格”对话框

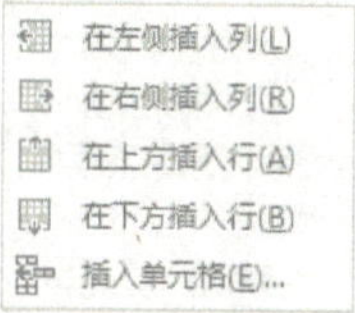

图 3-32 “插入”子菜单

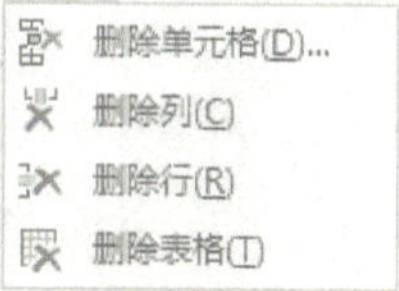

图 3-33 “删除”下拉菜单

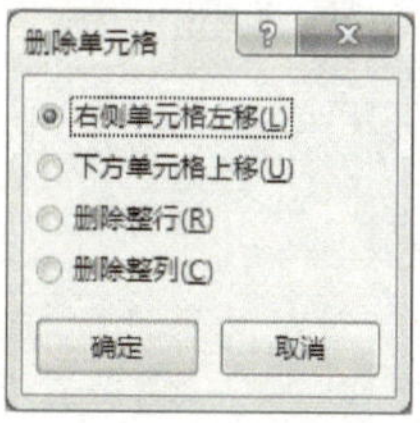

图 3-34 “删除单元格”对话框

⑤ 合并、拆分单元格

合并单元格时，首先选择要合并的多个连续单元格，选择“表格工具”标签中的“布局”选项卡，单击“合并”命令组中的“合并单元格”按钮，如图 3-35 所示；或者右击选中的多个连续单元格，在弹出的快捷菜单中选择“合并单元格”命令。

拆分单元格时，将光标定位在目标单元格中，选择“表格工具”标签中的“布局”选项卡，单击“合并”命令组中的“拆分单元格”按钮；或者右击欲拆分的单元格，在弹出的快捷菜单中选择“拆分单元格”命令，均可打开“拆分单元格”对话框，如图 3-36 所示，确定当前单元格拆分的行数和列数，单击“确定”按钮。

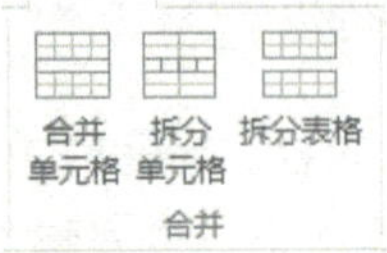

图 3-35 “合并”命令组

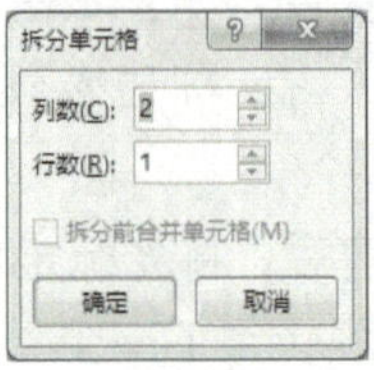

图 3-36 “拆分单元格”对话框

如果要拆分表格，首先定位光标在要拆分的单元格中，选择“表格工具”标签中的“布局”选项卡，单击“合并”命令组中的“拆分表格”按钮，光标所在行即为新表的首行。

2. 格式化表格

（1）设置表格属性

选中表格，选择“表格工具”标签中的“布局”选项卡，单击“表”命令组中的“属性”按钮，打开“表格属性”对话框，如图 3-37 所示。

利用“表格属性”对话框中的“表格”选项卡，可设置表格对齐方式、文字环绕方式、表格的边框和底纹等。利用“行”和“列”选项卡，可精确设置表格中单元格的行高和列宽。利用“单元格”选项卡，可设置单元格中内容的垂直对齐方式。

设置行高和列宽还可以进行如下操作：将光标移至表格的线条上，当鼠标指针变为双向箭头时拖动鼠标改变表格的行高和列宽；或选择“表格工具”标签中的“布局”选项卡，在“单元格大小”命令组中调整行高和列宽的数值，如图 3-38 所示。

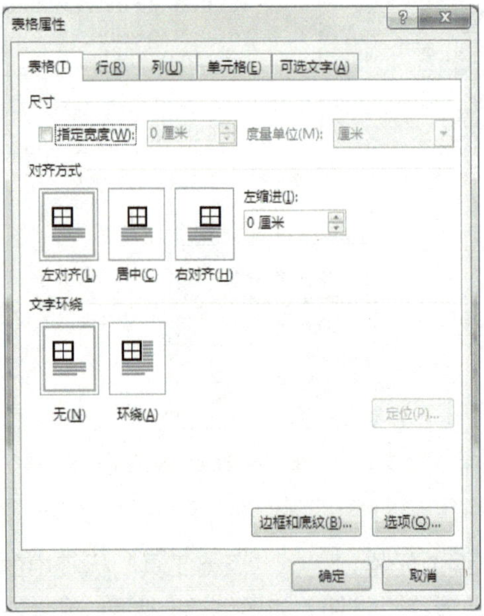

图 3-37 “表格属性”对话框

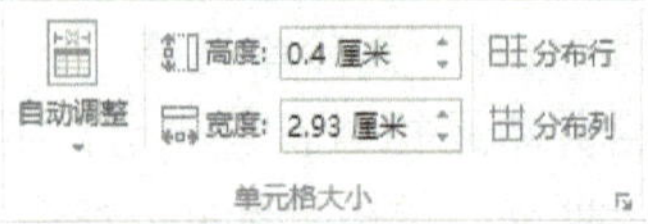

图 3-38 “单元格大小”命令组

（2）设置表格样式

选择“表格工具”标签中的“设计”选项卡，下面的“表格样式”命令组中提供了很多专业且美观的表格模板，如图 3-39 所示，将光标放在表格中或选定表格后单击某一种表格样式即可更改；或者可通过“底纹”命令和“边框”命令组中的相关命令设置表格的底纹和边框。

提示

边框和底纹的设置方法还有：① 选择“表格工具”标签中的“设计”选项卡，单击“边框”命令组右下角的按钮，打开“边框和底纹”对话框，如图 3-39 所示；② 单击图 3-37 中的“表格”选项卡下的“边框和底纹”按钮，也可以打开“边框和底纹”对话框。

（3）表格转换为文本

选定表格，选择“表格工具”标签中的“布局”选项卡，单击“数据”命令组中的“转换为文本”按钮，打开“表格转换成文本”对话框，如图 3-40 所示，选择一种文字分隔符，单击“确定”按钮。

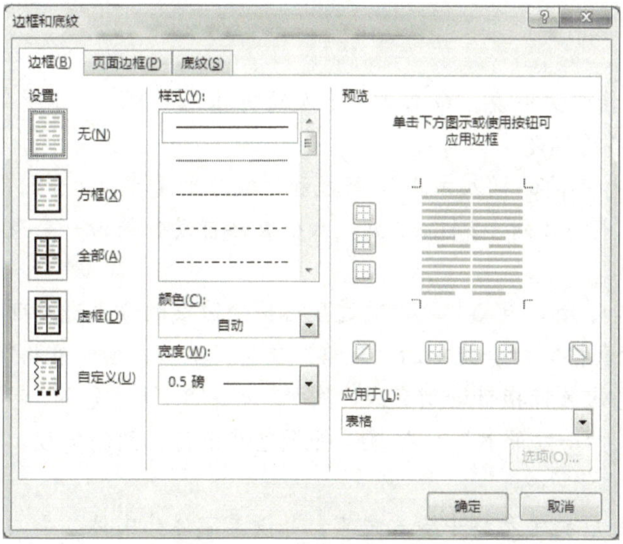

图 3-39 “边框和底纹”对话框

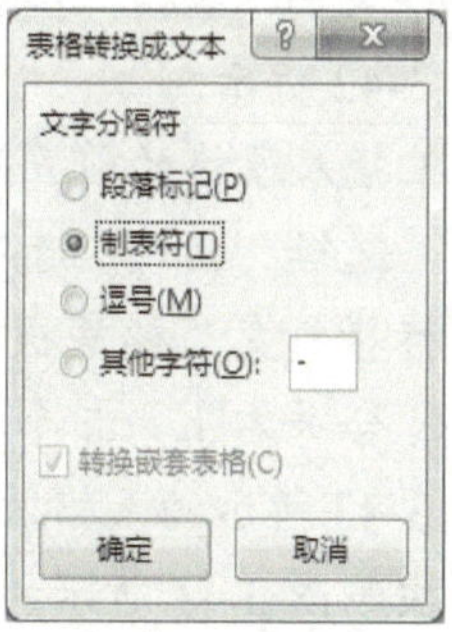

图 3-40 “表格转换成文本”对话框

【实例 6】制作个人求职简历表

实例分析

制作个人求职简历表，参照图 3-41 的样式，练习表格的插入、绘制、编辑及格式化表格等相关操作。通过实例操作，掌握表格的创建与编辑及表格的格式化操作。

个人求职简历表

姓名		性别	出生年月		一寸照片
学历		民族	政治面貌		
籍贯			健康情况		
住址			电话号码		
通信地址			邮政编码		

个人履历				
开始时间	结束时间	单位	承担工作	证明人

在校期间主要课程成绩							
课程	成绩	课程	成绩	课程	成绩	课程	成绩

专业技能	
个人特长	
求职意向	
院系意见	（盖章） 20　　年　月　日
学校意见	（盖章） 20　　年　月　日

图 3-41　个人求职简历表

操作过程

（1）新建 Word 文档，将其保存在指定文件夹，命名为“个人简历.docx”。

（2）按照图 3-41 所示内容输入表格的标题。

（3）连续插入六个表格（可自行选择不同的插入方法），行数和列数分别是 5 行 × 5 列，1 行 × 1 列，4 行 × 5 列，1 行 × 1 列，6 行 × 8 列，5 行 × 2 列，六个表格自动合并为一个表格，如图 3-42 所示。

（4）把插入表格的前五行按照图 3-41 所示表格样式，通过鼠标拖动边线的方式进行列宽的调整。选择“插入”选项卡下的“表格”命令组中的“表格”命令，单击“绘制表格”按钮，鼠标指针变为铅笔状，拖动铅笔状鼠标指针绘制直线，增加“性别”和“民族”两个单元格。合并右上角三个单元格生成“一寸照片”的位置。并调整其他行、列的宽度，生成如图 3-43 所示的表格效果。

（5）按照图 3-41 所示的内容，在相应的单元格中输入文字，并设置字体为宋体、小四号、加粗效果。

（6）选中“个人履历”所在行右击，在弹出的快捷菜单中选择“表格属性”命令，打开“表格属性”对话框，单击“表格”选项卡下的“表格和边框”按钮，打开“表格和边框”对话框，设置所在行上、下边框线为双线型样式，设置底纹为灰色-25%；对“在校期间主要课程成绩”所在行也进行同样的样式设置。

（7）按照图 3-41 所示表格样式再调整宽度和高度。

（8）保存文件后预览效果。

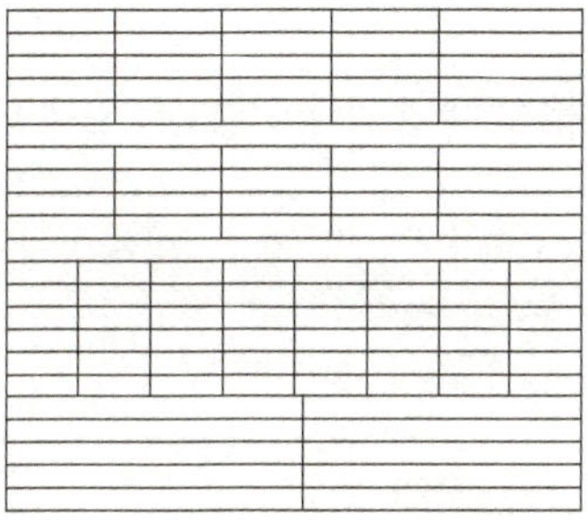

图 3-42　插入六个表格

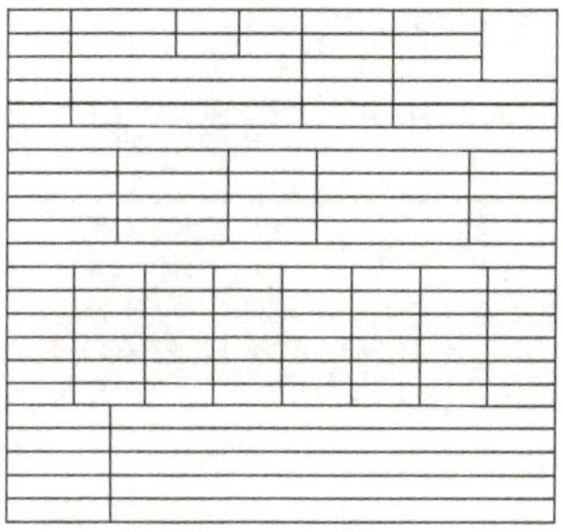

图 3-43　调整列宽、绘制竖线、合并单元格

3.4 图文混排

1. 设置文字效果，插入艺术字、图片、图形

（1）文字效果

首先应该输入文字，然后设置文字的大小、字体、位置等，再选择文字，选择“开始”选项卡，单击“字体”命令组的 按钮，展开下拉列表，如图 3-44 所示，当鼠标指向某一种特效类型时，可以实时显示文字特效，还可以为文字添加轮廓、阴影、映像、发光等特效。

（2）艺术字

① 插入艺术字

艺术字可以实现文字的特殊效果，凸显文字的内容。选择“插入”选项卡，打开“文本”命令组，如图 3-45 所示，单击“艺术字”按钮，打开“艺术字”列表，如图 3-46 所示，选择“艺术字”样式，即显示如图 3-47 所示的“编辑艺术字文字”输入框，输入“图文混排”，效果如图 3-48 所示。

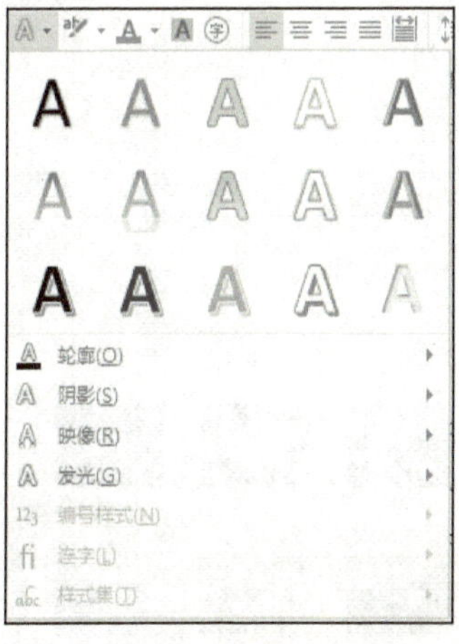

图 3-44　“文字效果和版式”列表

图 3-45　“文本”命令组

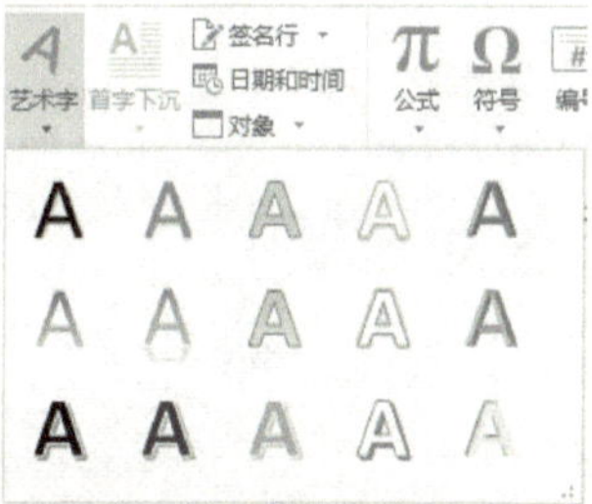

图 3-46　“艺术字”样式

图 3-47　“编辑艺术字文字”输入框

图 3-48　艺术字效果

② 编辑艺术字

选中艺术字，出现“绘图工具”标签，选择“格式”选项卡，如图 3-49 所示。

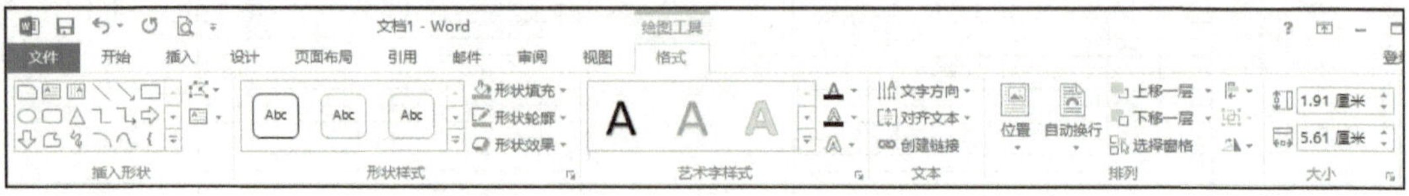

图 3-49 “绘图工具—格式”选项卡

“形状样式”命令组中的图标用于艺术字外围文本框样式的设置，“艺术字样式”命令组中提供了更改所选艺术字样式及设置艺术字填充、轮廓、效果等图标。单击“艺术字样式”命令组中的“文本效果”按钮，打开文字效果列表，可以对艺术字的阴影、映像、发光等进行设置，单击“转换”按钮可以在子列表中选择艺术字的弯曲效果，如图 3-50 所示。

提示

文本框是指一种可移动、可调大小的文字或图形容器，使用文本框，可以在一页上放置数个文字块，或使文字按与文档中其他文字不同的方向排列。单击图 3-45 所示“文本”命令组中的“文本框”按钮，可插入文本框；选中文本框，出现“绘图工具”标签，选择“格式”选项卡中相关命令可对其进行编辑。

（3）图片

① 插入图片

在文档中插入图片可以使文档图文并茂，将光标放在要插入图片的位置，选择“插入”选项卡，单击“插图”命令组中的“图片”按钮，打开“插入图片”对话框，如图 3-51 所示，选择需要插入图片的位置和名称后单击“插入”按钮。

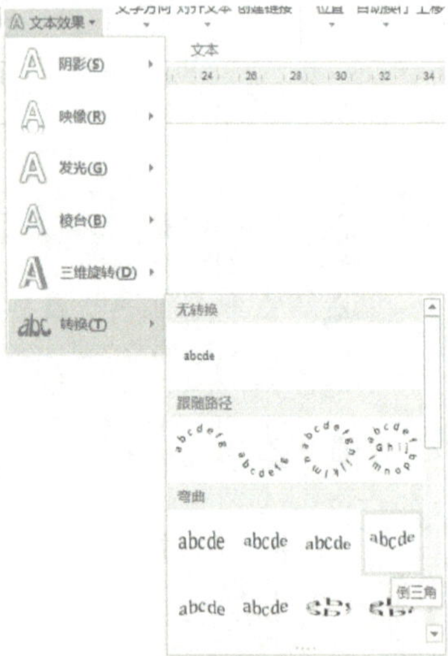

图 3-50 艺术字形状

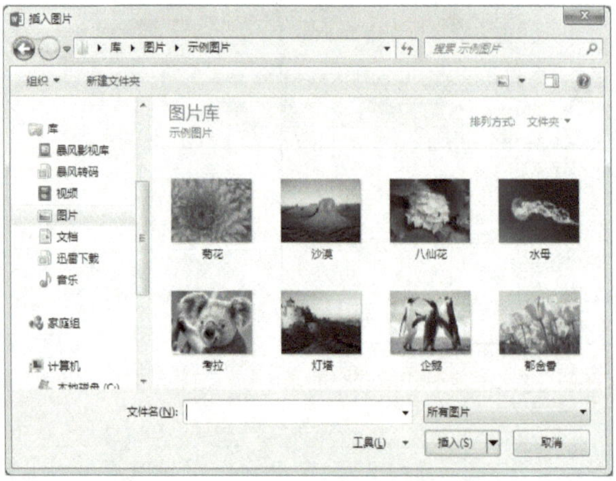

图 3-51 “插入图片”对话框

② 插入联机图片

将光标放在要插入图片的位置，选择“插入”选项卡，单击“插图”命令组中的“联机图片”按钮，打开“插入图片”对话框，如图 3-52 所示，在“必应图像搜索”文本框中输入主题进行搜索，即显示搜索结果，如图 3-53 所示，选择相应图片，单击“插入”按钮。

图 3-52 “插入图片”对话框

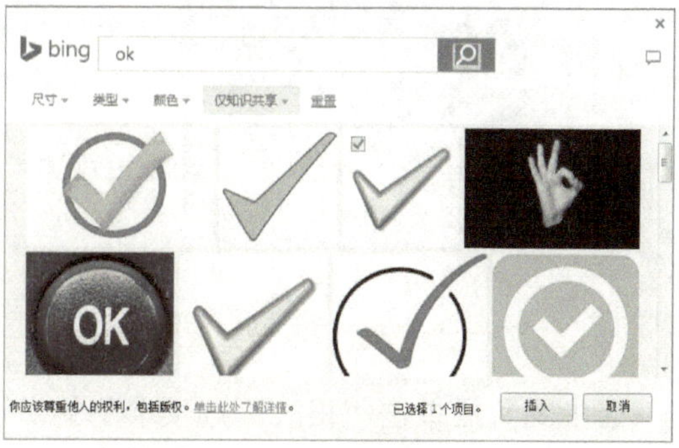

图 3-53 联机图片搜索结果

提示

插入图形时，将光标放在要插入的位置，选择“插入”选项卡，单击“插图”命令组中的“形状”按钮，打开“形状”列表，选择相应形状后鼠标指针变为“+”形时，在文档中拖动鼠标绘制图形，可插入线条、矩形、基本形状、箭头、流程图等。

（4）图片工具

Word 2013 可插入多种文件格式的图片，在选中插入的图片对象时，会自动出现“图片工具”标签，选择“格式”选项卡，对于不同格式的图片文件，其功能区有所不同，一般包括调整、图片样式、阴影效果、边框、排列、大小等内容，如图 3-54 所示。

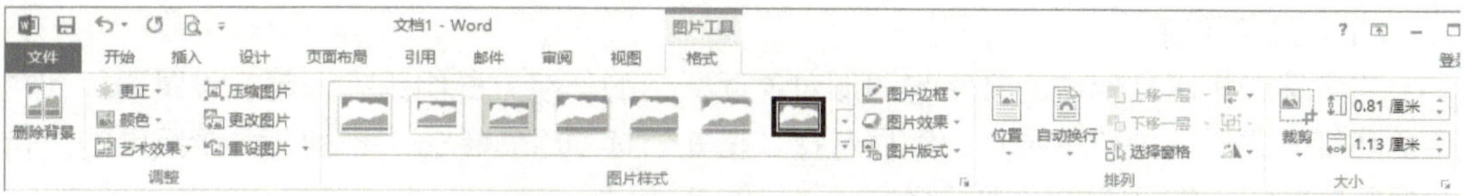

图 3-54 “图片工具—格式”选项卡

“图片样式”中预设了多种图片风格，可以使图片具有更强的表现力，如选中“金属框架”样式，会得到如图 3-55 所示的效果。

另外“图片边框”、“图片效果”和“图片版式”丰富了图片的设计效果。例如，单击“图片效果”打开列表，会显示预设的图片效果，如图 3-56 所示。

“大小”命令组中的高度值和宽度值用于设置选中图片的精确大小。单击“裁剪”按钮，可通过鼠标移动对所选图片的多余部分进行裁剪，但是裁剪掉的部分只是暂时隐藏，并没有真正裁剪掉。

图 3-55 “金属框架”图片样式效果

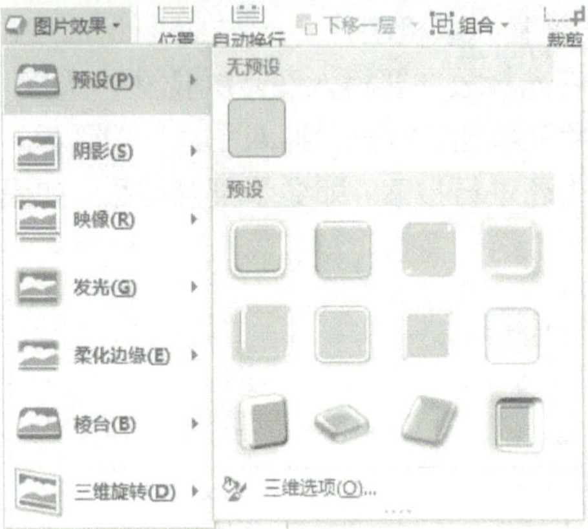

图 3-56 “图片效果”列表

选中图片后单击“格式”选项卡下的“调整”命令组中的“删除背景”按钮，可以进行简单的抠图操作。利用“调整”命令组，还可以锐化和柔化图片效果，更改图片颜色和饱和度、色调、亮度，添加艺术效果等，轻松地把文档变为艺术作品。

提示

设置图片样式、图片效果等时，当鼠标指针停留在某一种样式或效果上时，所选图片样式或效果会按照相应样式或效果显示，满意则单击确认，不满意可继续选择。

2. 图文排版

把 Word 文档中文字、艺术字、图片、表格、数学公式等进行合理的图文排版后可以使文档更加美观。图文排版主要包括文字环绕、分栏排版、首字下沉、文字方向、分节/分页排版、中文版式等。

（1）文字环绕

文字环绕指将文档中的文字与图形对象以适当的环绕方式组织在一起。设置图片和文字的环绕方式时，先选中图片，然后选择“格式”选项卡，单击“排列”命令组中的“自动换行”按钮，在列表中选择环绕方式，如图 3-57 所示。

（2）分栏排版

① 设置分栏

选择需要分栏的段落，选择“页面布局”选项卡，单击“页面设置”命令组中的“分栏”按钮，在“分栏”列表中选择栏数，如图 3-58 所示。选择“更多分栏”选项卡，打开“分栏”对话框，设置栏数、栏宽、栏间距、栏间分隔线等，在预览框中预览分栏效果，如图 3-59 所示。在“分栏”对话框中重新把分栏数目设置为一栏，即可删除已有的分栏效果。

图 3-57 “文字环绕”列表

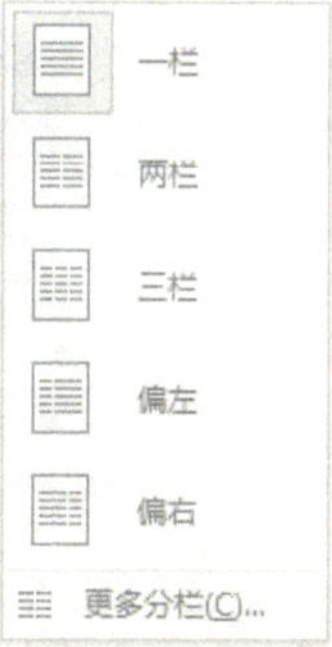

图 3-58 “分栏”列表

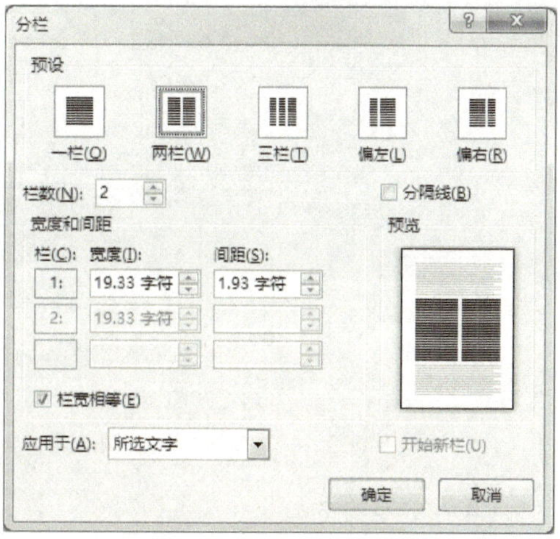

图 3-59 “分栏”对话框

② 建立等长栏

当文本内容不满一页时，分栏排版会出现如图 3-60 所示的栏长度不等效果，要设置如图 3-61 所示等长栏效果时，可先将光标移至分栏文本结尾处，选择“页面布局”选项卡，单击“页面设置”命令组中的“分隔符”按钮，在列表中选择“分节符”区中的“连续”项，如图 3-62 所示。

（3）首字下沉

先把插入点定位到需要设置首字下沉的段落中，或选中段落中的第一个字，选择“插入”选项卡，单击“文本”命令组中的“首字下沉”按钮，在列表中选择首字下沉方式，如图 3-63 所示。单击“首字下沉选项”按钮后打开“首字下沉”对话框，设置首字下沉的位置和首字的字体及下沉行数等，如图 3-64 所示。

图 3-60 栏长度不等效果

图 3-61 等长栏效果

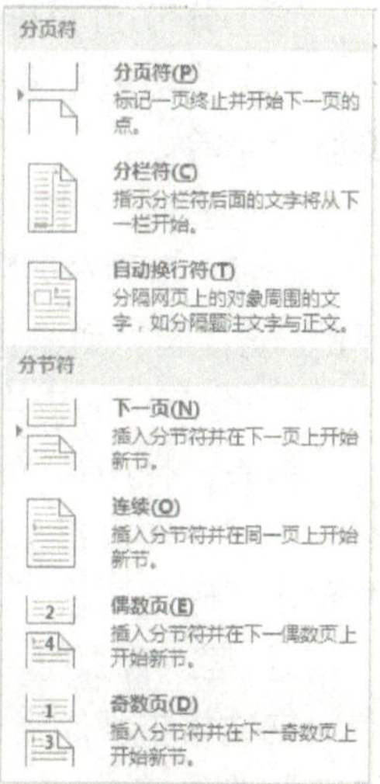

图 3-62 “分隔符”列表

图 3-63　“首字下沉”列表

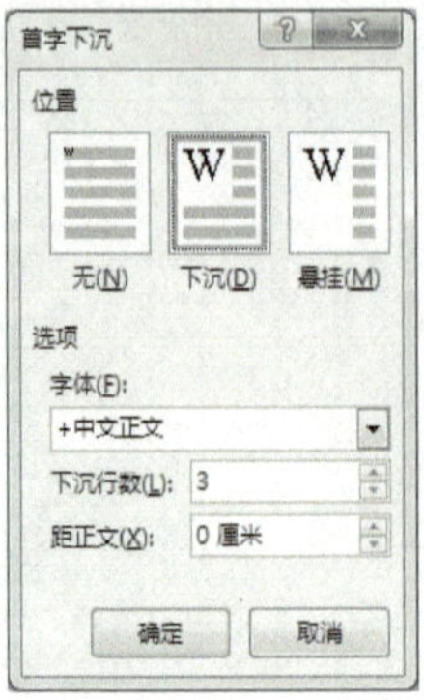

图 3-64　“首字下沉”对话框

（4）文字方向

更改文字方向可以很方便地编排出竖排的版面。选择“页面布局”选项卡，单击“页面设置”命令组中的“文字方向”按钮，打开“文字方向”列表，如图 3-65 所示，单击“文字方向选项”按钮，打开“文字方向-主文档”对话框，如图 3-66 所示，选择文字方向，单击“确定”按钮。

图 3-65　“文字方向”列表

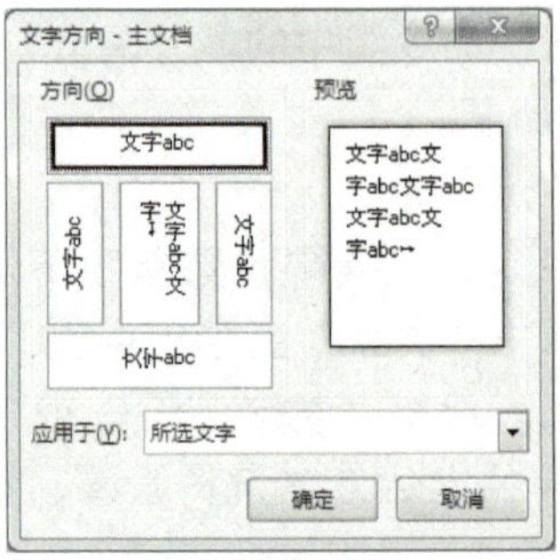

图 3-66　“文字方向-主文档”对话框

（5）分节/分页排版

分节排版就是将文档分成若干节，使文档在不同节中具有不同的页边距、页眉、页脚、纸张大小等。

① 插入分节符

选择“页面布局”选项卡，单击“页面设置”命令组中的“分隔符”按钮，在图 3-62 所示的“分隔符”列表的“分节符”区有“下一页”、“连续”、“偶数页”和“奇数页”四种选择。

② 分节符的应用

如果文档中某一部分的页面设置与其他部分不同，先在这个部分前后各加一个分节符，然后在“页面设置”对话框中设置相应的页边距、纸张大小等内容，选择应用于“本节”，并单击“确定”按钮。

③ 插入分页符

在文档中移动光标至需要换页的位置，在图 3-62 所示的“分隔符”列表中选择“分页符”选项。

（6）中文版式

中文版式包括“拼音指南”“带圈字符”“纵横混排”“双行合一”“合并字符”等特

殊的排版效果。

① 拼音指南

选中需要标注拼音的文本，选择“开始”选项卡，单击“字体”命令组中的按钮，打开“拼音指南”对话框，如图 3-67 所示，设置拼音文字、拼音对齐方式、字体、字号等，然后单击“确定”按钮。

② 带圈字符

选中文字，选择“开始”选项卡，单击“字体”命令组中的按钮，打开“带圈字符”对话框，如图 3-68 所示，设置样式、圈号等，然后单击“确定”按钮。

③ 纵横混排

选中文字，选择“开始”选项卡，单击“段落”命令组中的按钮，打开如图 3-69 所示的列表。在列表中选择“纵横混排”，打开“纵横混排”对话框，如图 3-70 所示，根据预览效果决定“适应行宽”选项是否选中，然后单击“确定”按钮。如果单击“删除”按钮，则会删除已经设置的纵横混排效果。

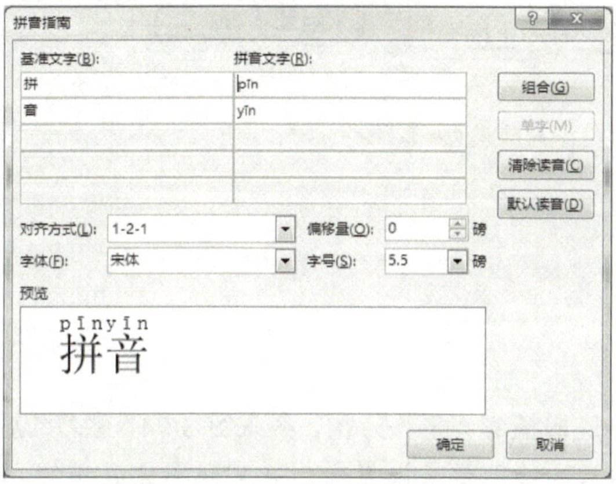

图 3-67 “拼音指南”对话框

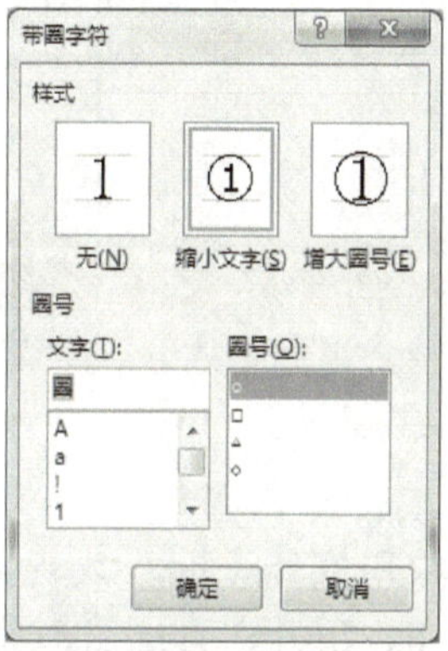

图 3-68 “带圈字符”对话框

图 3-69 “字符缩放”列表

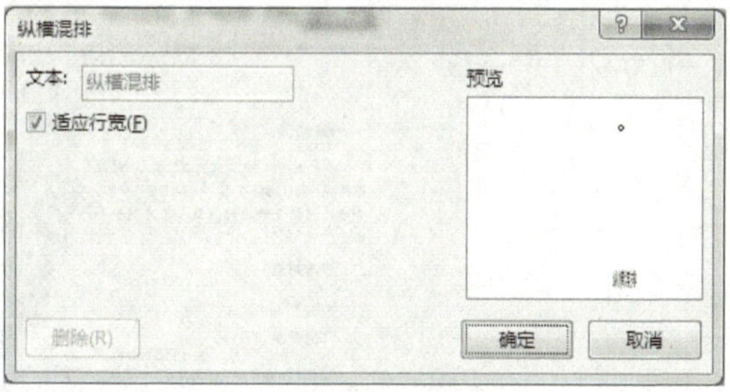

图 3-70 “纵横混排”对话框

④ 双行合一

选中需要设置双行合一效果的文字，选择图 3-69 列表中的“双行合一”选项，打开“双行合一”对话框，如图 3-71 所示，选中“带括号”选项，可以为双行合一后的文字加上括号。

⑤ 合并字符

选择需要合并字符的文字，选择图 3-69 列表中的“合并字符”选项，打开“合并字符”

对话框，如图 3-72 所示，修改文字内容、设置字体和字号后单击“确定”按钮，一次最多可以合并六个汉字。

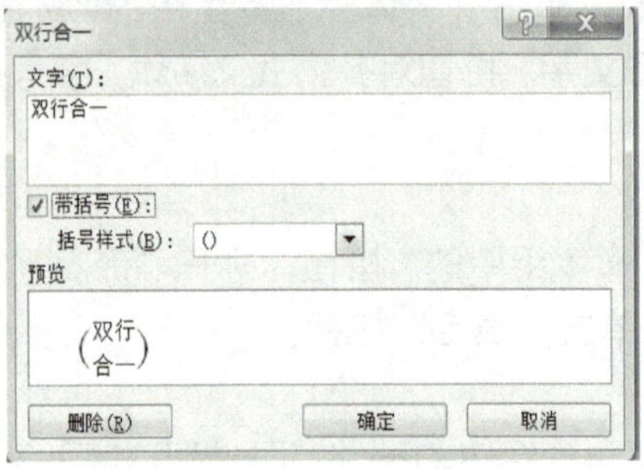

图 3-71 “双行合一”对话框

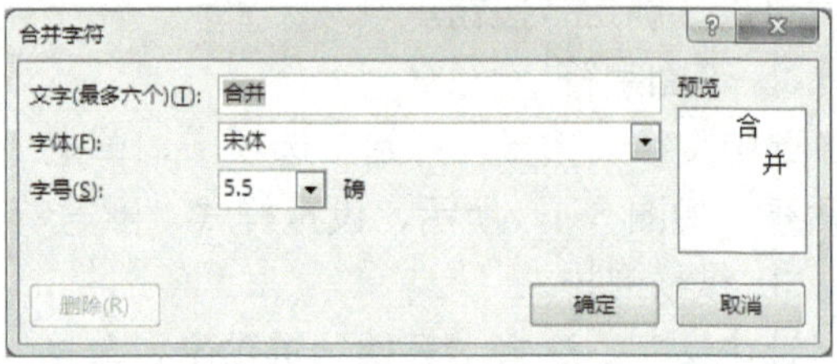

图 3-72 “合并字符”对话框

图 3-73 为拼音指南、带圈字符、纵横混排、合并字符、双行合一的实现效果。

图 3-73 中文版式实现效果

【实例 7】宣传海报

实例分析

以校园宣传海报“‘发现美丽’——校园摄影大赛”为例，参照图 3-74，练习 Word 2013 中艺术字、图片、自选图形等对象的插入、特殊效果设置等，并实现图文混排的方法。

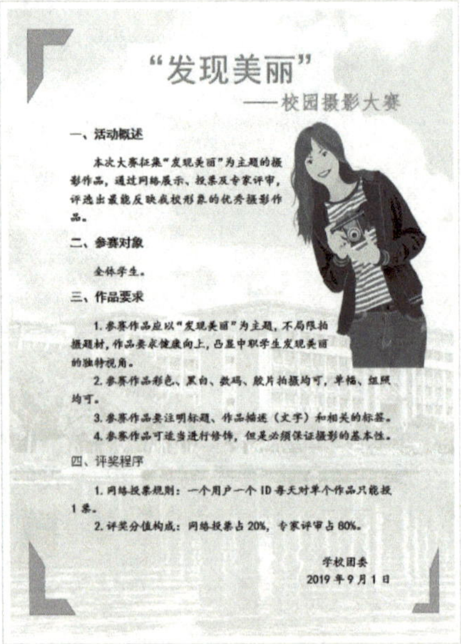

图 3-74 宣传海报

实例要求掌握艺术字的插入、图片的插入及图文混排的方法。要求纸张为 A4；一级标题的文字设置为加粗、黑体、三号，段前与段后间距为 0.5 行；文本内容的文字设置为加粗、楷体、小三号，行距设置为固定值 24 磅；大标题和小标题都为艺术字，插入艺术字和图片，为艺术字填充颜色，在指定位置插入图片，并参照样稿的效果进行图文混排。

操作过程

（1）新建 Word 文档，将其保存在指定文件夹，命名为“宣传海报.docx”。

（2）按照图 3-74 输入文本内容。

（3）设置“活动概述”等一级标题的文字为黑体、三号、加粗，段前与段后间距为 0.5 行；正文文字设置为楷体、小三号并加粗，行间距设置为固定值 24 磅。

（4）选择“插入”选项卡，单击“文本”命令组中的“艺术字”按钮，打开“艺术字”列表，选择艺术字样式（自选），输入“发现美丽”；选中艺术字，设置字体为黑体、初号、加粗，并在“效果”选项卡中进行相应设置，美化艺术字。

（5）插入艺术字“——校园摄影大赛”；选中艺术字，设置字体为仿宋、一号、加粗，并在“效果”选项卡中进行相应设置，美化艺术字。

（6）选择“插入”选项卡，单击“插图”命令组中的“图片”按钮，在“插入图片”对话框中选择素材图片“拍摄.jpg”，将图片插入文档中；右击图片，在弹出的快捷菜单中选择“自动换行”命令中的“紧密型环绕”；右击图片，在弹出的快捷菜单中选择“大小和位置”命令，打开“布局”对话框，在“大小”选项卡中调整缩放为“40%”，单击“确定”按钮；用鼠标将图片拖动到合适位置；选中图片，选择“格式”选项卡，单击“调整”命令组中的“颜色→设置透明色”按钮，用变成笔状的鼠标单击图片中的白色背景，将背景设为透明。

（7）选择“插入”选项卡，单击“插图”命令组中的“形状”按钮，选择其中“基本形状”中第二行中的“半闭框”选项，拖动鼠标在左上角插入一个半闭框，在“格式”选项卡中进行设置；将半闭框复制一个并选中，选择“格式”选项卡，单击“排列”命令组中的“旋转→垂直翻转”按钮，并拖动到左下角合适的位置；用同样的方法再复制一个左下角的半闭框，并进行水平翻转，并将其缩小，拖动到右下角的合适位置。

（8）选择“设计”选项卡，单击“页面背景”命令组中的“水印→自定义水印”按钮，在“水印”对话框中选中“图片水印”选项，单击“选择图片”按钮，选择素材图片“校园.jpg”作为水印的图片插入，设置缩放比例为 150%，勾选“冲蚀”复选框，然后单击“确定”按钮。

（9）保存文档，并预览效果。

提示

水印是作为页眉的形式插入文档中的，单击“页面背景”命令组中的“水印→删除水印”可把已经设置好的水印删除。

思考与实训 3

一、填空题

1．Word 2013 中__________代替了早期版本习惯使用的下拉菜单命令，__________替代了菜单命令，并且重新组织归类。

2．Word 2013 提供了五种视图模式，包括__________、__________、Web 版式视图、大纲视图和__________。通过状态栏右侧的视图切换按钮切换视图模式，或通过__________选项卡下的“视图”功能区实现。

3．Word 2013 中保存文档的保存类型为“Word 文档”，扩展名默认为__________。

4．Word 2013 中新建文档时可以使用__________组合键快速创建一个新的空白文档；保存文档可以使用__________组合键。

5．对齐方式包括__________、__________、__________、__________、分散对齐等，可使用“段落”对话框中的“对齐方式”下拉列表来选择，或“段落”命令组中的命令设置。

6．__________是 Word 2013 中的一种工具，可以快速将指定段落或文本的格式延用到其他段落或文本上。使用要先单击或双击“开始”选项卡下面__________命令组的命令复制格式。

7．Word 2013 中，文档的页面设置包括__________、__________、__________等。

8．格式化表格可以使用“表格工具”动态命令标签下的__________选项卡下的“表”命令组实现。

9．文本框是指一种__________、__________的文字或图形容器，使用文本框，可以在一页上放置数个文字块，或使文字按与文档中其他文字不同的方向排列。

10．水印是作为__________的形式插入文档中的。

二、实训题

1．设计自己的个人简介（文字），要求包括项目编号和项目符号等内容。
2．练习为文档“个人简介”设置加密密码。
3．练习给段落和页面添加边框。
4．练习为文档设置纸张大小及页边距并打印。
5．在简介中插入自己的成绩表，练习表格的编辑及格式化。
6．在简介中插入自己的若干照片并进行格式化。
7．练习艺术字的插入及设置方法。
8．练习自选图形的插入及设置方法。
9．练习中文版式的设置方法。
10．设计以“宣传环保”为主题的班级黑板报。

模块 4

Excel 2013——数据管理

4.1 工作表操作

1. 工作表基本操作

（1）工作簿基本操作

启动 Excel 2013，选择“空白工作簿”新建一个 Excel 文档，其工作界面如图 4-1 所示。Excel 文档实际就是一个工作簿，工作簿名就是文件名，显示在标题栏中。

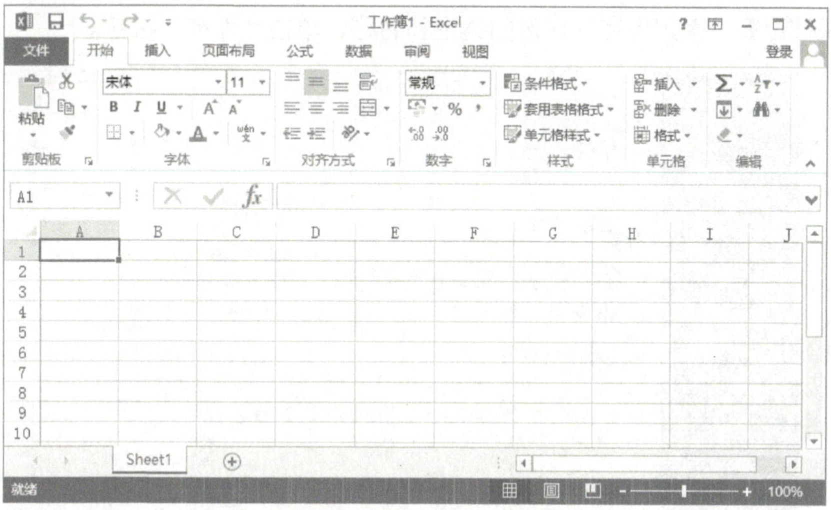

图 4-1　Excel 2013 工作界面

① 新建工作簿

方法一：启动 Excel 2013 后，选择“空白工作簿”，系统会自动创建名为“工作簿 1”的空白工作簿。

方法二：单击“文件”→“新建”按钮，打开如图 4-2 所示对话框，单击“空白工作簿”按钮，即可新建一个空白的工作簿。还可根据实际情况选择其他工作簿模板。

② 保存工作簿

方法一：单击“快速访问工具栏”中的按钮。

方法二：单击“文件”→“保存”按钮。

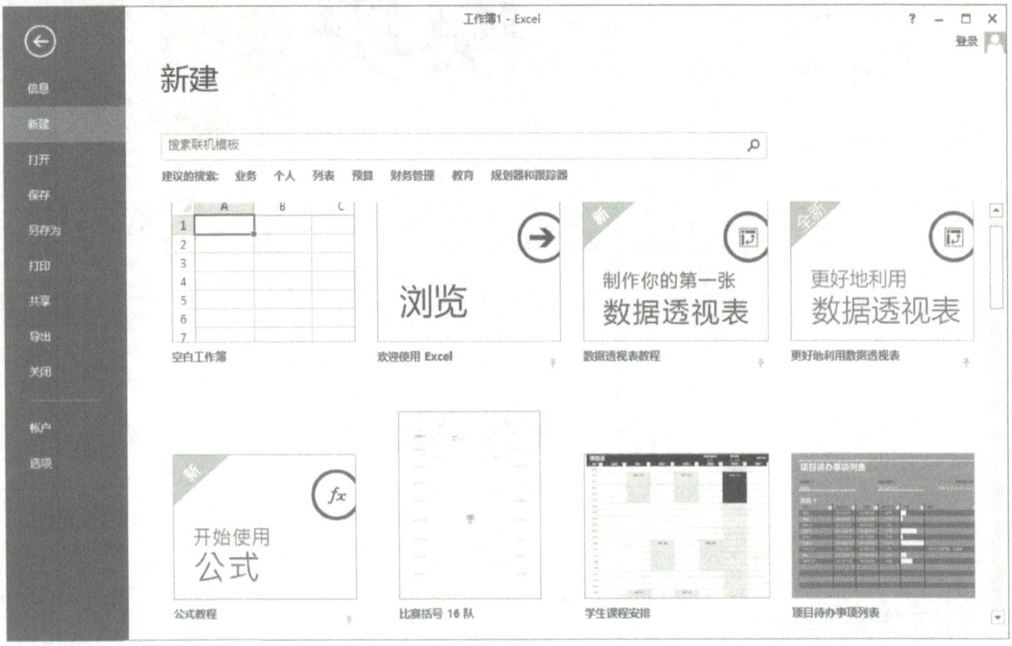

图 4-2　新建工作簿

如果是新建的文档，用以上两种方法均可打开“另存为”对话框，如图 4-3 所示，选择相应的保存位置、确定保存工作簿的类型和名称，单击“保存”按钮。

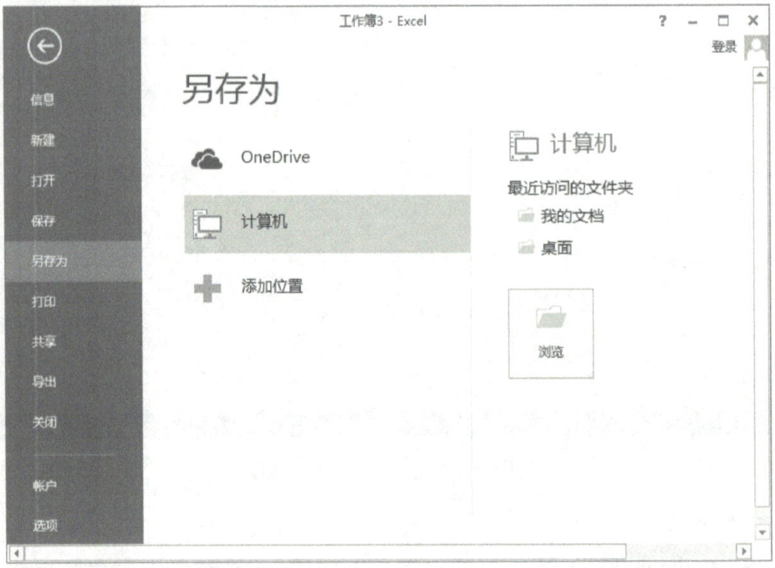

图 4-3　“另存为”对话框

对于已经保存过的工作簿，可选择“文件”→“另存为”命令，以新的工作簿名和类型保存。

③ 打开工作簿

单击“文件”→“打开”按钮，打开“打开”对话框，如图 4-4 所示，可在右侧列表中选择最近使用的工作簿，或单击“计算机”→“浏览”按钮来选择需要打开的工作簿。

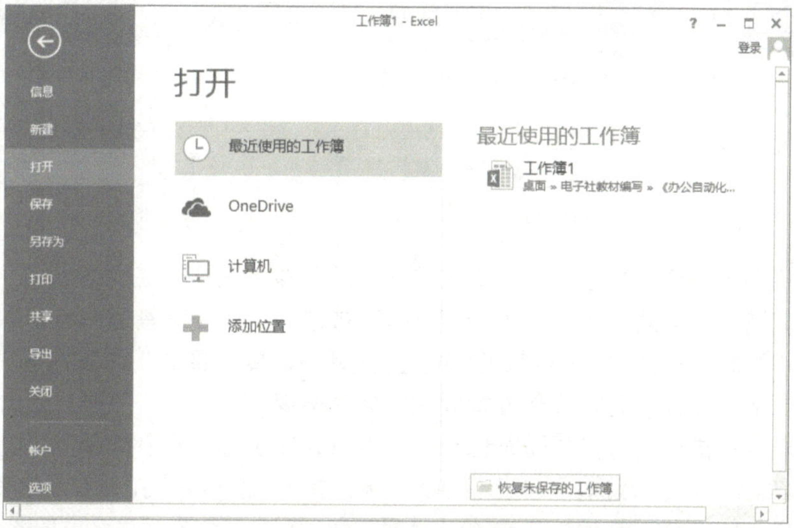

图 4-4 “打开”对话框

提示

Excel 2013 提供了多种保存类型，创建的工作簿默认将以“Excel 工作簿”格式保存，文件扩展名为“.xlsx”；如果保存类型选择 Excel 97-2003 工作簿，文件扩展名为“.xls”。

(2) 工作表基本操作

如果把工作簿比作一个活页夹，工作表就是其中的一张张活页纸。每个工作簿最多包括 255 个工作表，新建工作簿默认包括 1 个工作表，名字默认为 sheet1。

① 插入工作表

方法一：选择“开始”选项卡，单击“单元格”命令组中的“插入”按钮，在下拉列表中选择“插入工作表”命令，如图 4-5 所示，在当前工作表前插入一张新的工作表。

方法二：右击工作表标签，弹出快捷菜单，如图 4-6 所示，单击“插入”按钮，打开“插入”对话框，如图 4-7 所示。选择“常用”选项卡中的“工作表”选项，或者选择“电子表格方案”选项卡中的某种已经设置好格式的工作表，然后单击“确定”按钮。

方法三：单击图 4-6 中“Sheet1”右侧的⊕按钮，直接插入新工作表。

② 选择工作表

单击工作界面左下角的工作表标签可以选择该工作表。

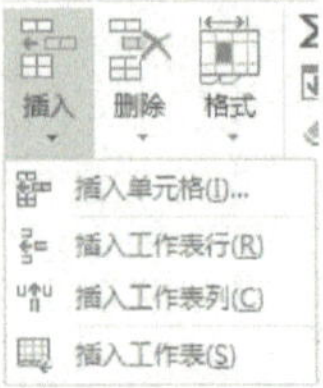

图 4-5 “插入”列表

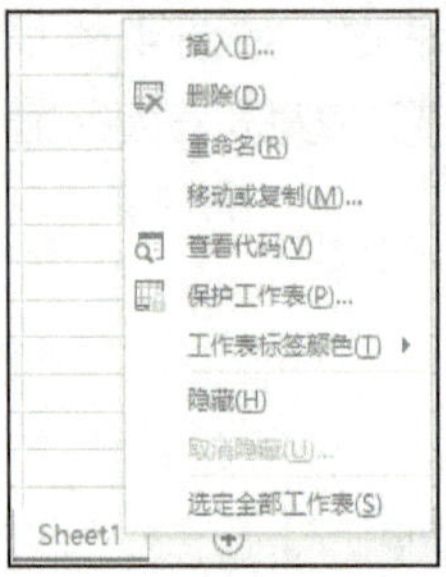

图 4-6 快捷菜单

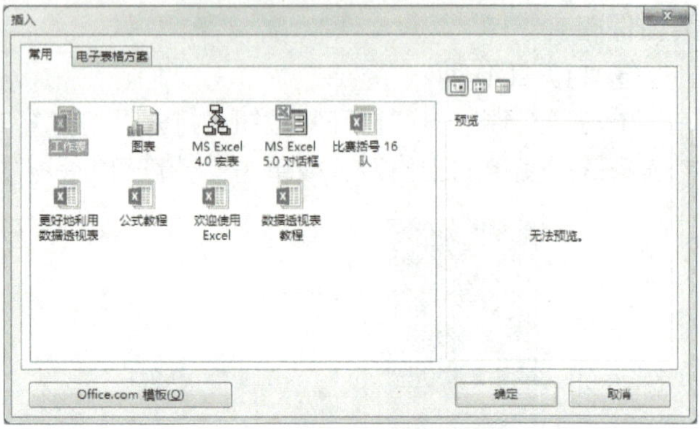

图 4-7 “插入”对话框

当要选择连续多个工作表时，先单击连续工作表中的第一个工作表标签，按下 Shift 键，单击所要选择的最后一个工作表标签，这时被选中工作表标签呈白色状态。如果选择不连续的工作表时，在按住 Ctrl 键的同时，分别单击所要选择的工作表标签。

当选择了多个工作表时，工作表标题栏内就会出现“工作组”字样。这时，在其中任意一个工作表内所执行的操作将同时也在工作组中的其他工作表中执行。

如果要取消工作表的选择，可单击任意一个未选择的工作表标签，或在所选多个工作表的任意一个标签上右击，在弹出的快捷菜单中选择“取消组合工作表”命令，如图 4-8 所示。

③ 复制/移动工作表

方法一：选中工作簿中要复制或移动的工作表，当移动工作表时，直接拖动所选工作表标签至目标位置；当复制工作表时，在按住 Ctrl 键的同时，拖动所选工作表标签至目标位置。拖动工作表标签时，其他工作表标签上方出现的黑色三角符号表示移动或复制的位置。

方法二：右击需要复制或移动的工作表标签，在弹出的快捷菜单中选择“移动或复制”命令，如图 4-8 所示。打开“移动或复制工作表”对话框，如图 4-9 所示。单击“工作簿”右侧下拉箭头，在下拉列表中选择将工作表移至或复制到的目标工作簿，在“下列选定工作表之前”列表中选择目标位置，单击“确定”按钮；勾选“建立副本”复选框为复制操作。

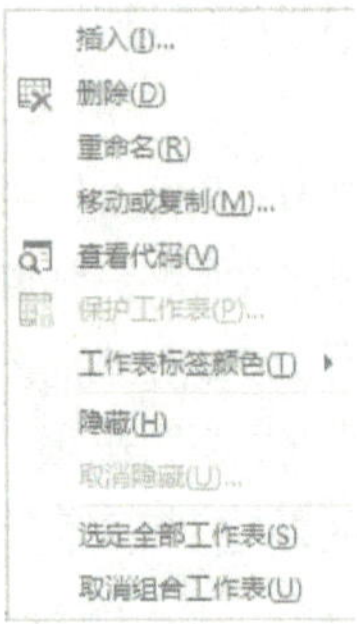

图 4-8 快捷菜单

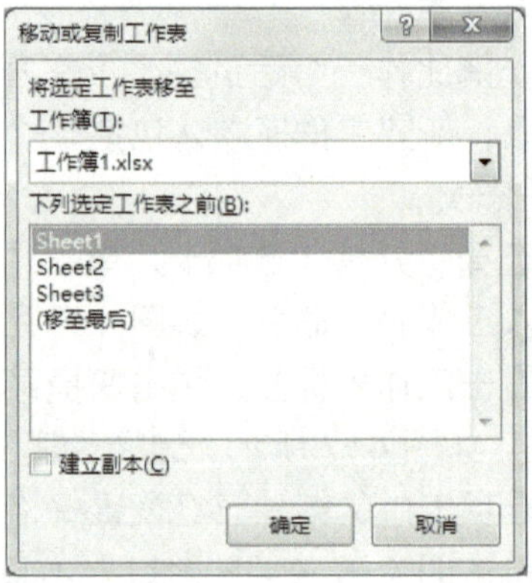

图 4-9 “移动或复制工作表”对话框

④ 删除工作表

选中需要删除的工作表，先右击，在弹出的快捷菜单中选择“删除”命令；或者选择

“开始”选项卡，单击“单元格”命令组中的“删除”按钮，在下拉列表中选择“删除工作表”命令，如图 4-10 所示。

⑤ 重命名工作表

右击所要重新命名的工作表标签，在弹出的快捷菜单中选择“重命名”命令；或者选择“开始”选项卡，单击“单元格”命令组中的“格式”按钮，在下拉列表中选择“重命名工作表”命令，如图 4-11 所示；也可以直接双击需要重命名的工作表标签，此时所选工作表标签反向显示，输入新的工作表名称后按回车键确定。

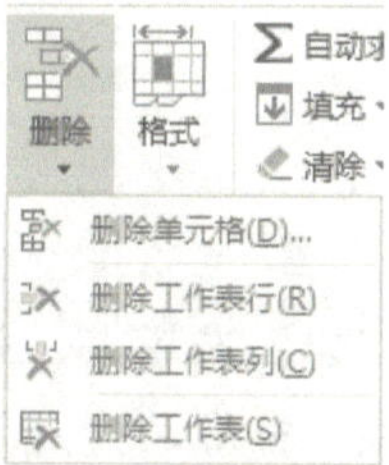

图 4-10 “删除”列表

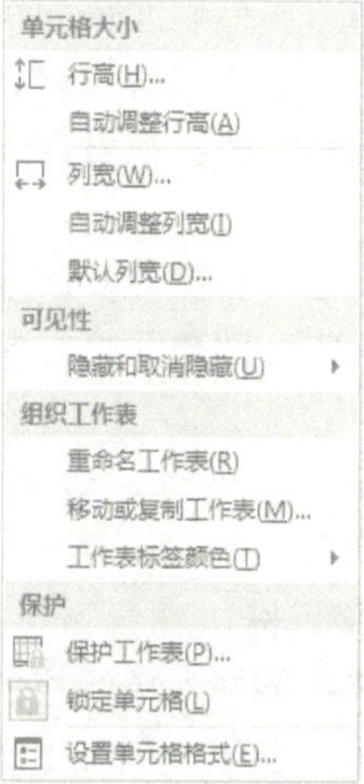

图 4-11 “格式”列表

2. 单元格操作

工作表由单元格组成，单元格是表格中行与列的交叉部分，它是组成表格的最小单位，可被拆分或者合并。在 Excel 2013 中一个工作表最多可以有 1 048 576 行、16 384 列。每列的列号用 A，B，C，…，Y，Z，AA，AB，AC，…，AZ，BA，BB，…表示，每行的行号用 1，2，3，…表示。每个单元格的名称由该单元格的列号和行号组成，如 A1、B2 等，也代表了单元格所在的位置。

提示

同时按键盘上的 Ctrl+方向箭头键，就可以定位到最左、最右、最上和最下的单元格，就可以看到行和列的最大值。

每个工作表中只有一个活动单元格，活动单元格为带有粗线黑框的单元格，活动单元格的名字显示在功能区下的名称框中，如图 4-12 所示。

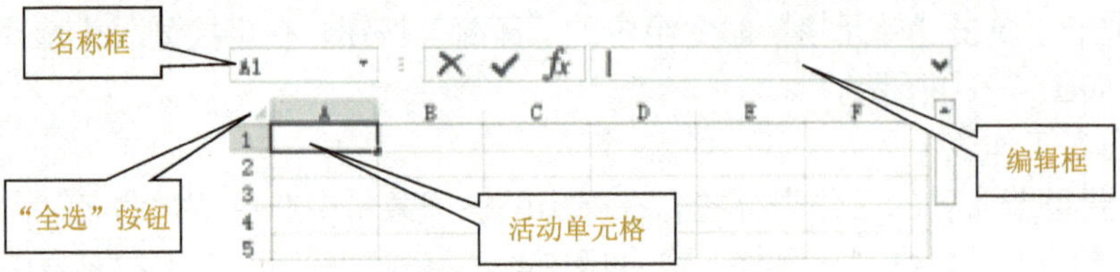

图 4-12 活动单元格及单元格编辑栏

（1）选择单元格

选择单个单元格：单击单元格。

选择连续单元格：按住鼠标左键，从欲选择单元格区域的左上角单元格开始拖动鼠标至连续区域的右下角单元格。或者首先选中区域中左上角单元格，再按住 Shift 键单击区域右下角单元格。

选择不连续单元格：在按住 Ctrl 键的同时，单击选择不连续的单元格。

选择当前工作表中全部单元格：单击工作表左上角的"全选"按钮 ◢，或使用 Ctrl+A 组合键。

选择行：单击行号。

选择列：单击列号。

（2）插入/删除单元格

插入单元格：选择要插入单元格的位置，选择"开始"选项卡，单击"单元格"命令组中的"插入"按钮，在下拉列表中选择"插入单元格"命令，打开"插入"对话框，选择插入后活动单元格的移动方向，单击"确定"按钮，如图 4-13 所示。

删除单元格：选择要删除的单元格，选择"开始"选项卡，单击"单元格"命令组中的"删除"按钮，在下拉列表中选择"删除单元格"命令，打开"删除"对话框，选择删除后活动单元格的移动方向，单击"确定"按钮，如图 4-14 所示。

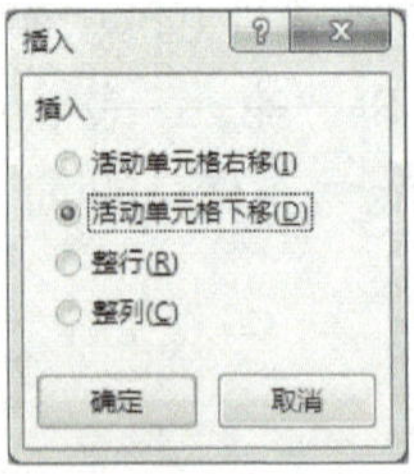

图 4-13 "插入"对话框

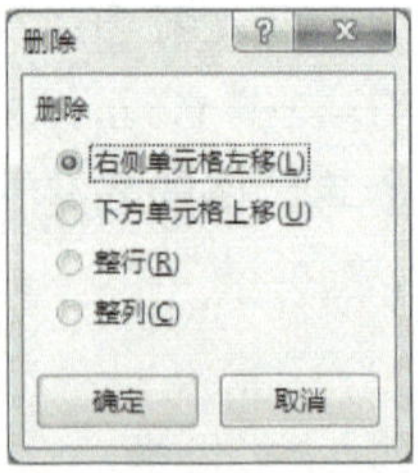

图 4-14 "删除"对话框

（3）行、列的插入/删除

行、列的插入：单击行号、列号或者所在单元格，选择"开始"选项卡，单击"单元格"命令组中的"插入"按钮，在下拉列表中选择"插入工作表行"或"插入工作表列"命令，在所选行上方或所选列左侧插入一行或一列；或选中行号、列号或者所在单元格，右击，在弹出的快捷菜单中选择"插入"命令。

行、列的删除：单击要删除的行号、列号或者所在单元格，选择"开始"选项卡，单击"单元格"命令组中的"插入"按钮，在下拉列表中选择"删除工作表行"或"删除工作表列"命令；或选中行号、列号或者所在单元格，右击，在弹出的快捷菜单中选择"删除"命令。

（4）单元格内容的移动、复制和删除

选中要移动或复制的单元格，将鼠标指针移至单元格边框上，出现十字箭头状光标时拖动单元格至新位置即可实现移动操作，在拖动的同时按住 Ctrl 键可实现复制操作。也可以利用“开始”选项卡下的“剪贴板”命令组中的“复制”“剪切”和“粘贴”命令复制或移动单元格内容。

单元格内容的删除：单击需要删除内容的单元格，按 Del 键删除内容；或用鼠标拖动的方式选中单元格中的内容，按 Del 键删除内容。

3. 格式化操作

（1）数字的格式化

数字是单元格中最常用的内容，Excel 2013 提供了不同的数字格式来更改数字的外观。

方法一：选中数字所在单元格，选择“开始”选项卡，单击“数字”命令组中的“数字格式”按钮，在下拉列表中选择需要设置的数字格式，如图 4-15 所示。也可以直接单击 % ,、 等按钮，设置数字为货币、百分比样式、千位分隔符样式，以及增加或减少小数位数等。

方法二：选中数字所在单元格，单击“字体”“对齐方式”或者“数字”命令组右下方的按钮，或右击，在弹出的快捷菜单中选择“设置单元格格式”命令，打开“设置单元格格式”对话框，在“数字”选项卡下设置所需数字格式，如图 4-16 所示。

图 4-15 “数字格式”列表

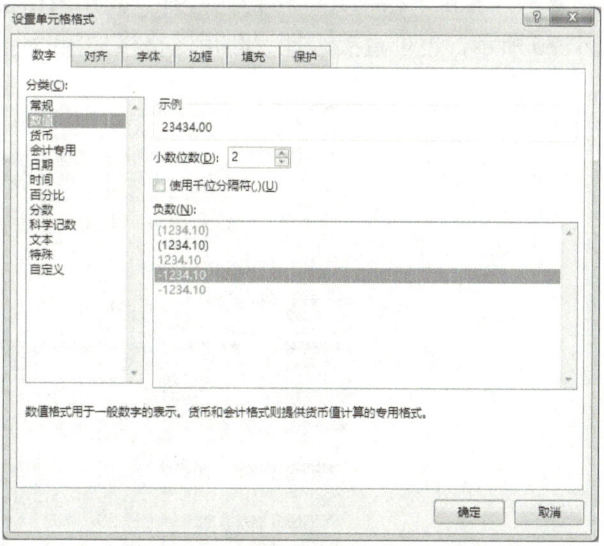

图 4-16 “设置单元格格式”对话框

（2）单元格边框与填充色

方法一：选中单元格，选择“开始”选项卡，单击“字体”命令组中的按钮右侧箭头，打开如图 4-17 所示的列表，选择所需边框，或直接绘制边框。单击“字体”命令组中的按钮，设置单元格的填充颜色，“主题颜色”列表如图 4-18 所示。

方法二：右击选中的单元格，选择“设置单元格格式”命令，打开“设置单元格格式”对话框，单击“边框”或“填充”按钮，设置单元格边框和填充色。

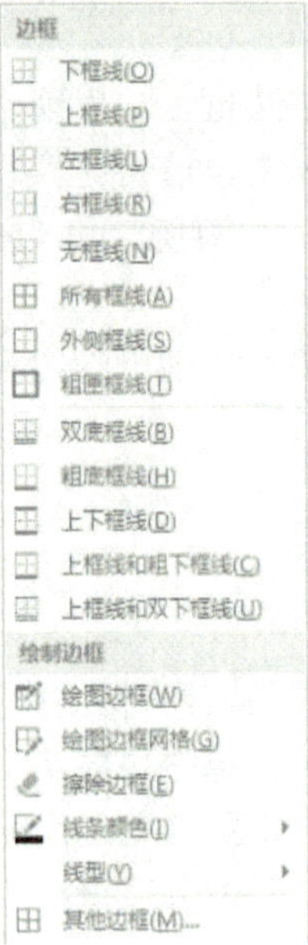

图 4-17 “边框”列表

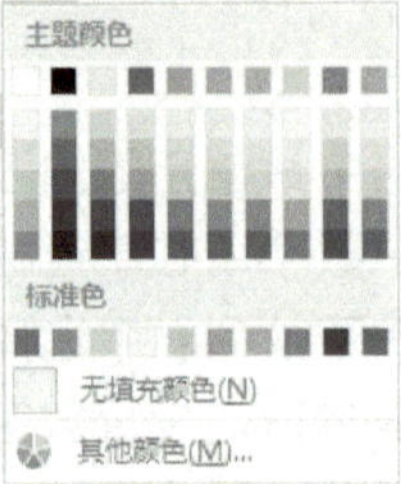

图 4-18 “主题颜色”列表

（3）自动格式化表格

选中要格式化的单元格区域，选择“开始”选项卡，打开“样式”命令组，如图 4-19 所示，单击“套用表格格式”按钮，打开“套用表格格式”下拉列表，选择相应的格式，如图 4-20 所示，也可直接选择“套用表格格式”命令右侧的其他命令进行设置。

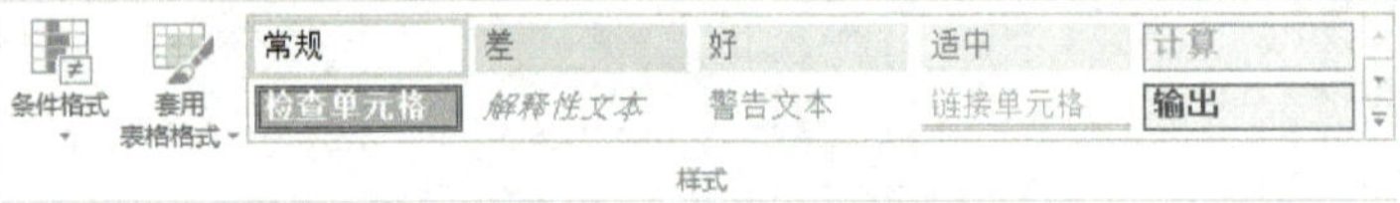

图 4-19 “样式”命令组

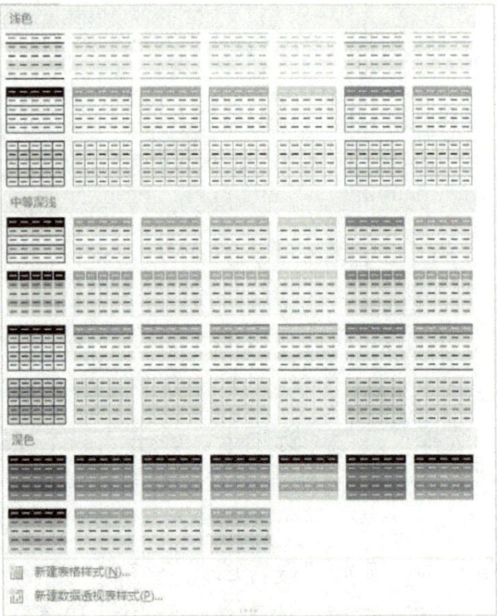

图 4-20 “套用表格格式”下拉列表

【实例 8】制作学生成绩单

实例分析

期末考试结束了，班主任要求学习委员制作一份学生期末考试成绩单，显示每位同学的各科成绩。练习 Excel 2013 中工作表、单元格格式化和工作表的复制、重命名、工作表行与列的插入等操作。

操作过程

（1）创建“工作簿”。

启动 Excel 2013，自动创建名为“工作簿 1”的空白工作簿，将该工作簿保存在相应文件夹，并命名为“学生成绩单.xlsx”。

（2）按图 4-21 所示输入相应内容。

	A	B	C	D	E	F
1	期末考试成绩单					
2	姓名	班级	语文	数学	英语	计算机基础
3	李双	C201901	80	91	92	89
4	刘云	C201902	70	81	86	81
5	吴天天	C201903	75	86	80	82
6	刘昊	C201904	76	85	79	80
7	赵伟伟	C201905	86	93	89	90
8	姜海波	C201906	79	87	80	84
9	陈少鹏	C201907	87	95	92	96
10	崔志远	C201908	83	93	88	87
11	张晓波	C201909	69	78	81	85
12	王春梅	C201910	81	90	86	88

图 4-21　未设置格式前“学生成绩单”

（3）设置工作表行、列。

① 将“班级”列移至“姓名”列之前：单击“班级”列号 B，将鼠标移动到选定列上，当指针变为十字箭头状时，按住 Shift 键，拖动 B 列至“姓名”列之前，松开鼠标和 Shift 键；或尝试使用其他方法实现。

② 在“姓名”列之前插入一列，并输入“学号”：单击“姓名”所在列，选择“开始”选项卡，单击“单元格”命令组中的“插入”选项，在下拉列表中选择“插入工作表列”命令，在“姓名”列之前插入一列。在相应位置输入“学号”，并为前两个学生输入学号“1”和“2”，同时选中这两个单元格，鼠标指针移至选中单元格右下角填充柄处，指针变为黑色十字形，向下拖动鼠标，在拖动的单元格上自动填充 3 ~ 10 的学号。

（4）设置单元格中文本格式。

① 设置标题文字并跨列居中：选定 A1 至 G1 区域，选择“开始”选项卡，单击“对齐方式”命令组中的“合并后居中”按钮。选中标题文字所在单元格，在“字体”命令组中设置字体为“黑体”、字号为“18”。

② 设置标题行格式：选中 A2 至 G2 区域，在选定区域任一处右击，在弹出的快捷菜单中选择“设置单元格格式”命令，打开“设置单元格格式”对话框，在“字体”选项卡中设置字体为楷体，加粗，颜色为蓝色，字号为 14；在“填充”选项卡中设置单元格填充色为黄色；在“对齐”选项卡下设置水平对齐方式为“居中”。

③ 设置表格对齐方式：选中 A3 至 G12 区域，单击“对齐方式”命令组中的“居中”按钮进行对齐。

（5）设置表格边框线。

选中 A2 至 F14 的表格区域，选择“开始”选项卡，单击“字体”命令组中的“合并后居中”按钮下拉列表中的 所有框线(A)，为表格设置框线。

（6）工作表操作。

① 重命名工作表：右击所要重新命名的工作表标签“Sheet1”，在弹出的快捷菜单中选择“重命名”，输入“学生成绩单”后按回车键；或直接双击工作表标签“Sheet1”，输入“学生成绩单”后按回车键。

② 复制工作表：在窗口左下角处单击“学生成绩单”工作表标签，按住 Ctrl 键，拖动工作表标签至所需位置，生成新工作表“学生成绩单（2）”，如图 4-22 所示。

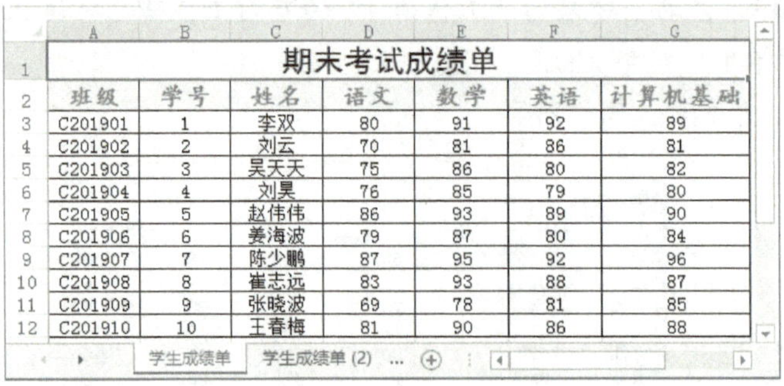

期末考试成绩单

班级	学号	姓名	语文	数学	英语	计算机基础
C201901	1	李双	80	91	92	89
C201902	2	刘云	70	81	86	81
C201903	3	吴天天	75	86	80	82
C201904	4	刘昊	76	85	79	80
C201905	5	赵伟伟	86	93	89	90
C201906	6	姜海波	79	87	80	84
C201907	7	陈少鹏	87	95	92	96
C201908	8	崔志远	83	93	88	87
C201909	9	张晓波	69	78	81	85
C201910	10	王春梅	81	90	86	88

图 4-22　学生成绩单

（7）保存并关闭工作簿。

4.2　公式与函数的使用

1. 公式与函数

（1）公式

公式是在工作表中对数据进行计算或分析的等式，它可以对工作表单元格中的数据进行加、减、乘、除等运算。公式中可以引用同一个工作表中的单元格数据、同一个工作簿中不同工作表中的单元格数据，也可以引用不同工作簿的工作表中的单元格数据。使用公式的好处是，当公式中所引用单元格的数据发生变化时，会自动更新计算结果。

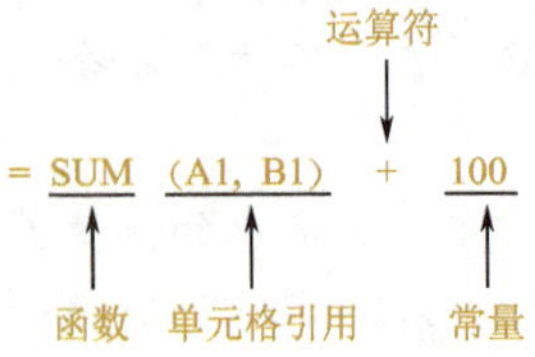

图 4-23　公式的组成

公式以等号（=）开头，其中包含单元格引用、运算符、常量和函数等内容，如图 4-23 所示。

单元格引用是指工作表中单元格地址或单元区域，如 A1 表示返回单元格 A1 中的值。

运算符用于指定要对公式中的操作数执行的计算类型，包括算术运算符、比较运算符、文本连接运算符和引用运算符，见表 4-1，运算符优先级见表 4-2。

表 4-1　常用运算符

运算符类型	运　算　符	备　　注
算术运算符	+ - * / % ^	“^”表示乘方运算
比较运算符	= > < >= <= <>	
文本连接运算符	&	连接一个或多个文本字符串
引用运算符	： ， 单个空格	“：”为区域运算符，生成对两个引用之间的所有单元格的引用，包括这两个引用 “，”为联合运算符，将多个引用合并为一个引用 单个空格为交叉运算符，生成对两个引用共有的单元格的引用

表 4-2　运算符优先级

优 先 级 别	运　算　符	说　明
1	：（冒号）　（单个空格）　，（逗号）	引用运算符
2	-	负号
3	%	百分比
4	^	乘方
5	* /	乘和除
6	+ -	加和减
7	&	文本连接运算符
8	= > < >= <= <>	比较运算符

（2）函数

函数是预定义的公式，由函数名和括号内的参数组成，函数可用于执行简单或者复杂的计算。Excel 2013 为用户提供了大量的函数库，如自动求和、财务专用、逻辑专用、数学和三角函数等，如图 4-24 所示。

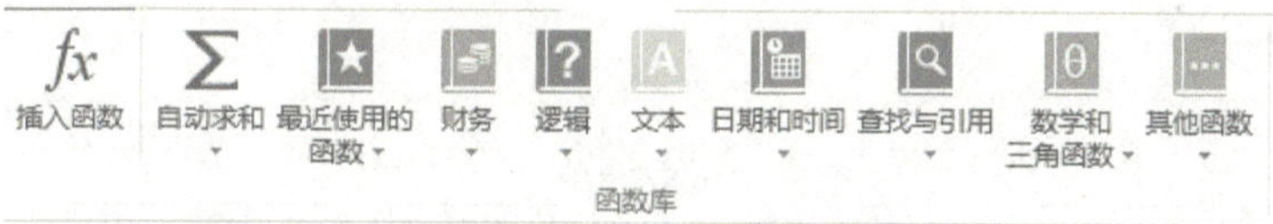

图 4-24　“函数库”命令组

（3）公式与函数的创建

公式的输入：单击要输入公式的单元格，先输入“=”，再输入公式，完成后按回车键或者单击编辑栏左侧的 ✓ 按钮完成公式的输入。其中引用单元格时可以直接输入单元格地址或单元格区域，也可以单击需要引用的单元格或者用鼠标拖动选择需要引用的单元格区域。公式输入完成后，当包含公式的单元格为活动单元格时，单元格中的公式内容显示在编辑栏中，计算结果显示在单元格内。

函数的输入：函数的输入也以“=”开始，之后是函数名称、左括号、参数和右括号。单击编辑框左侧的 fx 按钮，或者单击图 4-24 所示的“函数库”命令组中的“插入函数”按钮，打开“插入函数”对话框，如图 4-25 所示，在对话框中选择插入相应的函数，确定函数参数等。

函数不同，参数也会不同，参数可以是数字、文本、逻辑值（TRUE 或 FALSE）、数组、单元格引用，也可以是常量、公式或其他函数。当函数作为参数使用时，函数返回的数值类型必须与参数要求的数值类型一致。

在输入函数时会出现一个带有语法和参数的工具提示，如图 4-26 所示。

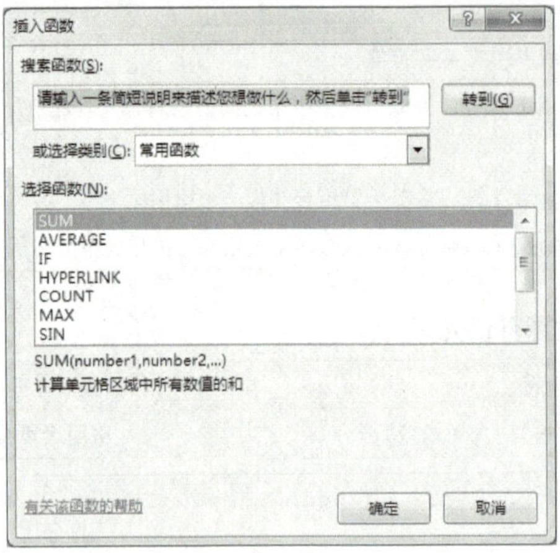

图 4-25 “插入函数”对话框

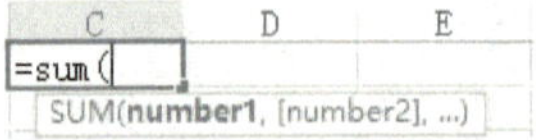

图 4-26 函数输入状态

（4）自动求和与快捷计算

求和计算是一种最常用的函数计算，快捷的求和方法为：单击需要求和的单元格，选择“开始”选项卡，单击“编辑”命令组中的“自动求和”按钮，或选择“公式”选项卡，单击“函数库”命令组中的“自动求和”按钮，自动出现求和函数 SUM 及求和区域，如图 4-27 所示。一般求和函数会把活动单元格左侧或者上方所有数值类型的单元格默认为需要求和的单元格区域，在光标处输入新的单元格地址可以修改公式中的单元格引用。单击编辑栏左侧的 ✓ 按钮，或者按回车键确定公式。单击编辑栏左侧的 ✕ 按钮，或按 Esc 键取消公式的输入。

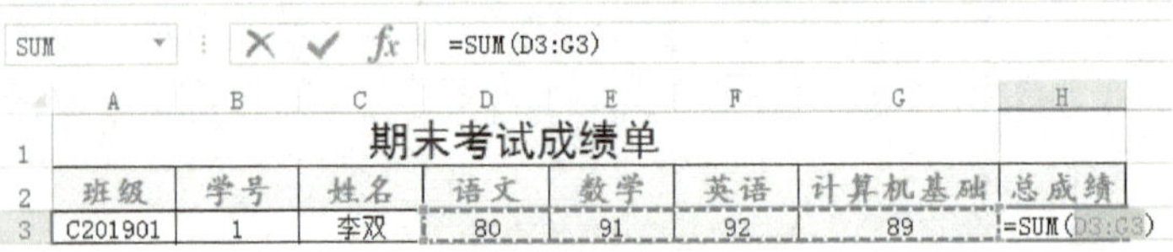

图 4-27 自动求和

除了求和函数，还有一些函数也可以用快捷的方法来实现，操作方法是：单击需要运算的单元格，单击上述“自动求和”按钮右侧的 ▾ 按钮，选择列表中相应的函数，如图 4-28 所示。

在分析、计算工作表中的数据过程中，如果需要临时对一些数据进行计算而无须在工作表中表现，则可以采用快速计算的方法实现。操作方法是：选择需要计算的单元格区域，右击状态栏，在弹出的快捷菜单中选择任意一种计算方式，如图 4-29 所示，计算结果就会显示在状态栏中。

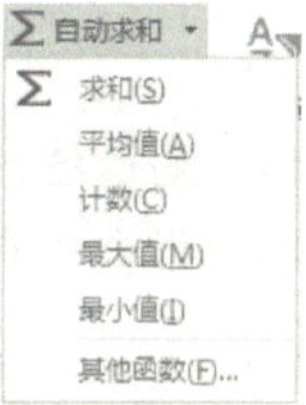

图 4-28 “自动求和”列表

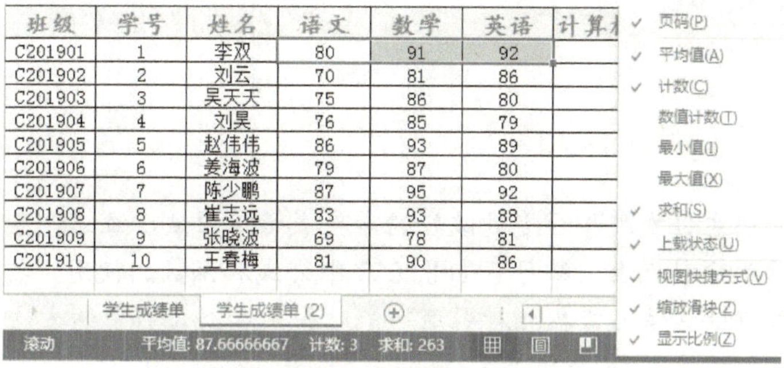

图 4-29 快速计算

如果使用公式、函数不当，就不会显示正确的计算结果，而是显示相应的出错信息，常见的出错信息见表 4-3。

表 4-3 常见的出错信息

出 错 提 示	出 错 原 因
“#####”	表示单元格的数据长度超出列宽，增加列宽即可
“#DIV/0！”	表示单元格中的公式项内除数为 0，查询该公式中的除数项内容
“#NAME？”	表示无法识别公式、函数中的文字内容
“#NULL！”	表示公式、函数中使用了没有相交的区域
“REF！”	表示在公式、函数中引用的单元格无效，通常发生在公式复制操作中
“#VALUE！”	表示在数学操作公式的类型不对

2. 相对引用与绝对引用

（1）相对引用

在公式、函数的复制或移动操作中，代表参数的单元格区域会根据公式所在的单元格位置而改变，称为相对引用。如在图 4-27 中，H3 单元格中的数值由公式“=SUM（D3：G3）”求得，当复制此公式到 H4、H5 时，公式中所引用的单元格求各区域会自动改变为“=SUM（D4：G4）”“=SUM（D5：G5）”等。

（2）绝对引用

如果公式所在单元格位置改变，而引用的单元格区域保持不变，则称为绝对引用。绝对引用时需要在表示单元格地址的列号、行号前加“$”，如“$A$5”、“$H$6”。

（3）混合引用

单元格引用时，如果列不需要变化，则列为绝对的，而行需要变化，则行为相对的；反之亦可，称为混合引用。如“$A5”“H$6”等。

如果所引用的单元格为不同工作簿工作表中的区域时，应该在单元格引用前输入工作簿名和工作表名，其中工作簿名用方括号[ ]区分，单元格引用前用“!”。例如，要引用工作簿名为“工作簿 2.xlsx”中 Sheet1 工作表中的 D3 单元格，引用方法为“[工作簿 2.xlsx]Sheet1!D3”。

【实例 9】计算总成绩和平均成绩

实例分析

班主任发现学习委员做好的学生成绩单中缺少每名学生的总成绩和平均成绩，要求他把这两项补充上。练习 Excel 2013 中公式和函数的使用，要求掌握通过使用公式和函数计算数据的方法，掌握相对引用、绝对引用和混合引用的方法。

操作过程

（1）启动 Excel 2013，打开“学生成绩单”工作簿。

（2）在“学生成绩单”工作表中增加三列新内容，即“计算机实验”“总成绩”和“平均成绩”；并按照如图 4-30 所示的在相应单元格中输入计算机基础和计算机实验的分数计算比例及总成绩最大值。

	A	B	C	D	E	F	G	H	I	J	K	L	M
1	期末考试成绩单												
2	班级	学号	姓名	语文	数学	英语	计算机基础	计算机实验	总成绩	平均成绩		计算机基础	计算机实验
3	C201901	1	李双	80	91	92	89	90				70%	30%
4	C201902	2	刘云	70	81	86	81	95				总成绩最大值	
5	C201903	3	吴天天	75	86	80	82	80					
6	C201904	4	刘昊	76	85	79	80	90					
7	C201905	5	赵伟伟	86	93	89	90	95					
8	C201906	6	姜海波	79	87	80	84	80					
9	C201907	7	陈少鹏	87	95	92	96	90					
10	C201908	8	崔志远	83	93	88	87	85					
11	C201909	9	张晓波	69	78	81	85	75					
12	C201910	10	王春梅	81	90	86	88	85					

图 4-30　计算学生总成绩与平均成绩

（3）计算每位学生的总成绩和平均成绩。“总成绩”为“计算机基础”的 70%＋“计算机实验”的 30%，再加“语文”“数学”和“英语”成绩。“平均成绩”按四门课程计算。单击 I3 单元格，输入公式“=D3+E3+F3+G3*L3+H3*M3”后按回车键，得到第一名学生的总成绩；鼠标指针移至此单元格右下角填充柄处，鼠标指针变为黑色十字形时向下拖动鼠标，自动粘贴公式计算其他学生总成绩。单击 J3 单元格，输入公式“=I3/4”后按回车键，得到第一名学生的平均成绩，同样使用填充方法计算其他学生的平均成绩。

（4）计算总成绩的最大值。单击单元格 L5，然后单击 *fx* 按钮，选择 MAX 函数，在“函数参数”的 Number1 右侧输入“I3: I12”，单击“确定”按钮，得到全部学生总成绩最高的分值。

（5）参照样表为新增加的数据设置格式，如图 4-31 所示。

	A	B	C	D	E	F	G	H	I	J	K	L	M
1	期末考试成绩单												
2	班级	学号	姓名	语文	数学	英语	计算机基础	计算机实验	总成绩	平均成绩		计算机基础	计算机实验
3	C201901	1	李双	80	91	92	89	90	352.3	88.1		70%	30%
4	C201902	2	刘云	70	81	86	81	95	322.2	80.6		总成绩最大值	
5	C201903	3	吴天天	75	86	80	82	80	322.4	80.6		368.2	
6	C201904	4	刘昊	76	85	79	80	90	323.0	80.8			
7	C201905	5	赵伟伟	86	93	89	90	95	359.5	89.9			
8	C201906	6	姜海波	79	87	80	84	80	328.8	82.2			
9	C201907	7	陈少鹏	87	95	92	96	90	368.2	92.1			
10	C201908	8	崔志远	83	93	88	87	85	350.4	87.6			
11	C201909	9	张晓波	69	78	81	85	75	310.0	77.5			
12	C201910	10	王春梅	81	90	86	88	85	344.1	86.0			

图 4-31　学生成绩单

（6）保存工作簿。

4.3 图表的使用

用图表表现数据可以更生动、更形象。在 Excel 2013 中，可以很轻松地创建具有专业外观的图表。图表的类型包括柱形图、折线图、饼图、条形图、面积图、XY（散点图）、股价图、曲面图、雷达图等。不同类型的图表可以反映不同的效果，如柱形图用于比较数值的大小，折线图用于显示数据的变化趋势，饼图用于显示每个值占总值的比例等。

1. 创建图表

（1）选择要用于创建图表的单元格区域。

（2）选择“插入”选项卡，“图表”命令组中显示常用图表类型，如图 4-32 所示。单击某一种图表类型，然后在下拉列表中选择要使用的图表子类型。如果需要查看所有可用图表类型，可单击“推荐的图表”按钮或单击右下角的 按钮，打开“插入图表”对话框，在“所有图表”选项卡中选择图表，然后单击“确定”按钮，如图 4-33 所示，图表会自动嵌入当前工作表中。图 4-34 所示为公司销售额的柱形图表。

图 4-32 “图表”命令组

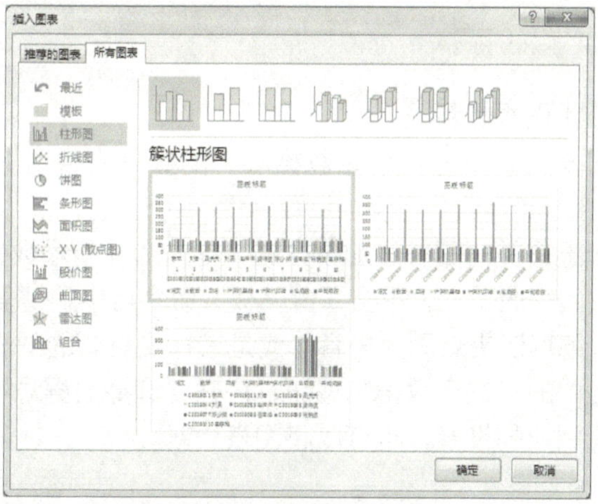

图 4-33 “插入图表”对话框

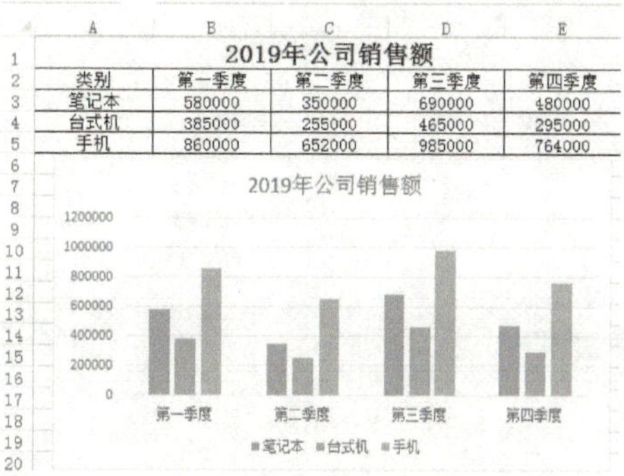

图 4-34 图表实例

提示

如果将图表单独保存在图表工作表中，可先右击图表，在弹出的快捷菜单中选择“移动图表”按钮，或者选择“设计”选项卡，单击“位置”命令组中的“移动图表”按钮，打开“移动图表”对话框，如图 4-35 所示。在“移动图表”对话框中选择“新工作表”命令，为新工作表重新命名，然后单击“确定”按钮。

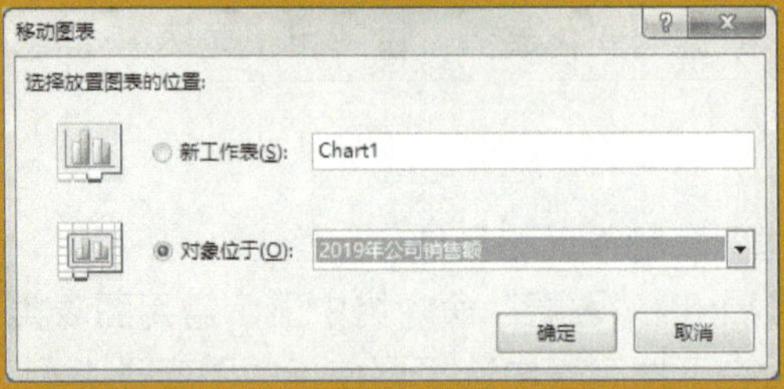

图 4-35　“移动图表”对话框

2. 编辑图表

（1）图表更新

图表更新就是当修改数据表中的数据内容时，相应图表会根据数据表的变化而自动更新。

如果需要向图表添加新数据，首先选择新添数据“平板电脑”的单元格区域内容，选择“开始”选项卡，单击“剪贴板”命令组中的“复制”按钮，再选择图表，单击“粘贴”按钮，即可以更新图表内容。或是选择要更新的图表，选择“设计”选项卡，单击“数据”命令组中的“选择数据”按钮，打开“选择数据源”对话框，如图 4-36 所示。在对话框中进行相应的设置，也可以将图表更新。

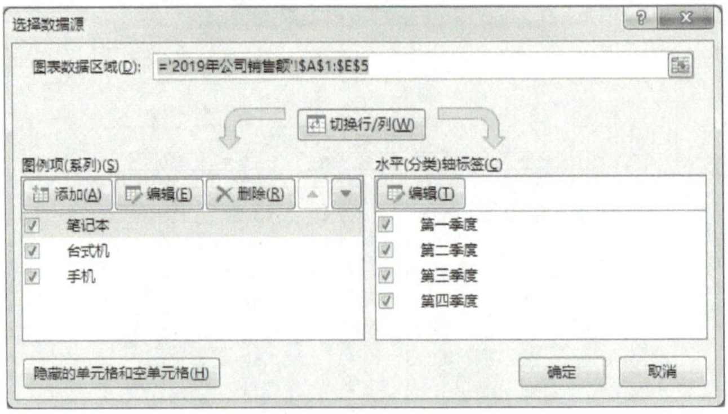

图 4-36　“选择数据源”对话框

（2）更改图表的布局和样式

图表所包含的内容，如图 4-37 所示。如果需要更改图表的布局或样式，可单击图表后选择“设计”或“格式”选项卡中的命令组进行相应的设置，如图 4-38 和图 4-39 所示。

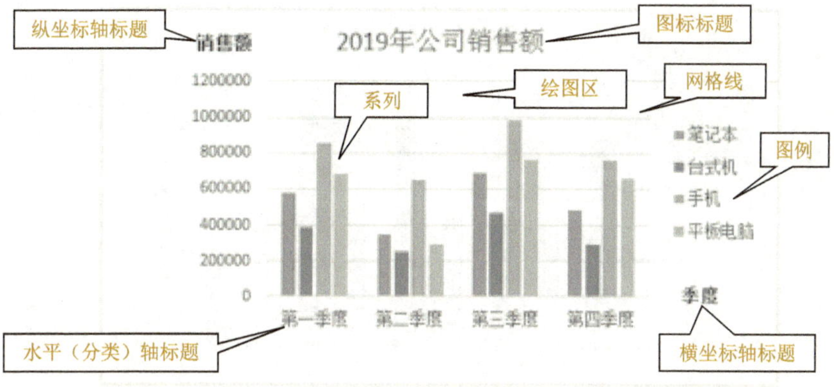

图 4-37　图表组成部分

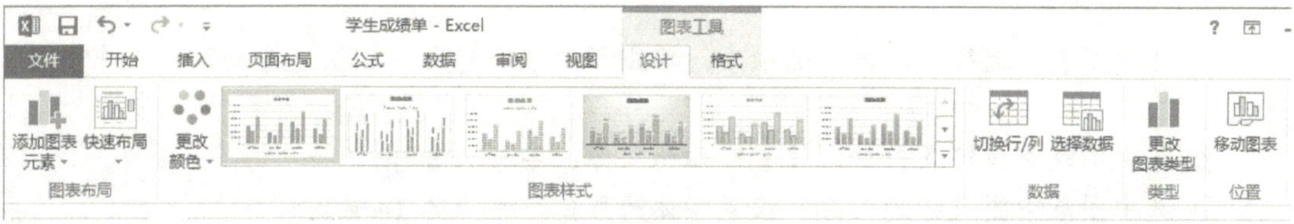

图 4-38　“设计”选项卡

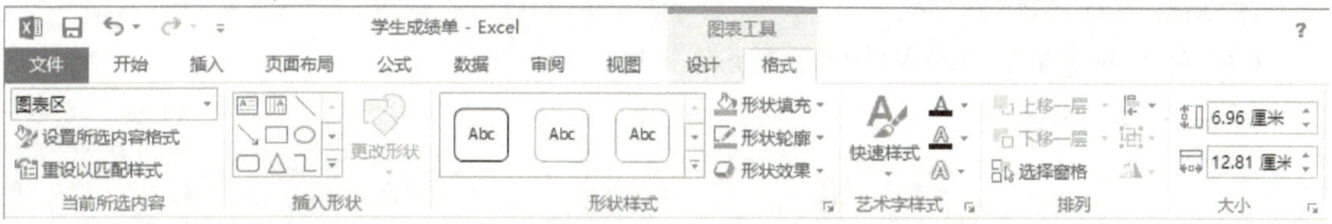

图 4-39　“格式”选项卡

“设计”选项卡中，通过“类型”命令组可以更改图表类型和更新图表；通过“图表布局”命令组更改图表的整体布局；通过“图表样式”命令组更改图表样式等。

“格式”选项卡中各命令组用于更改当前所选图表组成部分的形状样式等。如单击图表中图表标题，再单击选择艺术字样式可以更改图表标题的样式。

【实例 10】制作学生成绩图表

实例分析

用图表的形式显示每位学生的总成绩，如图 4-40 所示。通过实例，练习掌握图表的创建与编辑方法，为学生总成绩数据创建一个簇状柱形图。

操作过程

（1）启动 Excel 2013，打开“学生成绩单”工作簿。

（2）创建图表：选中“姓名”与“总成绩”两列数据，选择“插入”选项卡，单击“图表”→“柱形图”→“簇状柱形图”选项，在工作表中插入所创建的图表。

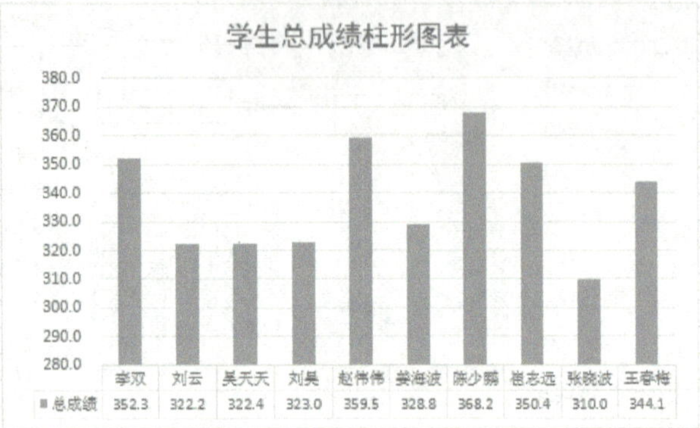

图 4-40　学生总成绩柱形图表

（3）编辑图表。

① 选中图表，选择“设计”选项卡，单击“图表布局”→“快速布局”→“布局 5”选项。

② 选中图表中数据表部分，设置字体为宋体，字号为 8 号。

③ 选中图表中图表标题部分，设置字体为黑体，字号为 14 号。

④ 选中图表中“坐标轴标题”，将其删除。

⑤ 对图表格式进行修饰。

（4）练习创建学生平均成绩的图表并进行编辑和美化。

（5）保存工作簿。

4.4 数据管理与分析

1. 数据排序

数据排序是在数据分析过程中不可缺少的实用功能，排序方法有快速排序和自定义排序。

（1）快速排序

单击排序关键字所在列中任意一个数据单元格，选择“开始”选项卡，单击“编辑”→“排序和筛选”→“升序”选项，表格按照关键字升序排序，如果选择“降序”选项，则按降排序；或者选择“数据”选项卡，单击“排序和筛选”命令组中的 A↓Z 或 Z↓A 按钮，也可进行升序或降序排序，如图 4-41 所示。

（2）自定义排序

当排序的同一列数据出现相同值时，例如当两名学生是同样的总成绩时，可以另外增加一个字段作为次关键字进行排序。

期末考试成绩单

班级	学号	姓名	语文	数学	英语	计算机基础	计算机实验	总成绩	平均成绩
C201907	7	陈少鹏	87	95	92	96	90	368.2	92.1
C201905	5	赵伟伟	86	93	89	90	95	359.5	89.9
C201901	1	李双	80	91	92	89	90	352.3	88.1
C201908	8	崔志远	83	93	88	87	85	350.4	87.6
C201910	10	王春梅	81	90	86	88	85	344.1	86.0
C201906	6	姜海波	79	87	80	84	80	328.8	82.2
C201904	4	刘昊	76	85	79	80	90	323.0	80.8
C201903	3	吴天天	75	86	80	82	80	322.4	80.6
C201902	2	刘云	70	81	86	81	95	322.2	80.6
C201909	9	张晓波	69	78	81	85	75	310.0	77.5

图 4-41　总成绩排序效果

提示

当排序的数据为文本时，按照字母的顺序排序；排序的数据为日期或者时间时，按照时间早晚的顺序进行排序。如果排序结果并不是所希望的结果，原因可能是排序的数据中包含不正确的数据类型，如文本类型的数字和一般数字在排序时的排序结果是不同的。

选择需要排序的数据区域，或者确保活动单元格在需要排序的数据区中，选择“开始”选项卡，单击“编辑”→“排序和筛选”→“自定义排序”选项，打开“排序”对话框，如图 4-42 所示。在“主要关键字”项右侧下拉列表中选择第一排序数据列，并选择排序依据和排序次序；单击“添加条件”按钮，弹出“次要关键字”行，选择第二排序数据列；如果需要选择第三排序数据列，则继续单击“添加条件”按钮进行添加。其中的“删除条件”按钮可以删除已经设置的排序关键字，“复制条件”按钮可以复制已经设置的排序关键字。单击“选项”按钮，可以打开“排序选项”对话框，设置排序的方向和方法，如图 4-43 所示。

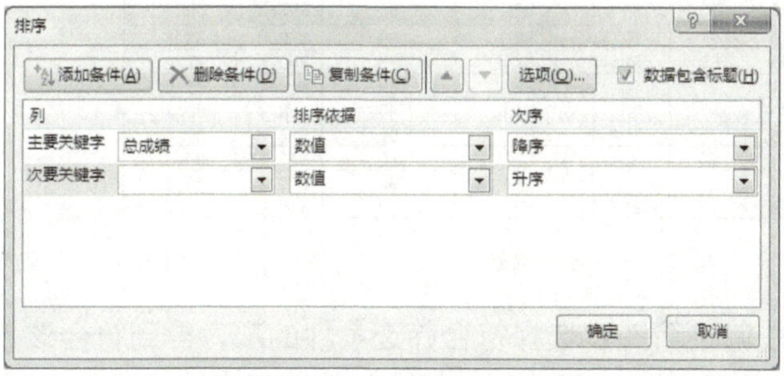

图 4-42　“排序”对话框

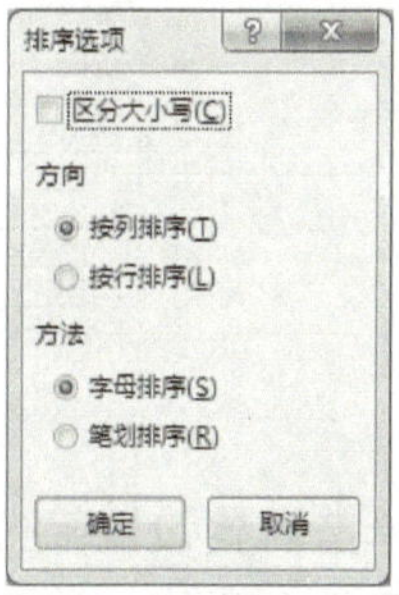

图 4-43　“排序选项”对话框

在不影响其他列的情况下，可只对某列数据进行排序，操作方法是：选择需要排序的数据列，选择“开始”选项卡，单击“编辑”→“排序和筛选”→“自定义排序”选项，打开“排序提醒”对话框，如图 4-44 所示。选择“以当前选定区域排序”选项，单击“排序”按钮，打开“排序”对话框，在“排序”对话框中选择需要的其他排序选项，最后单击“确定”按钮。

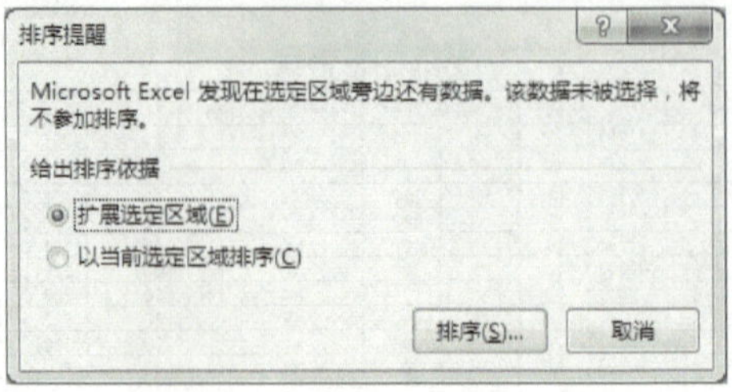

图 4-44　“排序提醒”对话框

提示

只对某列数据排序，其他列的数据不随之变动，可能会引起行上的数据错位，应谨慎使用。

2. 数据筛选

数据筛选是 Excel 2013 中一个常用的重要功能，通过数据筛选可以快速定位符合特定条件的数据，方便使用者第一时间获取重要数据。

确保活动单元格位于数据区域中，选择“开始”选项卡，单击“编辑”→“排序和筛选”→“筛选”选项；或者选择“数据”选项卡，单击“排序和筛选”命令组中的“筛选”按钮，数据区域中每个字段名旁会出现筛选箭头，如图 4-45 所示。

	A	B	C	D	E	F	G	H	I	J
1	期末考试成绩单									
2	班级	学	姓名	语文	数学	英语	计算机基	计算机实	总成	平均成
3	C201907	7	陈少鹏	87	95	92	96	90	368.2	92.1
4	C201905	5	赵伟伟	86	93	89	90	95	359.5	89.9
5	C201901	1	李双	80	91	92	89	90	352.3	88.1
6	C201908	8	崔志远	83	93	88	87	85	350.4	87.6
7	C201910	10	王春梅	81	90	86	88	85	344.1	86.0
8	C201906	6	姜海波	79	87	80	84	80	328.8	82.2
9	C201904	4	刘昊	76	85	79	80	90	323.0	80.8
10	C201903	3	吴天天	75	86	80	82	80	322.4	80.6
11	C201902	2	刘云	70	81	86	81	95	322.2	80.6
12	C201909	9	张晓波	69	78	81	85	75	310.0	77.5

图 4-45　数据筛选

单击需要设置筛选条件的字段筛选箭头，选择符合筛选条件的项，得到符合该条件的所有记录。例如，单击“总成绩”右侧的筛选箭头，在筛选条件列表中选择数据“310.0”，则只显示总成绩为 310.0 分的学生记录，这时总成绩右侧的筛选箭头形状变为▼。

筛选条件可以使用“等于”“不等于”“大于”等条件。单击筛选箭头，在下拉列表中选择“数字筛选”子列表中的“等于”“不等于”“大于”等命令，如图 4-46 所示；或者直接单击“自定义筛选”按钮，打开“自定义自动筛选方式”对话框，如图 4-47 所示。在对话框中设置筛选条件，并可以使用“与”“或”运算符操作设置复杂的筛选条件。

在数据筛选状态下，选择“数据”选项卡，单击“排序和筛选”命令组中“筛选”按钮，可取消筛选状态。

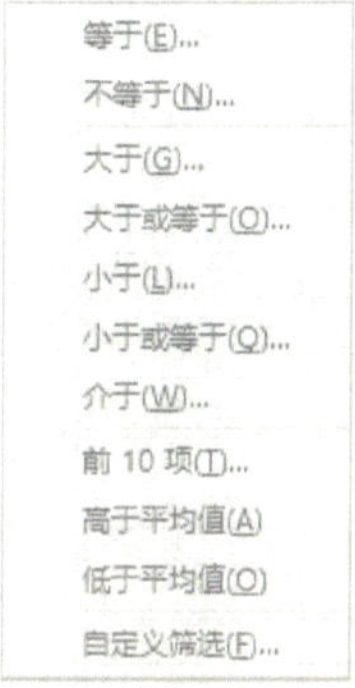

图 4-46 筛选条件列表

图 4-47 “自定义自动筛选方式”对话框

3. 数据分类汇总

分类汇总是一种非常重要的汇总数据的方法。例如，将图 4-48 的原数据，按选修课程对成绩进行分类汇总，得出图 4-49 所示的选同一课程同学的平均分。在做分类汇总前，需要先对数据进行排序，否则将无法进行分类汇总。

	A	B	C
1	计算机选修课程成绩单		
2	姓名	选修课程	成绩
3	李双	数据库	89.6
4	刘云	C语言	78.0
5	吴天天	Internet应用	86.5
6	刘昊	数据库	80.0
7	赵伟伟	Internet应用	82.0
8	姜海波	C语言	87.0
9	陈少鹏	C语言	76.0
10	崔志远	Internet应用	75.0
11	张晓波	数据库	90.0
12	王春梅	数据库	88.0

图 4-48 分类汇总前数据

1 2 3		A	B	C
	1	计算机选修课程成绩单		
	2	姓名	选修课程	成绩
+	6		C语言 平均值	80.3
+	10		Internet应用 平均值	81.2
+	15		数据库 平均值	86.9
−	16		总计平均值	83.2

图 4-49 分类汇总后数据

（1）设置分类汇总

首先对分类字段进行排序，将表格按照“选修课程”进行排序；然后单击数据区中任意一个单元格，选择“数据”选项卡，单击“分组显示”命令组中的“分类汇总”按钮，打开“分类汇总”对话框，设置分类字段、汇总方式和汇总项，单击“确定”按钮，如图 4-50 所示，即可得到如图 4-49 所示的汇总数据。

提示

“分类汇总”对话框中的汇总方式包括求和、平均值、计数、最大值、最小值等。

单击分级显示标志“1”“2”“3”按钮，可以实现分级显示效果。单击屏幕左侧的⊟按钮，仅显示小计、合计数而隐藏原始数据，单击图 4-49 所示的⊞可以展开显示，如图 4-51 所示。

如果对原始数据进行了修改，分类汇总的数据也会自动更新。取消分类汇总的方法是单击“分类汇总”对话框中的“全部删除”按钮。

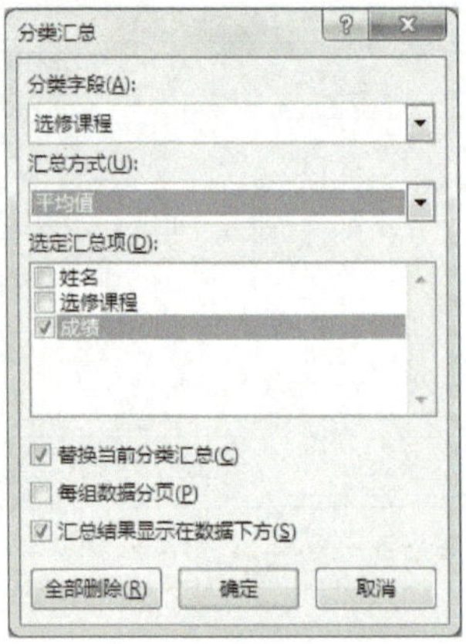

图 4-50　“分类汇总”对话框

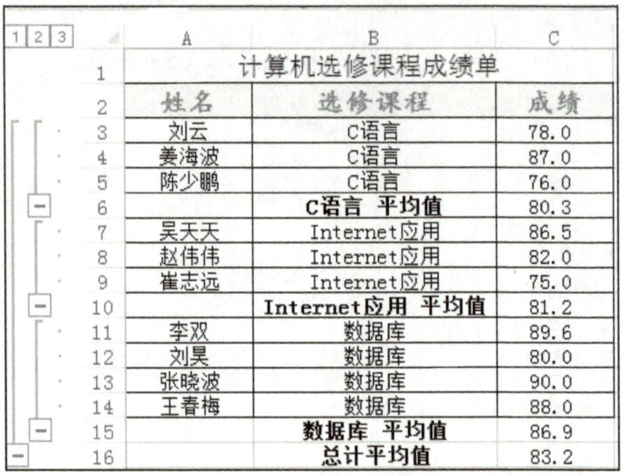

	A	B	C
1	计算机选修课程成绩单		
2	姓名	选修课程	成绩
3	刘云	C语言	78.0
4	姜海波	C语言	87.0
5	陈少鹏	C语言	76.0
6		C语言 平均值	80.3
7	吴天天	Internet应用	86.5
8	赵伟伟	Internet应用	82.0
9	崔志远	Internet应用	75.0
10		Internet应用 平均值	81.2
11	李双	数据库	89.6
12	刘昊	数据库	80.0
13	张晓波	数据库	90.0
14	王春梅	数据库	88.0
15		数据库 平均值	86.9
16		总计平均值	83.2

图 4-51　分级显示汇总情况

（2）插入一个分类汇总项

如果在对某个项目进行数据分类汇总的同时，按照另一个项目也进行分类汇总，这时需要插入分类汇总项。首先确保要进行的分类项已经排好序，选择“数据”选项卡，单击“分组显示”命令组中的“分类汇总”按钮，打开“分类汇总”对话框， 在“分类字段”中选择需要插入的分类汇总字段，并选择汇总方式和汇总项，确保“替换当前分类汇总”复选框不被选中，单击“确定”按钮。

【实例 11】销售情况分类汇总

实例分析

某商场需要把 8 月份销售情况按照商品的种类进行分类汇总，以图 4-52 原始数据为例，筛选所有品牌是“华为”并且商品种类为“手机”的产品；以“商品种类”为分类汇总字段，得到每类商品的销售总额。以此练习 Excel 2013 中数据排序、筛选和分类汇总的用法。

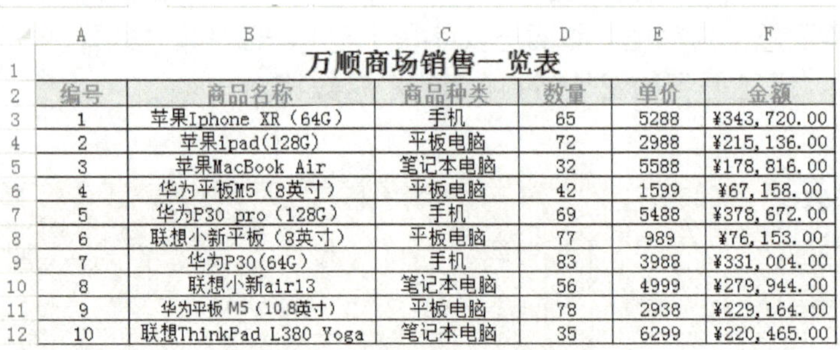

	A	B	C	D	E	F
1	万顺商场销售一览表					
2	编号	商品名称	商品种类	数量	单价	金额
3	1	苹果Iphone XR（64G）	手机	65	5288	¥343,720.00
4	2	苹果ipad(128G)	平板电脑	72	2988	¥215,136.00
5	3	苹果MacBook Air	笔记本电脑	32	5588	¥178,816.00
6	4	华为平板M5（8英寸）	平板电脑	42	1599	¥67,158.00
7	5	华为P30 pro（128G）	手机	69	5488	¥378,672.00
8	6	联想小新平板（8英寸）	平板电脑	77	989	¥76,153.00
9	7	华为P30(64G）	手机	83	3988	¥331,004.00
10	8	联想小新air13	笔记本电脑	56	4999	¥279,944.00
11	9	华为平板 M5（10.8英寸）	平板电脑	78	2938	¥229,164.00
12	10	联想ThinkPad L380 Yoga	笔记本电脑	35	6299	¥220,465.00

图 4-52　“商品销售表”原始数据

操作过程

（1）启动 Excel 2013，打开“商品销售表”工作簿。

（2）用公式求得金额一列数据。

（3）筛选数据。

① 选定“商品销售表”数据区中任一单元格，选择“开始”选项卡，单击“编辑”→“排序和筛选”→“筛选”命令。

② 单击“商品名称”右侧筛选箭头，单击子菜单中的“文本筛选”→“包含”命令，在“自定义自动筛选方式”对话框中将“商品名称”设置为“包含”后输入“华为”，然后单击“确定”按钮，显示所有商品名称中包含“华为”的商品。再单击“商品种类”右侧的筛选箭头，在列表中“搜索”项下勾选“手机”复选框，单击“确定”按钮，显示所有品牌是“华为”并且商品种类为“手机”的产品，其他信息暂时隐藏，如图 4-53 所示。

	A	B	C	D	E	F
1	万顺商场销售一览表					
2	编号	商品名称	商品种类	数量	单价	金额
7	5	华为P30 pro（128G）	手机	69	5488	¥378,672.00
9	7	华为P30(64G)	手机	83	3988	¥331,004.00

图 4-53　筛选数据

③ 选择“数据”选项卡，单击“排序和筛选”命令组中的“筛选”按钮，取消筛选状态，显示所有数据。

（4）分类汇总数据。

① 选中“商品种类”任一单元格，选择“开始”选项卡，单击“编辑”命令组“排序和筛选”→“自定义排序”命令。在“排序”对话框中设置主要关键字为“商品种类”，次序为“升序”，选择“数据包含标题”选项，按“商品种类”升序排序。

② 单击数据区中任意一个单元格，选择“数据”选项卡，单击“分组显示”命令组中的“分类汇总”按钮。打开“分类汇总”对话框，设置分类字段为“商品种类”，汇总方式为“求和”，汇总项为“金额”，然后单击“确定”按钮。

③ 单击“分级显示标志”中的“2”选项，得到分类汇总数据，如图 4-54 所示。

	A	B	C	D	E	F
1	万顺商场销售一览表					
2	编号	商品名称	商品种类	数量	单价	金额
6			笔记本电脑 汇总			¥679,225.00
11			平板电脑 汇总			¥587,611.00
15			手机 汇总			¥1,053,396.00
16			总计			¥2,320,232.00

图 4-54　分类汇总数据

（5）练习进行其他形式的筛选和分类汇总。

（6）保存并关闭工作簿。

思考与实训 4

一、填空题

1. 在 Excel 2013 中一个工作簿最多包括__________个工作表，新建工作簿默认包括________个工作表。

2．在 Excel 2013 默认情况下创建的工作簿以“Excel 工作簿”格式保存，文件扩展名为________；如果保存类型选择 Excel97-2003 工作簿，扩展名为__________。

3.选择连续多个工作表时，先单击连续工作表中的第一个工作表标签，按下________键，单击所要选择的最后一个工作表标签；如果选择不连续的工作表时，按住________键的同时，分别单击所要选择的工作表标签。

4．在 Excel 2013 中一个工作表最多可以有__________行、__________列。

5．工作表由__________组成，它是表格中行与列的交叉部分，它是组成表格的最小单位，可__________或者__________。

6．Excel 2013 公式以________开头，其中包含_________、_________、_________和函数等内容。

7．Excel 2013 表格中第 5 行第 7 列的单元格用相对引用和绝对引用可分别表示为_______、_______。

8．Excel 2013 排序的数据为文本时，按照_________的顺序排序；排序的数据为日期或者时间时，按照__________的顺序进行排序。

9．在做分类汇总前，需要先对数据进行__________，否则无法进行分类汇总。

10．通过数据筛选可以快速___________符合特定条件的数据，筛选条件可以使用__________、__________、__________等条件。

二、实训题

1．编辑本班学生的成绩单，练习用自动填充功能向工作表中输入数据。输入各科成绩，利用公式计算每位学生的总成绩和平均成绩，并按总成绩降序排序。

2．根据第 1 题，把总成绩最低分和最高分的学生的成绩用图表表现出来。

3．筛选出每门功课都超过 85 分的学生。

4．新增一个字段“某科成绩评价”，按照某科成绩填充内容，如果某科成绩大于 85 分，填充“优秀”，否则填充“一般”。

5．对本班学生成绩按性别进行分类汇总。

模块 5

PowerPoint 2013——资料演示

Microsoft PowerPoint 2013 是专门用来制作演示文稿的应用软件，是 Microsoft Office 系列软件的重要组成部分，也是 Microsoft Office 套件的核心应用程序之一，简单实用的特性使它成为人们开发多媒体演示文稿时使用较多的工具之一。使用 PowerPoint 2013 可以制作出集文字、图形、图像、声音以及视频等多媒体元素为一体的演示文稿，让信息以更轻松、更高效的方式表达出来。中文版 PowerPoint 2013 在继承以前版本的强大功能的基础上，以全新的界面和便捷的操作模式引导用户制作图文并茂、声形兼备的多媒体演示文稿，成为高效办公必须掌握的软件之一。

5.1 PowerPoint 2013 的基本操作

1. 简介

（1）主界面

启动 PowerPoint 2013 应用程序以后，将看到全新的工作界面，如图 5-1 所示。PowerPoint 2013 的界面不仅美观实用，而且各个工具按钮的摆放更便于操作。

（2）新功能介绍

① 全新的文件界面

PowerPoint 2013 布局优化后的信息栏更加清晰，界面更新后的文件栏更加美观，微软加入 PPT 的代表颜色——橙色，让用户制作幻灯片的时候更加放松与充满激情。

② 新增形状组合功能

PowerPoint 2013 提供对于两个或两个以上的图形直接进行组合。可以在“绘图工具格式”选项卡上，单击“合并形状”按钮，然后选择所需选项。目前，PowerPoint 2013 提供了联合、组合、拆分、相交、剪除五种合并形状操作。

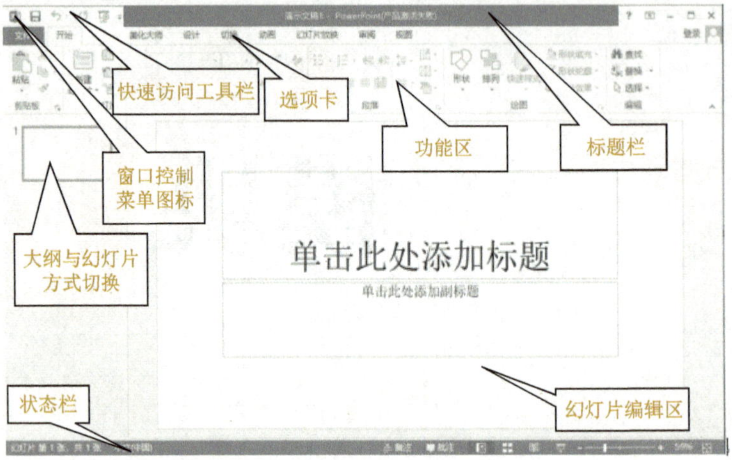

图 5-1　PowerPoint 2013 主界面

③ 更智能的参考线

PowerPoint 2013 大大增强了自动对齐及参考线功能，对于幻灯片上的图形、形状等可以查看它们是否已对齐。当编辑对象（如图片、形状等）距离较近且均匀时，智能参考线会自动显示，并提示对象的间隔是否均匀。

④ 新增切换效果

PowerPoint 2013 新增切换效果包括跌落、悬挂、帘式、风、威望、折断、压碎、剥离、页面卷曲、飞机、日式折纸等华丽型切换效果。

⑤ 新增动画虚影功能

在创建动画路径时，单击动作路径，新版的 PowerPoint 2013 可以显示动画对象的结束位置。同时原始对象始终存在，而“虚影”图像会随着路径一起移动到终点。

⑥ 新增更多宽屏主题

PowerPoint 2013 主题现在提供了一组变体，提供不同的调色板和字体系列。同时，PowerPoint 2013 提供了新的宽屏主题以及标准大小。从新建或“设计”选项卡可以选择一个主题，同一个主题具有多种字体或者设计风格的变体。

⑦ 全新的批注窗格

PowerPoint 2013 现在可以使用新的“批注”窗格，显示或隐藏批注和修订。

2. 创建和保存演示文稿

（1）启动 PowerPoint 2013

当用户安装完 Office 2013（典型安装）之后，PowerPoint 2013 也将成功安装到系统中，这时启动 PowerPoint 2013 就可以使用它来创建演示文稿。具体操作同 Word 2013、Excel 2013 类似，这里不再赘述。

（2）功能区的基本操作

在 PowerPoint 2013 主界面中最抢眼的部分就是功能区。功能区的设计能使用户快速找到完成某一任务所需的命令。命令被组织在逻辑组中，逻辑组集中在选项卡下，多个选项卡组成一个功能区，每个选项卡都与一种类型的活动相关。为了减少混乱，某些选项卡只在需要时才显示。例如，仅仅在选择图片后，才显示“图片工具”选项卡。工具按钮为用户提供快速执行功能命令的方便，单击某个按钮就可以完成某一功能命令的执行。

① 最小化、还原功能区

如果觉得功能区占用了太大的窗口面积，可以最小化功能区以增大屏幕中可用的空间。

最小化功能区的操作是右击功能选项卡，再弹出的快捷菜单中选择“折叠功能区”命令来实现。若要更快速地隐藏功能区，可双击某个功能选项卡即可使整个功能区最小化，再次双击则还原功能区。

② 快捷方式

功能区的设计采用了新的快捷方式。这种快捷方式具有两大优点：一是现在每个按钮都有快捷方式；二是快捷方式所需的按键减少。

首先，按 Alt 键，此时将出现称为“键提示”的字母和数字，它们是指定的快捷键，在功能区的各部分中显示为白色的小方块。这种包含“键提示”的白色小方块称为标记，如图 5-2 示。按指定的某个键可以获取更多命令和按钮。例如，按 H 键将显示“开始”选项卡上各组的所有键提示，然后按下组中的一个键提示，以完成按键序列。例如，按 Alt、H、L 键将与单击“版式”按钮等效。

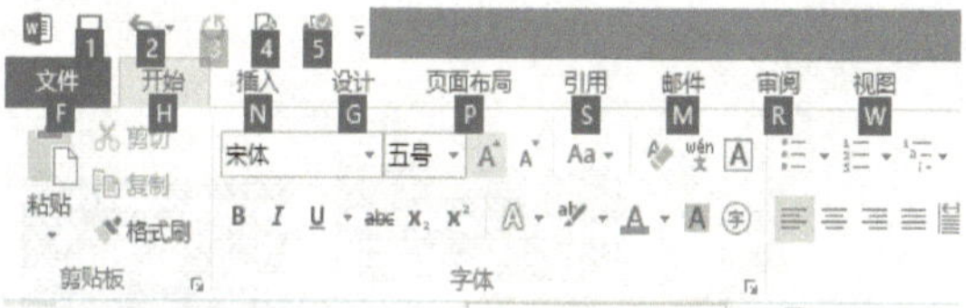

图 5-2　功能区中“键提示”显示状态

（3）新建演示文稿

制作演示文稿的第一步就是新建演示文稿，PowerPoint 2013 中提供了一系列创建演示文稿的方法，包括新建空白演示文稿、根据模板新建演示文稿等。

① 新建空白演示文稿

空白演示文稿由带有布局格式的空白幻灯片组成，用户可以在空白的幻灯片上设计出具有鲜明个性的背景色彩、配色方案、文本格式和图片等。新建空白演示文稿的方法有以下几种。

第一种方法：启动 PowerPoint 2013，在初始界面中选择“空白演示文稿”选项。

第二种方法：使用“文件”菜单创建空白演示文稿。在 PowerPoint 2013 已经运行的情况下，选择“文件”菜单，在展开的下拉菜单中单击“新建”命令，在打开的“新建”窗口中选择“空白演示文稿”选项，单击即可新建一个空白演示文稿，如图 5-3 所示。

第三种方法：在 PowerPoint 2013 的工作界面中按 Ctrl+N 组合键可以快速新建一个空白文稿。

② 根据模板新建演示文稿

模板已预先定义好演示文稿的样式、风格，包括幻灯片的背景、装饰图案、文字布局及颜色大小等。PowerPoint 2013 提供了多种模板供用户选择，用户以可在具备设计概念、字体和颜色方案的模板基础上创建演示文稿。利用模板新建演示文稿的具体操作步骤如下：

选择“文件”选项卡，在展开的菜单中单击“新建”命令，在打开的“新建”页面中选择某一主题，在右侧分类中选择某一具体类型，再单击左侧窗口中的一种模板，如图 5-4

所示。在弹出的提示框中单击“创建”按钮，如图 5-5 所示。

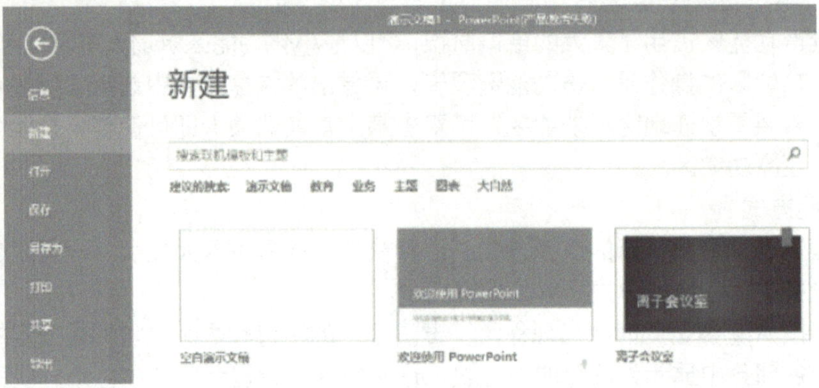

图 5-3 新建空白文稿

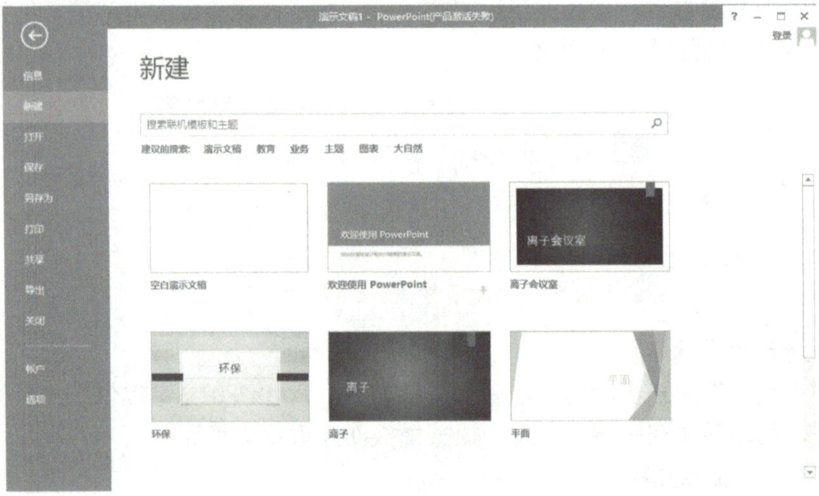

图 5-4 新建模板 1

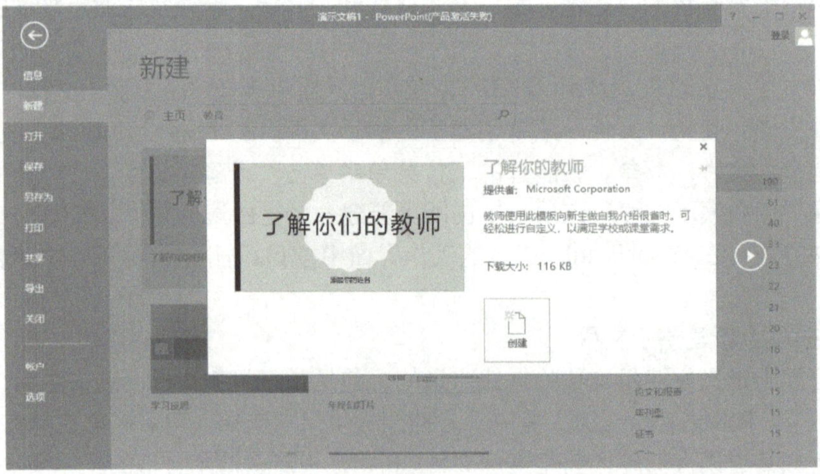

图 5-5 新建模板 2

提示

幻灯片模板不提供内容，只提供外观风格，在默认情况下，新建幻灯片应用的版式是“标题幻灯片”。如果对此不满意，可以打开“开始”选项卡，在“幻灯片”组中选择“版式”命令，在弹出的下拉菜单中选择其他版式。

（4）保存演示文稿

编辑完演示文稿后需要将演示文稿保存起来，以便今后使用。保存演示文稿的具体步骤如下：单击“快速访问工具栏”上的“保存”按钮，或单击“文件”选项卡，在打开的列表中选择“保存”选项，即可保存演示文稿。

如果要保存的是新建的演示文稿，选择“保存”选项后，将弹出“另存为”设置界面，如图 5-6 所示，双击文件存储的位置，弹出“另存为”对话框，选择演示文稿的保存位置，在“文件名”文本框中输入演示文稿的名称，单击“保存”按钮即可，如图 5-7 所示。

图 5-6 “另存为”设置界面

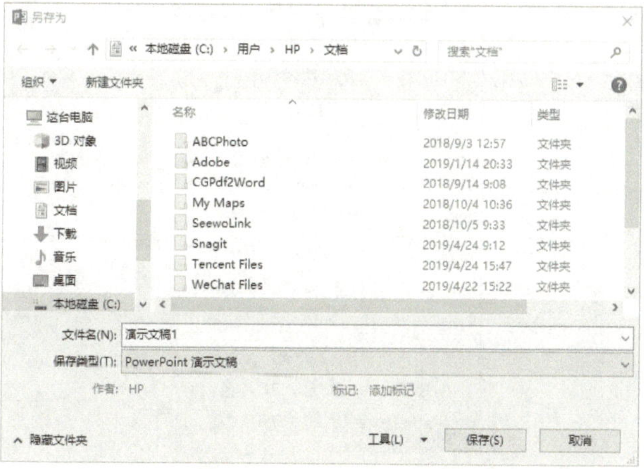

图 5-7 “另存为”对话框

3. 幻灯片的基本操作

(1)添加幻灯片

添加幻灯片的常见方法有两种：第一种是单击“开始”选项卡下的“幻灯片”组中的“新建幻灯片”按钮，在弹出的列表中选择“标题幻灯片”选项，新建的幻灯片即显示在左侧的“幻灯片”空格中，如图 5-8 所示。第二种方法是在“幻灯片导航缩略图”窗格中，选择存放幻灯片的上一位置，右击，在弹出的快捷菜单中选择“新建幻灯片”命令，即可在选定位置的下方快速新建一幻灯片，如图 5-9 所示。

图 5-8　在“开始”中新建幻灯片

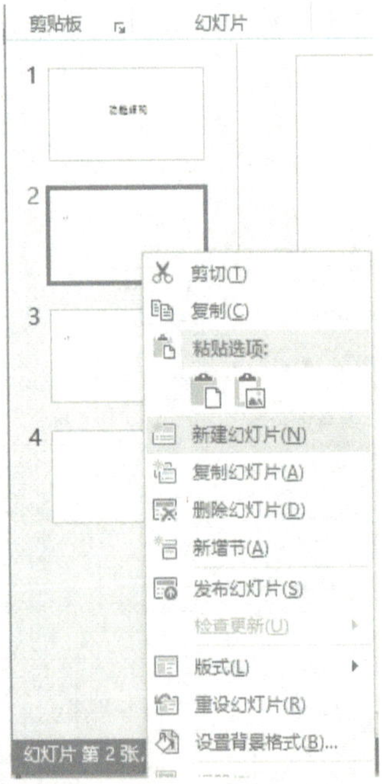

图 5-9　在幻灯片导航窗格中添加

（2）删除幻灯片

在“幻灯片”空格中选择要删除的幻灯片，按 Delete 键即可快速删除选择的幻灯片页面。也可以选择要删除的幻灯片页面，右击，在弹出的快捷菜单中选择“删除幻灯片”选项，如图 5-9 所示。

（3）复制幻灯片

在“幻灯片”空格中选中幻灯片，单击“开始”选项卡下的“剪贴板”组中的“复制”按钮后的下拉按钮，直接实现了复制操作；如果单击后面的按钮，在弹出的下拉列表中选择“复制”命令。可以使用快捷菜单，也可以使用快捷键实现复制操作。

（4）移动幻灯片

用户可以通过移动幻灯片来改变幻灯片的位置。单击需要移动的幻灯片并按住鼠标左键，拖曳幻灯片至目标位置，松开鼠标左键即可。此外通过剪切并粘贴的方式也可以移动幻灯片。

4. 插入对象

（1）插入艺术字

艺术字是一种特殊的图形文字，常被用来表现幻灯片的标题文字。用户既可以像对普通文字一样设置其字号、加粗、倾斜等效果，也可以像图形对象那样设置它的边框、填充等属性，还可以对其进行大小调整、旋转或添加阴影、三维效果等操作。插入艺术字的步骤如下：

打开要插入艺术字的幻灯片，选择“插入”选项卡，在“文本”组中单击“艺术字”命令，弹出下拉列表，如图 5-10 所示，单击需要的样式，即可在幻灯片中插入艺术字。

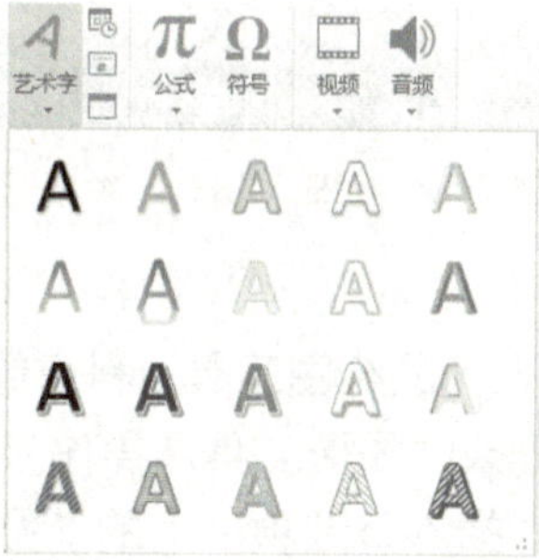

图 5-10 “艺术字”下拉列表

在插入艺术字之后，如果艺术字的格式并不符合要求，还可以单击已插入的艺术字，此时功能区中会出现“格式”选项卡，其包括艺术字的形状、样式、排列、大小等内容，可以从中进行设置，如图 5-11 所示。

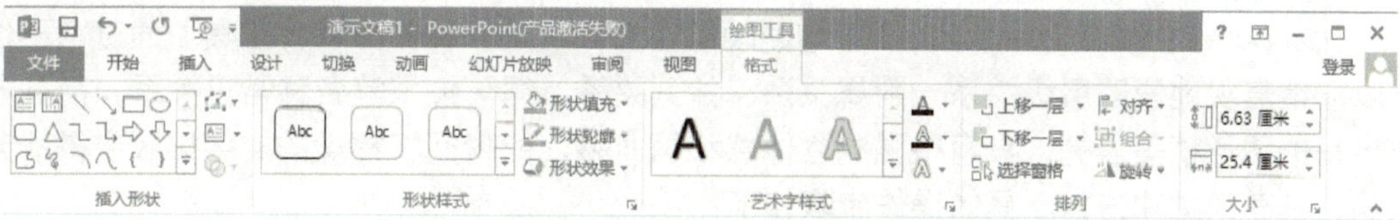

图 5-11 艺术字“格式”选项卡

（2）插入图片

在演示文稿中插入图片，可以更生动形象地阐述其主题和要表达的思想。在插入图片时，要充分考虑幻灯片的主题，使图片和主题和谐一致。这些图片可以是保存在磁盘中的图片也可以是联机图片、屏幕截图或相册中的图片。插入图片的具体操作步骤如下：

打开要插入图片的幻灯片对话框，然后选择“插入”选项卡，单击“图像”组中的“图片”按钮，弹出“插入图片”对话框，在左侧选择图片所在文件夹并打开，在右侧显示出所有的图片，如图 5-12 所示。选择所需的图片，单击“插入”按钮，选中的图片就会被插入到当前幻灯片中。

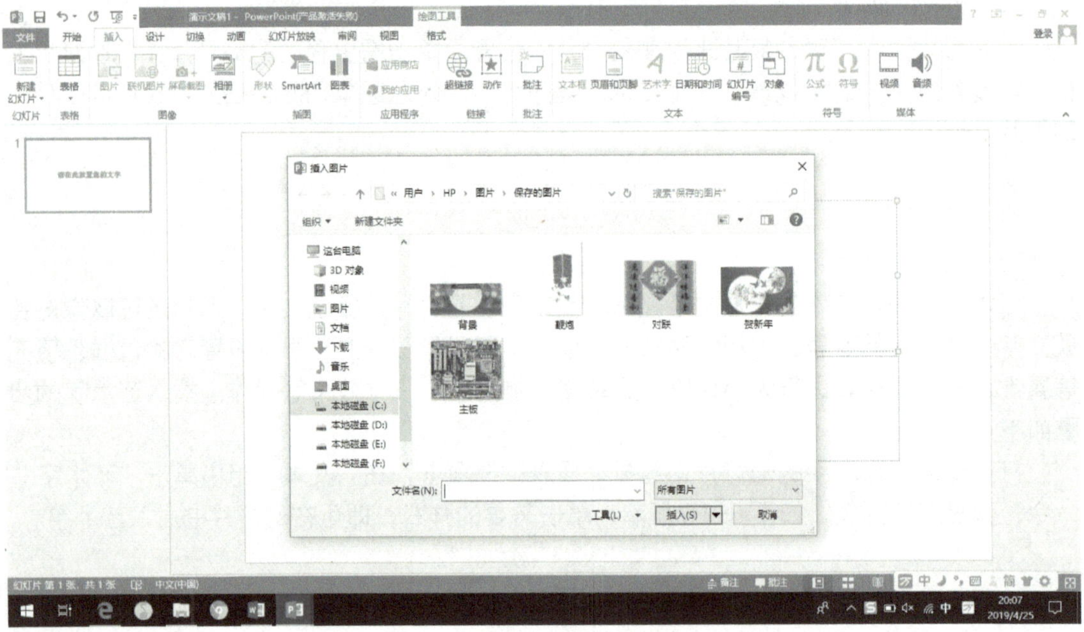

图 5-12　“插入图片”对话框

（3）插入形状

PowerPoint 2013 提供了功能强大的绘图工具，利用绘图工具可以绘制各种线条、连接符、几何图形、星形以及箭头等复杂的图形。具体操作步骤如下：

选择绘制形状的幻灯片，在“插入”选项卡上的“插图”组中单击“形状”按钮，在弹出的下拉列表中，选择需要的形状在相应的位置绘制形状即可，如图 5-13 所示。

在 PowerPoint 中，可以对绘制的形状进行个性化的编辑。和其他操作一样，在进行设置前，应首先选中该形状，在对应的“格式”选项卡中选择相应的编辑功能进行编辑。对图形最基本的编辑包括形状样式、形状排列、形状大小等。

（4）插入 SmartArt 图形

SmartArt 是 PowerPoint 2013 新增的功能组件，它是一种图形设计工具。通过它不但可以非常直观地说明层级关系、附属关系、并列关系、循环关系等各种常见关系，而且制作出来的图形精美漂亮，具有很强的立体感和画面感，能瞬间将枯燥的文字排版变得规整漂亮，具有视觉冲击力。具体操作步骤如下：

选择需要插入图形的幻灯片，单击“插入”在插图组中单击 SmartArt 按钮，打开“选择 SmartArt 图形”对话框，如图 5-14 所示。在“选择 SmartArt 图形”对话框左侧可以选择图形类型，在右侧可以选择具体形状。选择好合适的图形后，单击“确定”按钮，就可以看到插入的 SmartArt 了。在打开的窗口中可以进行图形的编辑，也可以分别设置样式、颜色、布局及相关设置，如图 5-15 所示。

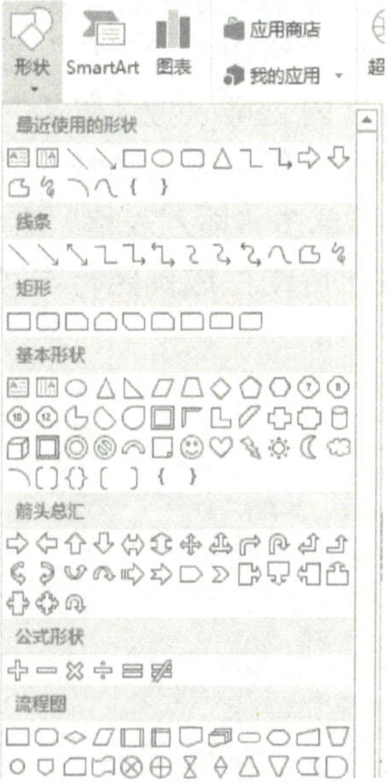

图 5-13　插入“形状”

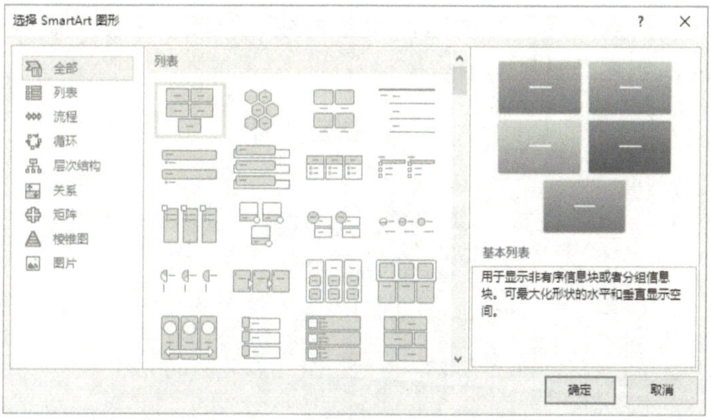

图 5-14　“选择 SmartArt 图形”对话框

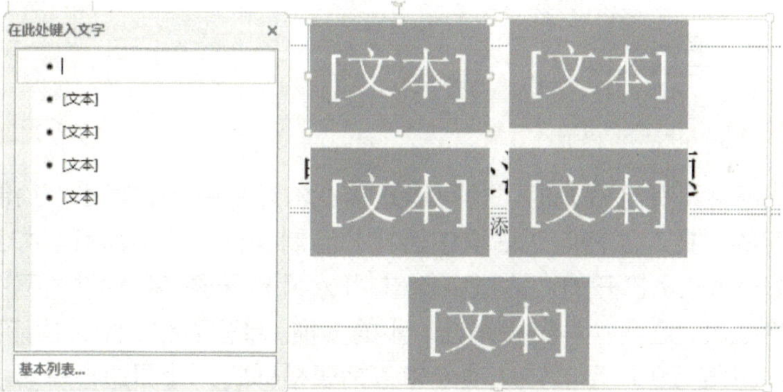

图 5-15　键入 SmartArt 图形中的文字

如果需要还可以继续调整样式和颜色。单击图形，此时功能区会出现“设计”选项卡，从中可以设置相关的内容，如图 5-16 所示。

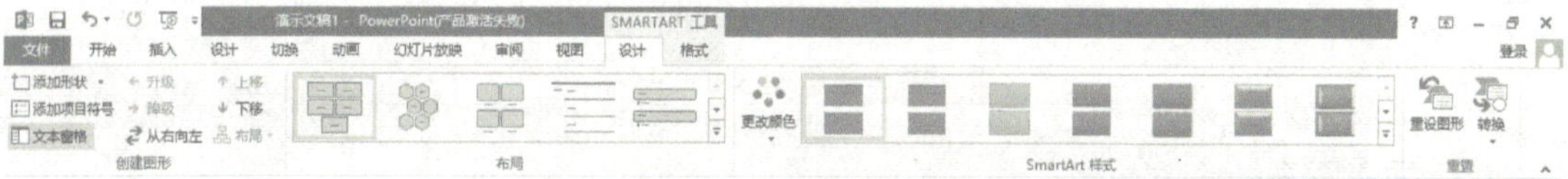

图 5-16　SmartArt“设计”选项卡

（5）插入表格和图表

① 插入表格

使用 PowerPoint 2013 制作一些专业型演示文稿时，通常需要使用表格。例如，销售统计表、个人简历表、成绩分析表等。表格采用行列化的形式，它与幻灯片页面文字相比，更能体现内容的对应性及内在的联系。表格适合用来表达比较性、逻辑性的主题内容。

选择添加表格的幻灯片，单击“插入”选项卡，单击“表格”组中的“表格”按钮会弹出“插入表格”对话框。如果预插入的表格在 8 行 10 列之内，可以按住鼠标左键按照需要自动插入表格的行数和列数在方格上拖动，在鼠标拖动过程中会自动预览表格效果，如图 5-17 所示。如果想插入具体行和列的表格，可直接单击“插入表格”命令，打开“插入表格”对话框，设置列数、行数，单击“确定”按钮自动生成确定行与列的表格，如图 5-18 所示。

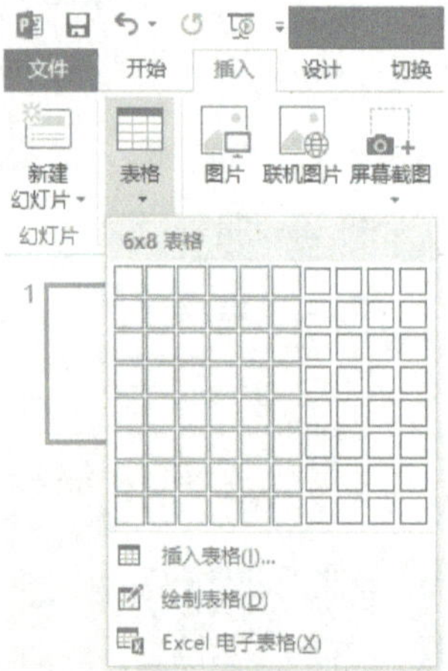

图 5-17 功能区拖曳插入表格

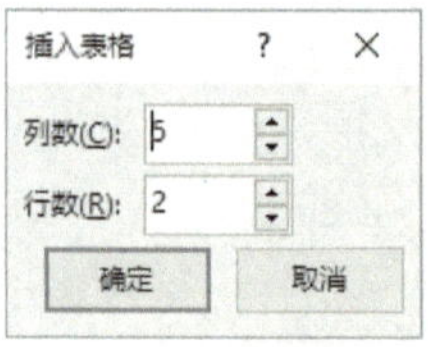

图 5-18 “插入表格”对话框

当插入的表格并不完全规则时，也可以直接在幻灯片中绘制表格。绘制表格的方法很简单，即在打开的“插入表格”对话框中选择“绘制表格”选项即可。如果要插入 Excel 中的表格，在如图 5-17 打开的对话框中单击“Excel 电子表格”命令即可。

添加完表格之后，还可以对表格作进一步的修饰。单击表格，此时功能区中多出了“设计”选项卡，如图 5-19 所示。该选项卡中包括表格样式、绘图边框等多项设置，满足用户的修改需求。

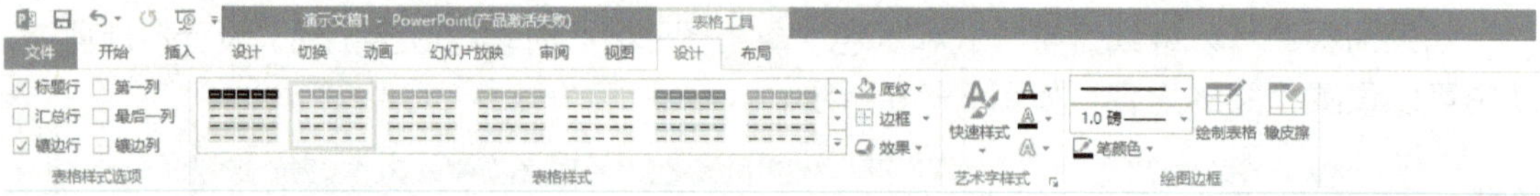

图 5-19 表格“设计”选项卡

② 插入图表

与文字数据相比，形象直观的图表更容易让人理解，它以简单易懂的方式反映了各种数据关系。PowerPoint 2013 附带了一种 Microsoft Graph 的图表生成工具，它能提供各种不同的图表来满足用户的需要，使得制作图表的过程简便而且自动化。插入图表的方法与插入图片、形状等对象的方法类似，打开我们要插入图表的幻灯片文件，然后选择“插入”选项卡，单击“插图”组中的“图表”按钮，弹出“插入图表”对话框，如图 5-20 所示。左边显示各种图表的类型，右边显示可选择的类型所包含的图表格式，选择要插入的图表类型后单击“确定”按钮，即可将选择的图表插入幻灯片文件中。PowerPoint 2013 共有 11 类图表，每种类型的图表可以分别用来表示不同的数据关系，用户可根据实际情况选择。

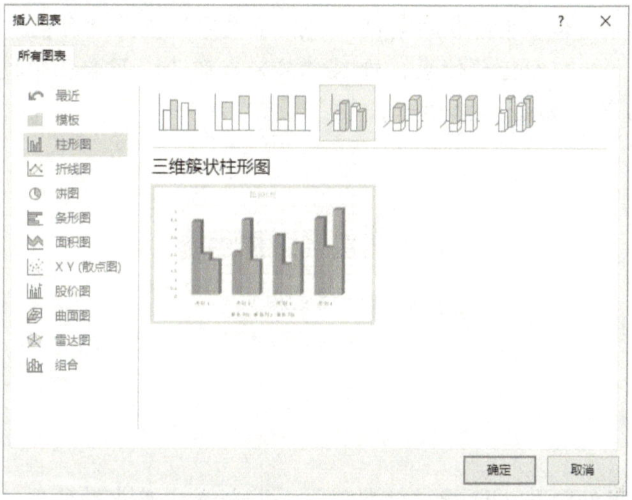

图 5-20　“插入图表”对话框

图表创建完成之后，如需要调整，单击创建的图表，可通过在功能区中出现的“设计”和“布局”两个选项卡内完成设置。

【实例 12】制作职业生涯规划演示文稿

××市职业中等专业学校一年级学生××，本期学习了《职业生涯规划》这本教材，他想通过学习规划一下自己的职业生涯，同时借此参加了省市组织的“职业生涯规划选拔赛”。设计效果如图 5-21 所示。

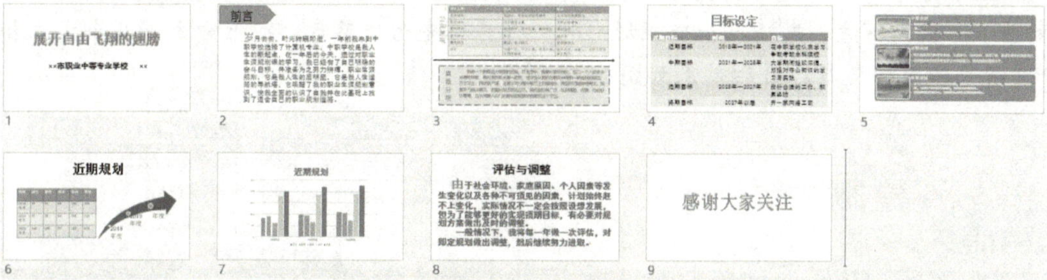

图 5-21　设计效果图

实例分析

新建幻灯片，在幻灯片中插入艺术字、图片、SmartArt 图形、表格及图表，制作一个完整的演示文稿，简单完成本规划书的设计。

操作过程

（1）单击功能区“开始”选项卡下的“幻灯片”项目组中的“新建幻灯片”按钮，在弹出的菜单中选择“标题幻灯片”版式。在标题框（占位符）位置单击，输入标题内容“展开自由飞翔的翅膀”，设置字体为黑体，字号为 72 号。单击该标题所在文本框，按下 Ctrl 键并拖动，实现对该文本框及内容的复制，将底层文字设置为“白色，背景 1”，并拖动上层文字与底层重叠。单击副标题位置，输入“××市职业中等专业学校 ××”，设置字体为黑体，字号为 40 号，如图 5-22 所示。

图 5-22 开始页

（2）新建第二张幻灯片，选择“标题幻灯片”版式。单击功能区“插入”选项卡下的“插图”选项组中的“形状”按钮，在下拉列表中选择“箭头总汇”中的五边形，在幻灯片左上角手动出现五边形形状。单击标题占位符，输入文本“前言”，设置字体为黑体，字号为 60 号。调整占位符的大小及位置，右击，选择“置于顶层”选项，将文字移动至五边形的上方。选择下方的添加副标题占位符，输入相应的文字，设置字体为黑体，字号为 36 号，选中开始的“岁”字，将字体颜色设置为红色，字号设置为 54 号，如图 5-23 所示。

（3）新建第三张幻灯片，选择“空白”版式。单击功能区“插入”选项卡下的“插图”选项组中的“形状”按钮，在下拉列表中选择“线条”中的“箭头”选项，设置宽度为 4.5 磅，实线黑色。单击“插入”选项卡下的“表格”按钮，拖动插入 7 行 3 列的表格，在“表格样式”中选择“中度样式 2-强调 2”选项，添加文本框，输入文字“自我测评”，设置字体为宋体，字号为 36 号，将文本框顺时针旋转 90°，调整文字的位置。在“箭头”形状的下方，先插入一个矩形形状，将其填充为浅蓝色，在上方添加两个文本框，分别输入相应的文本，最后效果如图 5-24 所示。

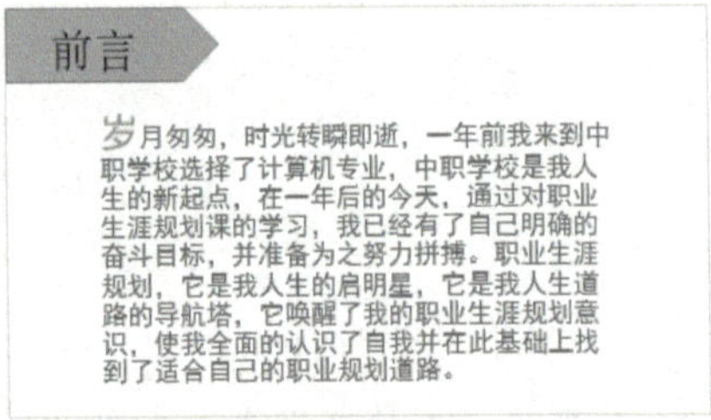

图 5-23 插入图片

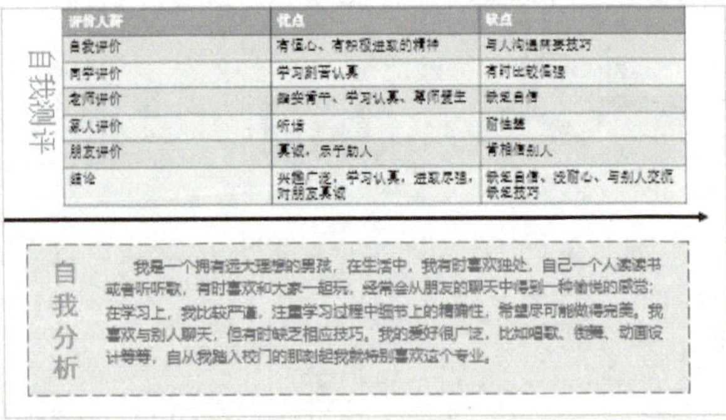

图 5-24 “自我分析”幻灯片

（4）新建第四张幻灯片，选择“空白”版式，单击“插入”选项卡下的“文本”选项组中的“艺术字”按钮，在弹出的菜单中选择“渐变填充-蓝色”样式，在相应的点位符中输入“目标设定”，设置字体为宋体，字号为60。插入5行3列表格，选择表格样式为“中度样式2-强调1”，输入相应的内容，如图5-25所示。

（5）新建第五张幻灯片，单击功能区“插入”选项卡下的“插图”选项组中的SmartArt，打开“选择SmartArt”对话框，选择“全部-垂直图片列表”选项，单击“确定”按钮，此时在幻灯片中会出现垂直列表图的初步形状，调整成效果图中的样式。单击刚插入的图片列表左侧的图片按钮，打开“插入图片”对话框，单击“从文件”后的“浏览”按钮，打开“插入图片”对话框，选择相应的图片，单击“打开”按钮，则选定的图片就出现在图形相应的位置上。再在后面的“文本”提示区内输入相应的文字。用同样的方法完成下面两个形状的内容。效果图如图5-26所示。

图5-25 “目标设定”幻灯片

图5-26 第五张幻灯片

（6）新建第六张幻灯片，选择“两栏内容”版式。在标题占位符中输入“近期规划”，设置字体为宋体，字号为66号。单击左侧占位符栏内的“插入表格”按钮，打开“插入表格”对话框，在“列数”文本框中输入6，“行数”文本框中选择4，单击“确定”按钮，则在幻灯片对应位置插入一表格，按要求输入内容即可。单击右侧占位符栏内的“插入SmartArt图形”按钮，在打开的“选择SmartArt图形”对话框中选择“流程”选项中的“向上箭头”，单击“确定”按钮，再在插入的图形中输入相应的内容，效果图如5-27所示。

（7）新建第七张幻灯片，选择“空白版式”。单击“插入”选项卡下的“插图”选项组中的“图表”按钮，打开“插入图表”对话框，选择“柱形图”选项中的“簇状柱形图”，单击“确定”按钮。在内容占位符中出现图表并同时出现“Microsoft PowerPoint 中的图表”，按图5-21中表格内容来修改表格信息。在“图表标题”占位符中输入“近期规划”，设置字体与字号。图表创建完成后，通过在功能区中出现的“设计”和“布局”两个选项卡编辑图表，使其更加美观，效果如图5-28所示。

图5-27 第六张幻灯片

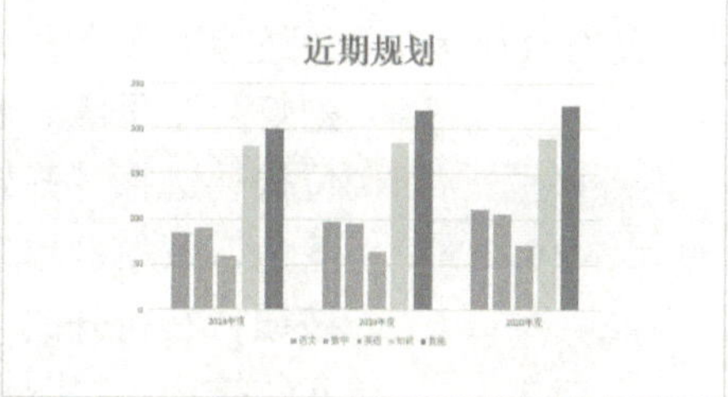

图5-28 “近期规划”图表

（8）新建第六张幻灯片，选择“标题与内容”版式。在标题占位符中输入“评估与调整”，设置字体为黑体，字号为 60 号。在下方的内容占位符中输入相应的内容，设置字体为黑体，字号为 44 号。选中第一个汉字，设置字体为黑体，字号为 66 号，颜色为红色。

（9）新建第七张幻灯片作为结束幻灯片。单击“插入”选项卡下的“文本”选项组的“艺术字”按钮，打开艺术字库，选择“填充-金色，强调文字颜色 2，软棱台”样式。单击出现的文本框，修改文字为“感谢大家关注”，如图 5-29 所示。

图 5-29　“感谢大家关注”幻灯片

5.2　美化幻灯片

PowerPoint 2013 提供了大量的预设格式，应用这些格式，可以轻松地制作出具有专业效果的幻灯片演示文稿以及备注和讲义演示文稿。这些预设格式包括设计模板、主题颜色、幻灯片版式等内容。针对某一类型的演示文稿，如果既要保持统一的整体风格，又希望避免重复性制作，可以利用母版或模板功能。

1. 设置幻灯片母版

母版用于统一同一演示文稿中各个幻灯片的版式效果。其中包括各级标题的格式、每页相同位置均需要显示的内容（如文字、图形、动画、超链接等）。PowerPoint 2013 包含三个母版，分别是幻灯片母版、讲义母版和备注母版。

当需要设置幻灯片风格、将演示文稿以讲义的形式打印输出、需要在演示文稿中插入备注内容时，可以在相应母版中进行设置。

设置幻灯片母版的具体步骤如下：单击“视图”选项卡下的“母版视图”组中的“幻灯片母版”按钮幻灯片母版，进入“幻灯片母版”视图，如图 5-30 和图 5-31 所示。

在“幻灯片母版”视图左侧出现的幻灯片母版列表中选择一个母版，如“Office 主题幻灯片”母版。此时，可对选择的母版进行编辑。如单击标题占位符，选择“开始”选项卡下的“字体”选项，改字体为黑体，蓝色，倾斜；单击“插入”选项卡下的“图像”组中的“图片”按钮，在打开的“插入图片”对话框中选择图片，然后单击“插入”按钮。将图片放置于母版的右上角，如图 5-32 所示。

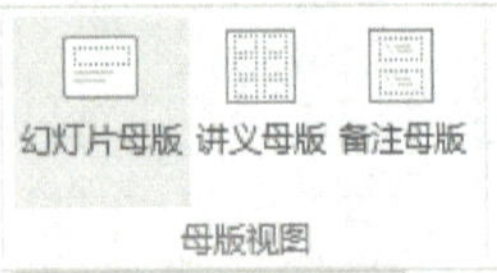

图 5-30　母版视图

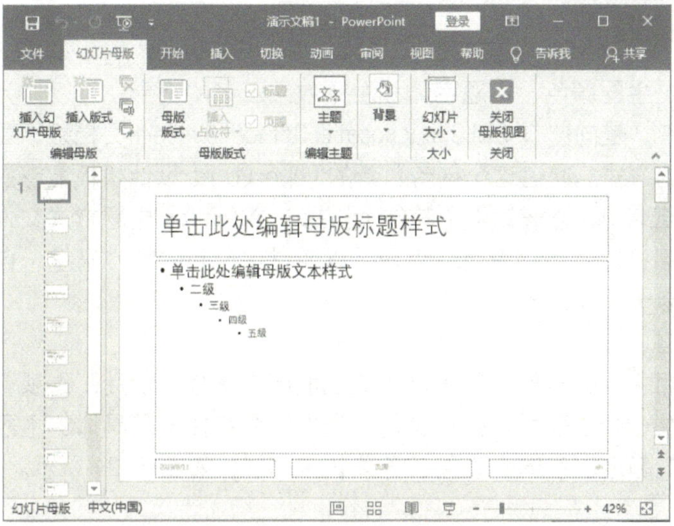

图 5-31 “幻灯片母版”视图

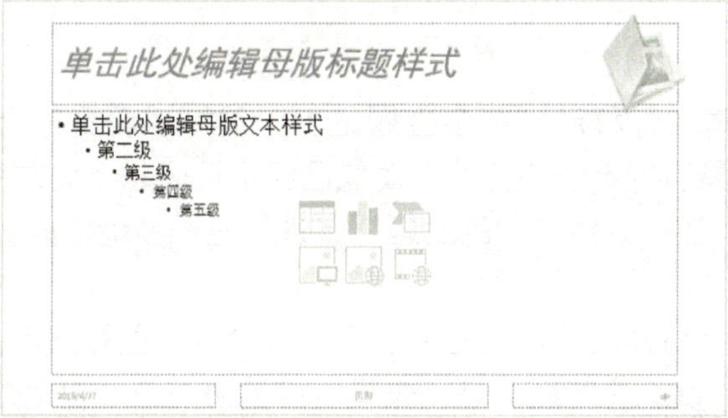

图 5-32 编辑母版

编辑完毕后，选择“幻灯片母版”选项卡下的“关闭母版视图”，退出“幻灯片母版视图”。此时，幻灯片会自动切换为普通视图状态，观察幻灯片会发现，每一张幻灯片均发生了变化，如图 5-33 所示。

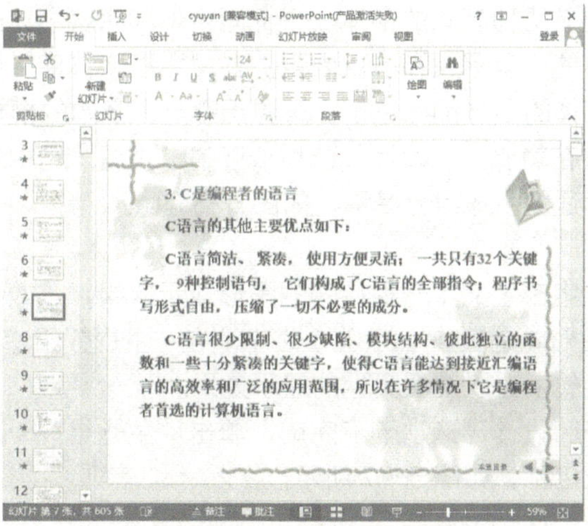

图 5-33 设置母版后的效果

2. 幻灯片主题

幻灯片主题是主题颜色、主题字体和主题效果三者的组合，可以作为一套独立的选择方案应用于文件中，是向整个 2013 Microsoft Office System 文档赋予最新的专业外观的一种简单而快捷的方式。通过这个平台，新的 PowerPoint 设计模板能够应用到微软公司的 Word、Excel，甚至是 Outlook 的电子邮件上。每一个 Office 主题样式文件都和这些程序完全兼容，并且能够良好运行。因此，用户可以通过这一新的特性来统一自己的幻灯片、文档、电子表格和电子邮件的表现形式。

（1）应用主题

给幻灯片应用主题的操作非常简单，在功能区中选择“设计”选项卡，在“主题”组的主题库中选中某一个主题后，再在右侧“变体”中选择一种具体的主题，就可以为幻灯片应用一整套新的颜色、字体、效果、背景和布局了，如图 5-34 所示。

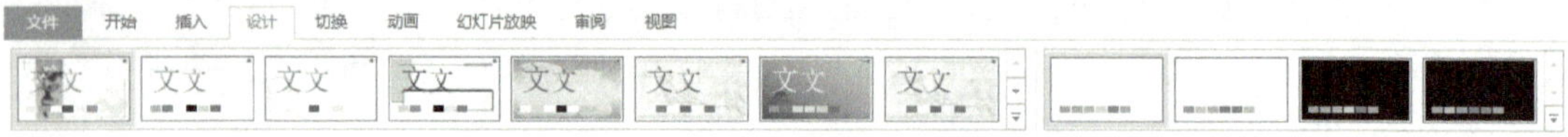

图 5-34　幻灯片主题

事实上，只需要将鼠标移动到某个主题之上，就可以看到一个实时的预览效果图。PowerPonit 2013 中所具有的定制幻灯片的功能已经远远超越了先前的版本。如果对所选定的主题并不十分满意，还可以对选中的主题样式进行进一步地修改。

（2）主题颜色

PowerPoint 2013 为每种设计模板提供了几十种内置的主题颜色，可以根据需要选择不同的颜色来设计演示文稿。这些颜色是预先设置好的协调色，自动应用于幻灯片的背景、文本线条、阴影、标题文本、填充、强调和超链接。在修改主题样式的手段中，改变主题颜色的效果是最直观、最显著。

更改颜色可以通过在功能区中单击“设计”选项卡下的“主题组”中的“颜色”按钮，在打开的颜色库中选择合适的颜色组合名称，如图 5-35 所示。

（3）主题字体

每一款主题都会定义两种基本的字体——标题字体和内容主体的字体。改变了主题字体，就会更新幻灯片中的所有标题和项目内容。在“主题字体库”中内置可以使用的所有类型的字体，每一款字体的上方都标注了它来源于哪一个基本的模板。

更改字体可以通过在功能区“设计”选项卡下的“主题”组中的“字体”命令，在打开的字体库中，选择合适的字体组合名称，如图 5-36 所示。

（4）主题效果

每一种主题效果方案都定义了一种特殊的图形显示效果，该效果将会应用幻灯片中所有的形状、SmartArt 图形或是表格（table）之中。在“主题效果库”中，用户可以在不同的图形效果之间快速地转换，以查看实际的显示效果。

更改效果同样是在“设计”选项卡下完成，单击“主题组”→“效果”命令，在打开的效果库中，选择效果名称，如图 5-37 所示。

（5）背景样式

在设计演示文稿时，用户除了在应用模板或改变主题颜色时更改幻灯片的背景外，还可以根据需要任意更改幻灯片的背景颜色和背景设计，如删除幻灯片中的设计元素、添加底纹、图案、纹理或图片等。

在功能区中单击“设计”选项卡下的“背景”选项组中的“背景样式”按钮，在打开的背景样式列表中可挑选合适的样式，如图 5-38 所示。如果需要更多关于背景的修改，可在“背景样式”列表中单击“设置背景格式”命令，打开“设置背景格式”对话框，然后进行相关设置。

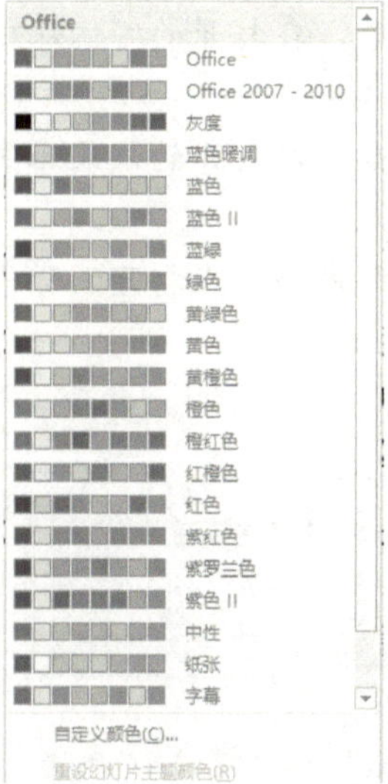

图 5-35　主题颜色库

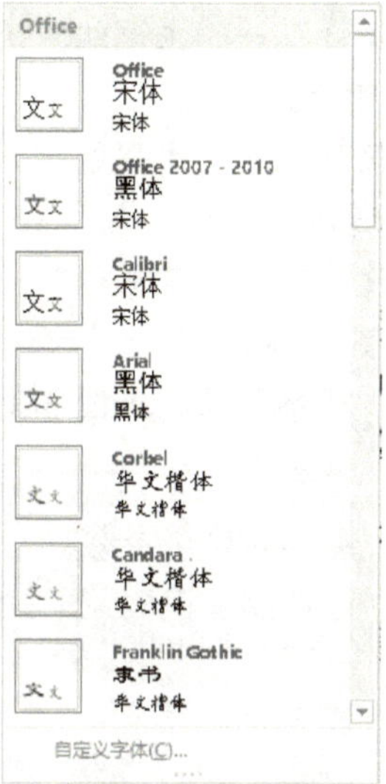

图 5-36　主题字体库

图 5-37　主体效果库

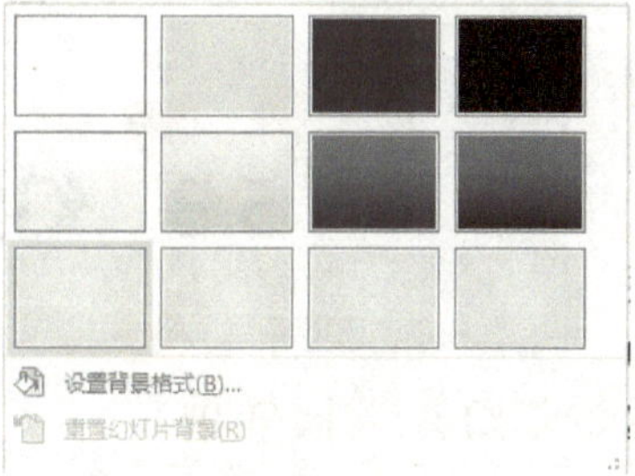

图 5-38　背景样式

【实例 13】将 Office 主题应用于演示文稿

实例分析

幻灯片制作完毕后，如何能让幻灯片给人眼前一亮的感觉是非常重要的，熟练应用 Office 主题是提高演示文稿质量的重要途径。

操作过程

（1）打开“展开自由飞翔的翅膀”幻灯片，选择“设计”选项卡下的“主题”选项组中的“平面”主题。

（2）选择“设计”→“主题组”→“颜色”命令，在打开的颜色库中，选择“绿色”选项，如图 5-35 所示。

（3）选择“设计”→“主题组”→“字体”命令，在打开的字体库中，选择“隶书”选项，如图 5-36 所示。

（4）选择“设计”→“主题组”→“效果”命令，在打开的效果库中，选择“映像”选项，如图 5-37 所示。

（5）选择“设计”→“背景组”→“背景样式”命令，在打开的背景样式列表中，单击“样式 9”，如图 5-38 所示。

设置完成后，观察效果，如图 5-39 所示。

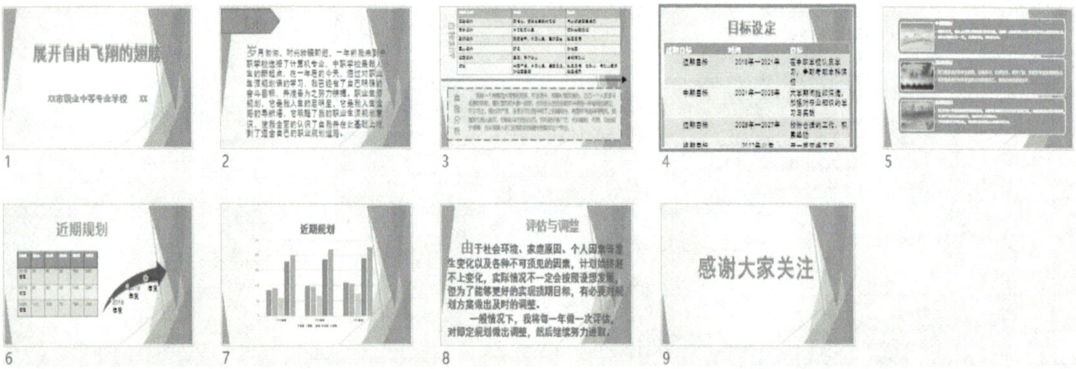

图 5-39　设置主题后效果

5.3　幻灯片高级设置

1. 设置幻灯片切换效果

幻灯片切换效果是指由一张幻灯片进入另一张幻灯片时屏幕显示的变化。用户可以选择不同的切换方案并且可以设置切换速度。

（1）添加切换效果

幻灯片切换效果是指幻灯片在演示期间从一张幻灯片移到下一张幻灯片时在“幻灯片放映”视图中出现的动画效果。幻灯片切换方式可以是简单地以一张幻灯片代替另一张幻灯片，也可以是幻灯片以特殊的效果出现在屏幕上。可以为一组幻灯片设置同一种切换方式，也可以为每一张幻灯片设置不同的切换方式。

添加切换效果的具体操作步骤如下：选择要设置切换效果的幻灯片，单击“切换”选项卡下的“切换到此幻灯片”选项组右侧的按钮，可以在左侧空格中选择要添加的效果，如图 5-40 所示。也可以单击变换图像右下角的“其他”按钮，打开选择列表，如图 5-41 所示，其中提供了多种切换方式，用户可以根据自己的喜好进行选择。

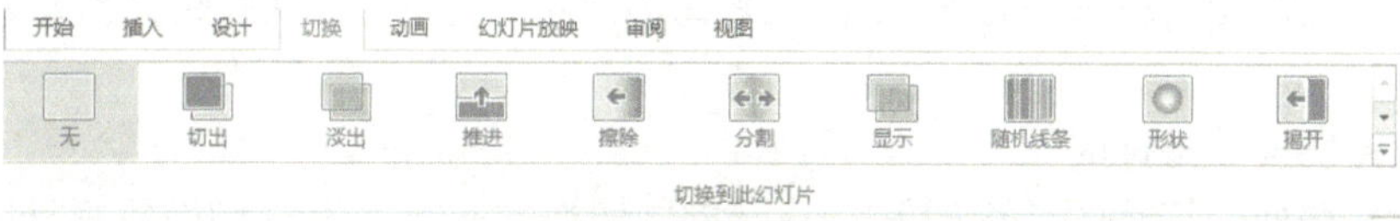

图 5-40　分行显示切换效果

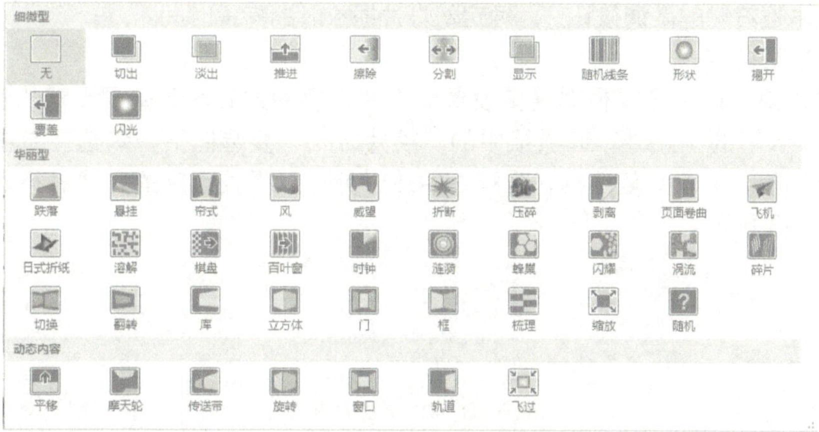

图 5-41　幻灯片切换效果列表

（2）设置切换效果的属性

PowerPoint 2013 中的部分切换效果具有可以自定义的属性，用户可以对这些属性进行自定义设置。具体操作如下：选择设置切换效果的幻灯片，选择一种切换效果，再单击“切换”选项卡下的“切换到此幻灯片”选项组右侧的“效果选项”按钮，在弹出的下拉列表中选择其他选项，如图 5-42 所示。

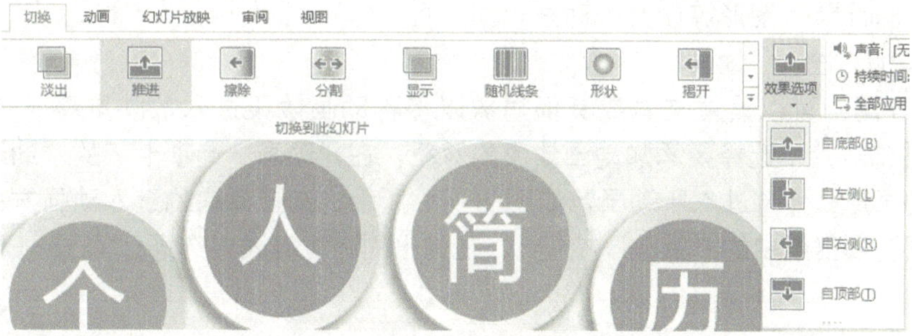

图 5-42　效果选项

提示

幻灯片添加的切换效果不同，“效果选项”下拉列表中的选项也不相同。

（3）为切换效果添加声音

选中要添加声音效果的幻灯片，单击“切换”选项卡下的“计时”选项组中的“声音”按钮右侧的下拉按钮，在其下拉列表中选择相应的声音选项，在切换幻灯片时将会自动播放该声音。

（4）设置切换效果计时

可以设置切换幻灯片的持续时间，从而控制切换的速度。设置切换效果计时的具体步骤如下：选择要设置切换速度的幻灯片，单击“切换”选项卡下的“计时”选项组中的“持续时间”文本框右侧的微调按钮，确定幻灯片播放时的持续时间。

（5）设置切换方式

在播放幻灯片时，可以根据需要设置幻灯片切换的方式。选择要设置的幻灯片，在“切换”选项卡下的“计时”选项组中的“换片方式”复选框下，勾选“单击鼠标时”或“设置自动换片时间”复选框，这样在播放时就可以根据选定的方式进行幻灯片的切换，如图 5-43 所示。

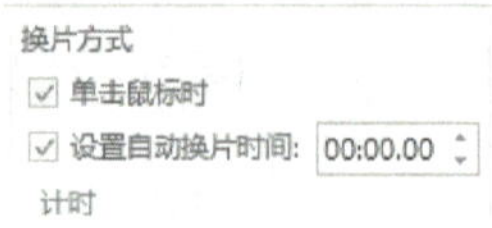

图 5-43　幻灯片换片方式

2. 设置动画效果

在 PowerPoint 2013 中，可能为演示文稿中的文本、图片、形状、表格、SmartArt 图形和其他对象制作成动画，赋予它们进入、退出、大小及颜色变化甚至移动等视觉效果。PowerPoint 2013 提供了丰富的动画效果，用户可以为对象进行自定义动画设置。

所谓自定义动画，是指为幻灯片内部各个对象设置的动画。它又可以分为项目动画和对象动画。其中项目动画是指为文本中的段落设置的动画，对象动画是指为幻灯片中的图形、表格、SmartArt 图形等设置的动画。

（1）添加“进入”动画

“进入”动画可以设置文本或其他对象以多种动画效果进入放映屏幕。具体操作步骤如下：在幻灯片中选择要添加动画效果的对象，在“动画”选项卡下的“动画”项目组中默认的动画形式为“进入”动画，如图 5-44 所示，选择喜欢的进入动画方式。也可以单击“动画”项目组中的“其他”按钮，在弹出的下拉列表中选择，如图 5-45 所示。

图 5-44　添加“进入”动画效果的“飞入”

如果列表中效果不能满足用户需要，可以单击“动画”项目组内“效果选项”按钮进行详细设置该进入动画的方式，如图 5-46 所示。

除了“进入”动画外，PowerPoint 2013 还为用户提供了其他几种动画形式，分别是“强调”“退出”“其他动作路径”动画等。

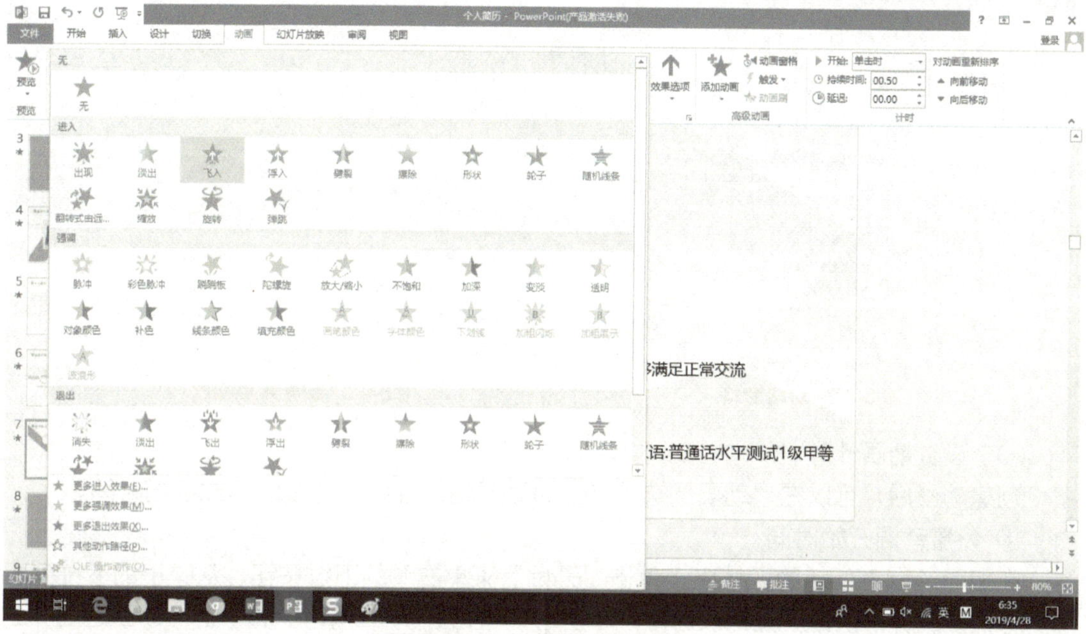

图 5-45 “其他”动画形式

强调动画是为了突出幻灯片中的某部分内容而设置的特殊动画效果。添加强调动画的过程和添加进入效果大体相同，选择对象后在“自定义动画”任务窗格中单击“添加效果”按钮，选择“强调”菜单中的命令，即可为幻灯片中的对象添加“强调”动画效果。

除了可以给幻灯片中的对象添加进入、强调动画效果外，还可以添加退出动画。退出动画可以设置幻灯片中的对象退出屏幕的效果。添加退出动画的过程和添加进入、强调动画效果基本一样，这里不再赘述。

(2) 调整动画顺序

在放映过程中，也可以对幻灯片中对象的播放顺序进行调整。

① 通过“动画空格”窗口调整动画顺序

选择幻灯片，切换到“动画”选项卡后，要在幻灯片中看到设置的对象的动画序号，单击“动画”选项卡下的“高级动画”项目组中的“动画窗格”按钮，打开“动画空格”窗口，选择窗口中需要调整顺序的动画，然后单击窗口下方的“重新排序”命令左侧或右侧的向上或向下按钮进行调整，如图 5-47 所示。

图 5-46 “效果选项”菜单

② 通过“动画”选项卡调整动画顺序

选择需要调整动画的对象，单击“动画”选项卡下的“计时”选项组中的“对动画重新排序”区域的“向前移动”或“向后移动”按钮，如图 5-48 所示。

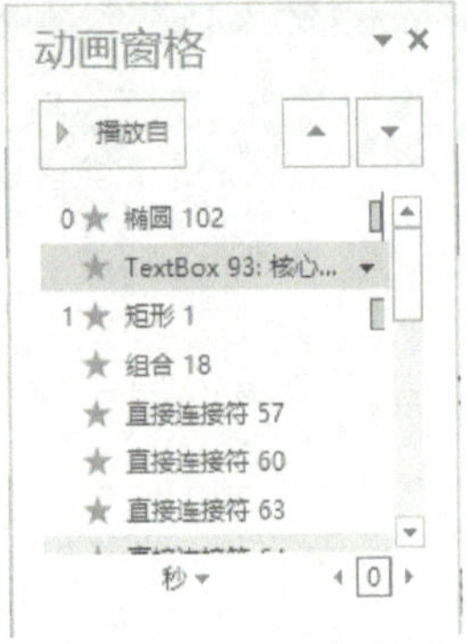

图 5-47　动画窗格

图 5-48　动画顺序调整

（3）设置动画计时

创建动画后，可以在“动画”选项卡上为动画指定开始、持续时间或延迟时间。

① 设置动画开始时间

在如图 5-48 所示的区域中，单击“开始”菜单右侧的下拉按钮，从弹出的下拉列表中选择需要的计时。该下拉列表包括“单击时”“与上一动画同时”和“上一动画之后”三个选项。

② 设置持续时间

若要设置动画的持续时间可以在如图 5-48 所示区域中的“持续时间”文本框中输入所需的秒数或单击“持续时间”文本框后面的微调按钮来调整动画运行的持续时间。

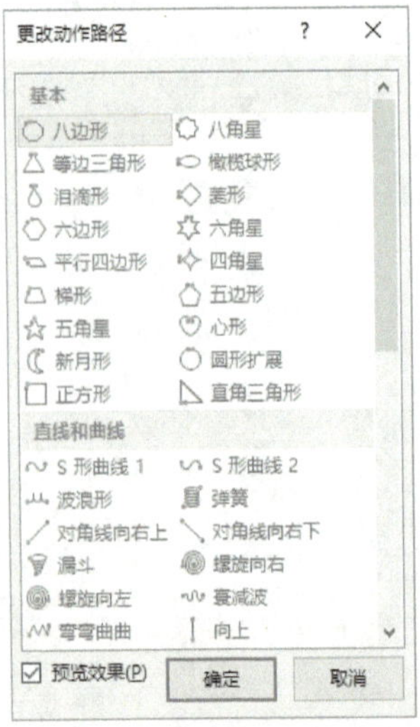

图 5-49　更改“动作路径”动画

③ 设置延迟时间

若要设置动画的开始前的延时，可以在如图 5-48 所示的区域中的“延迟”文本框中输入延迟秒数或使用微调按钮调整。

（4）其他动作路径动画

动作路径动画又称为路径动画，可以指定文本等对象沿预定的路径运动。PowerPoint 2013 中的动作路径动画不仅提供了大量预设路径效果，还可以由用户自定义路径动画。

选定动画对象，在“更改效果”菜单中单击“其他动作路径”按钮，打开“添加动作路径”对话框，如图 5-49 所示。

在该对话框中选择某一种动作路径，单击“确定”按钮。此时，在所选对象旁会出现一个和所选方向一致的指示箭头，表明移动的路径。如果需要改变路径，只需调整箭头的方向和长度即可。

3. 实现交互

在 PowerPoint 2013 中，用户可以为幻灯片、幻灯片中的文本或对象创建超链接，也可以使用动作按钮设置交互效果。当放映幻灯片时，可以在添加动作的按钮或者超链接的文本上单击，程序将自动跳转到指定的幻灯片页面，或者执行指定的程序。演示文稿不再是从头到尾播放的线形模式，而是具有一定的交互性，能够按照预先设定的方式，在适当的时候放映需要的内容，或做出相应的反应。

（1）添加超级链接

超链接是指向特定位置或文件的一种连接方式，可以利用它指定程序的跳转位置。超链接只有在幻灯片放映时才有效。在 PowerPoint 2013 中，超链接可以跳转到当前演示文稿中的特定幻灯片、其他演示文稿中特定的幻灯片、自定义放映、电子邮件地址、文件或 Web 页上。

（2）设置动作按钮的交互效果

动作按钮是 PowerPoint 2013 中预先设置好的一组带有特定动作的图形按钮，这些按钮被预先设置为指向前一张、后一张、第一张、最后一张幻灯片、播放声音及播放电影等链接，应用这些预置好的按钮，可以实现在放映幻灯片时跳转的目的。

插入动作按钮具体操作步骤如下：可以单击“插入”选项卡下的“插图”选项组中的“形状”按钮，在打开的形状列表中可以看到“动作按钮”类，如图 5-50 所示。根据需要选择动作按钮，并在幻灯片中拖曳即可，此时不但会呈现动作按钮还会弹出“动作设置”对话框，根据要求进行相关设置，如图 5-51 所示。

图 5-50　动作按钮

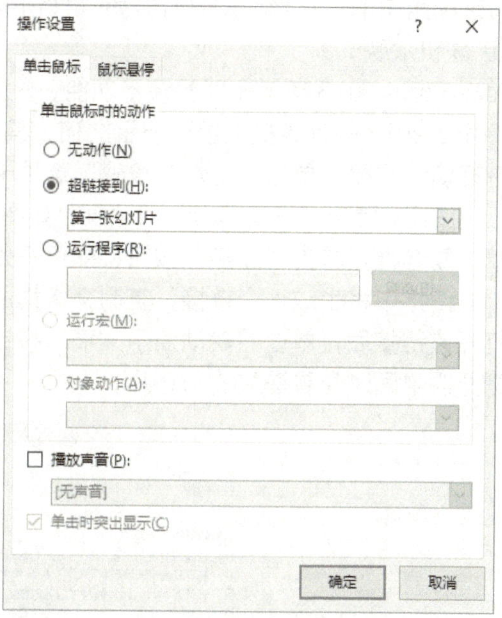

图 5-51　“动作设置”对话框

4. 演示幻灯片

（1）浏览幻灯片

幻灯片浏览视图是缩略图形式的视图，可以对演示文稿进行重新排列、添加、复制和删除等操作，也可以改变幻灯片的版式和背景等。浏览幻灯片的具体操作步骤如下：

单击“视图”选项卡下的“演示文稿视图”选项组中的“幻灯片浏览”按钮。系统会自动打开浏览幻灯片视图，这时选择相应幻灯片的缩略图拖动可以改变幻灯片的排列顺序。

（2）放映幻灯片

① 从头开始放映

放映幻灯片一般都是从头开始放映，具体的操作步骤如下：

打开幻灯片放映文件，在"幻灯片放映"选项卡下的"开始放映幻灯片"组中单击"从头开始"按钮或按 F5 键，系统将从头开始播放，这时单击鼠标左键、按回车键或空格键均可切换到下一张幻灯片，如图 5-52 所示。

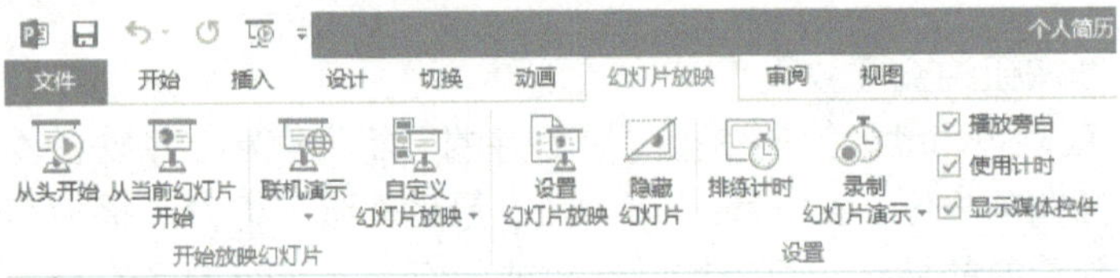

图 5-52　从头开始放映

② 从当前幻灯片开始放映

在放映幻灯片时可以从选定的当前幻灯片开始放映，具体的操作步骤如下：

在放映文件中选中开始播放的幻灯片，单击"幻灯片放映"选项卡下的"开始放映幻灯片"选项组中的"从当前幻灯片开始"按钮或按 Shift+F5 组合键，如图 5-52 所示。

③ 联机放映

PowerPoint 2013 新增了联机演示功能，只要在连接网络的情况下，就可以在没有安装 PowerPoint 2013 的计算机上放映演示文稿，具体的操作步骤如下：

打开演示文稿，单击"幻灯片放映"选项卡下的"开始放映幻灯片"选项组中的"联机演示"按钮，弹出"联机演示"对话框，如图 5-53 所示，勾选"启用远程查看器下载演示文稿"复选框，单击"连接"按钮，即可开始准备联机演示文稿。准备完成，在"联机演示"对话框中将生成一个链接，复制文本框的链接地址，将其共享给远程查看者，待查看者打开该链接后，单击"启动演示文稿"按钮，此时即可开始放映幻灯片，远程查看者可在浏览器中同时查看播放的幻灯片。

图 5-53　联机演示

（3）设置放映方式

PowerPoint 2013 提供了多种放映和控制幻灯片的方法，如正常放映、计时放映、录音放映、跳转放映等。用户可以选择最理想的放映速度与放映方式，使幻灯片放映结构清晰、节奏明快、过程流畅。另外，在放映时还可以利用绘图笔在屏幕上随时进行标示或强调，使重点更为突出。

① 排练计时

当完成演示文稿内容制作之后，可以运用 PowerPoint 2013 的“排练计时”功能来排练整个演示文稿放映的时间。在“排练计时”的过程中，演讲者可以确切地了解每一页幻灯片需要讲解的时间以及整个演示文稿的总放映时间。

选择“幻灯片放映”选项卡，在“设置”功能区中单击“排练计时”按钮。此时演示文稿会自动开始放映，并在左上角出现“录制”对话框，开始计时直到幻灯片放映完毕显示放映总时间，如图 5-54 所示。

图 5-54 “录制”对话框

② 定时和放映

在设置幻灯片切换效果时，可以设置每张幻灯片在放映时停留的时间，当等到设定的时间后，幻灯片将自动向下放映。

选择“动画”选项卡，在“切换到此幻灯片”功能区中的“换片方式”区域内有两个复选框，单击“在此之后自动设置动画效果”选项，并在后面的微调按钮中设置停留时间。

③ 循环放映

将制作好的演示文稿设置为循环放映，可以应用于如展览会场的展台等场合，让演示文稿自动运行并循环播放。

在“设置放映方式”对话框中的“放映选项”选项区域中勾选“循环放映，按 Esc 键终止”复选框，则在播放完最后一张幻灯片后，自动跳转到第一张幻灯片，而不是结束放映，直到用户按 Esc 键退出放映状态为止，如图 5-55 所示。

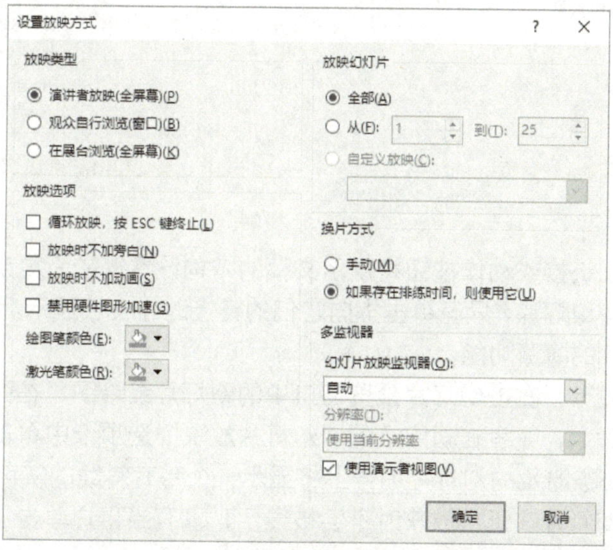

图 5-55 “设置放映方式”对话框

④ 绘图笔

绘图笔的作用类似于板书笔，常用于强调或添加注释。在 PowerPoint 2013 中，用户可以选择绘图笔的形状和颜色，也可以随时擦除绘制的笔迹。

放映幻灯片时，右击屏幕，在弹出的对话框中单击“指针选项”命令，再选择相关的笔型，如图 5-56 所示。

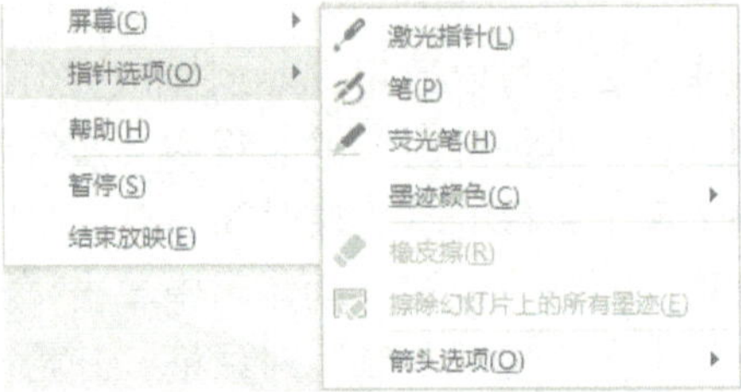

图 5-56　选择“绘图笔”

⑤ 录制和删除旁白

在 PowerPoint 2013 中可以为指定的幻灯片或全部幻灯片添加录音旁白。使用录制旁白可以为演示文稿增加解说词，在放映状态下主动播放语音说明。

选择“幻灯片放映”选项卡，在“设置”功能区中单击“录制幻灯片演示”按钮，弹出“录制幻灯片演示”对话框，如图 5-57 所示，若连接麦克风，即可录制旁白。录制时可以从头开始录制，也可以从当前幻灯片开始录制，对录制的旁白也可以清除，如图 5-58 所示。

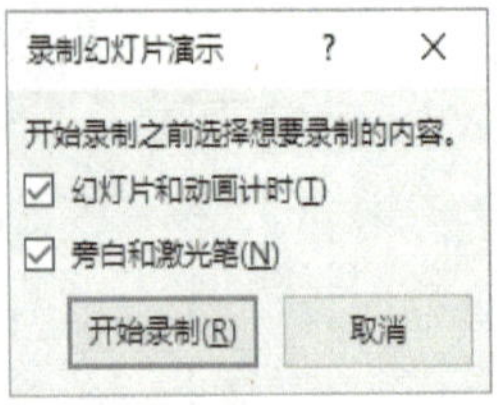

图 5-57　录制幻灯片演示对话框

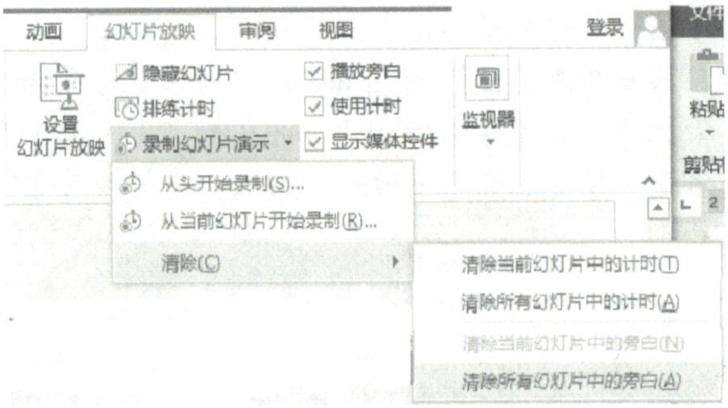

图 5-58　录制和清除旁白选项

⑥ 隐藏幻灯片

如果通过添加超链接或动作按钮将演示文稿的结构设置得较为复杂时，并希望在正常的放映中不显示这些幻灯片，只有单击指向它们的链接时才会被显示。要达到这样的效果，就可以使用到幻灯片的隐藏功能。

在普通视图模式下，右击幻灯片预览窗口中的幻灯片缩略图，在弹出的快捷菜单中选择“隐藏幻灯片”命令，或者在功能区的“幻灯片放映”选项卡中单击“隐藏幻灯片”按钮即可隐藏幻灯片。被隐藏的幻灯片编号上将显示一个带有斜线的灰色小方框，如图 5-59 所示，则说明该张幻灯片在正常放映时不会被显示，只有当用户单击了指向它的超链接或动作按钮后才会显示。

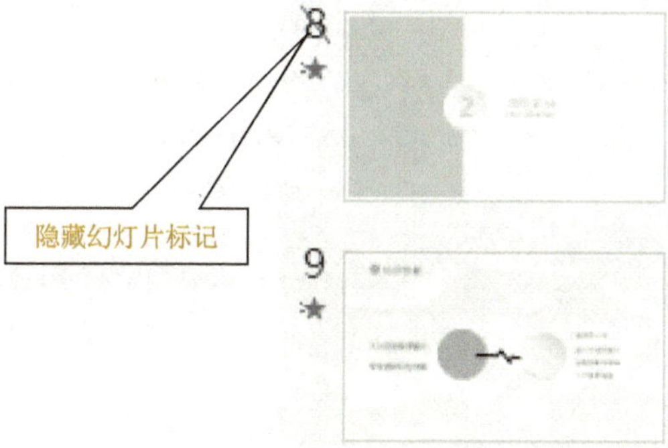

图 5-59　隐藏幻灯片

【实例 14】设置对象动画效果，实现演示文稿动态切换

实例分析

为幻灯片中设置对象动画可以突出重点，并增加演示文稿的趣味性，从而给观众留下深刻的印象，是非常重要的操作。通过本例的学习，掌握添加各种动画方法以及为幻灯片设置切换效果的技巧。

操作过程

（1）打开“职业生涯规划”演示文稿，选择第一张幻灯片，单击底层标题占位符，单击“动画”选项卡，在“动画”选项组中单击“浮入”效果。再单击文字上层标题占位符，在“动画”选项组中单击“浮入”效果，同时单击“计时”选项组中的“开始”后的下拉列表，选择“上一动画之后”。再选择下方的副标题占位符，设置“劈裂”效果。

（2）选择第二张幻灯片，单击标题占位符，单击“高级动画”选项组中的“添加动画”按钮，选择“强调”中的“陀螺旋”效果；选择第三张幻灯片，单击表格，单击“添加动画”按钮，选择“退出”组中的“随机线条”效果。

（3）选择第四张幻灯片，单击标题占位符，单击“添加动画”按钮，选择“动作路径”→“弧形”。

（4）再次选择第一张幻灯片，在“切换”选项卡下的“切换到此幻灯片”选项组中单击切换样式中的“擦除”，在“效果选项”中选择“自左侧”。按此种方法，依次对后边的幻灯片设置切换效果。

（5）选择第一张片头幻灯片，单击“插入”→“插图组”→“形状”→“动作按钮”，选择第二项。将鼠标移动到幻灯片编辑区中，在幻灯片右下角拖曳，此时不但会呈现动作按钮（如图 5-60 所示），同时还会弹出“操作设置”对话框，然后根据要求进行相关设置，如图 5-61 所示。

操作完毕之后，单击“幻灯片放映”→“开始放映幻灯片组”→“从头开始”命令，观察动画效果。

图 5-60　添加了动作按钮的幻灯片

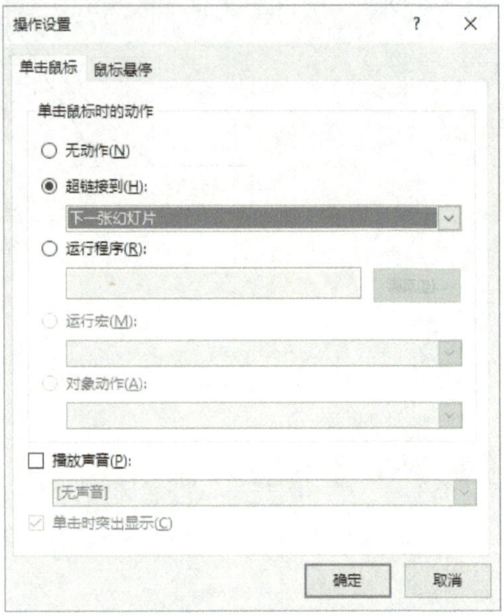

图 5-61　“操作设置”对话框

5.4 嵌入对象与电子相册制作

1. 嵌入对象

我们知道在 PowerPoint 2013 中可以创建表格，但如果手头有 Word 表格，当然不必再浪费时间和精力重新创建。使用 PowerPoint 2013 提供的插入嵌入对象功能可以轻松将 Word 表格插入到 PowerPoint 2013 演示文稿中，这种方法显然比从头创建表格更能提高工作效率。

在演示文稿编辑模式中单击功能区的“插入”→“文本组”→“对象”按钮。打开“插入对象”对话框，如图 5-62 所示，单击“由文件创建”按钮，然后单击“浏览”按钮，找到并选中包含表格的 Word 文档，此时选中的文件将显示在“文件”下方的文本框中。

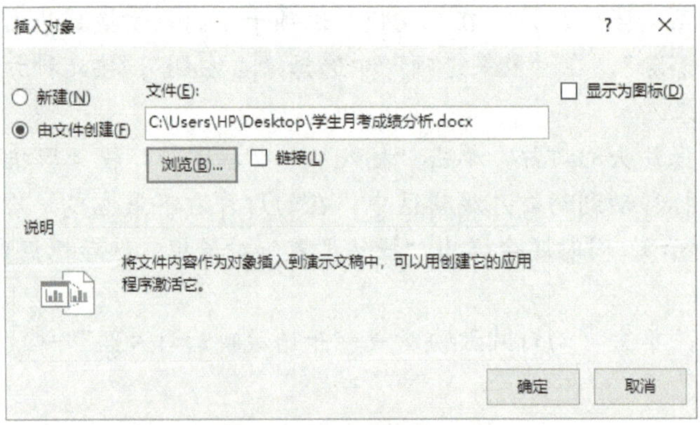

图 5-62　“插入对象”对话框

提示

在默认情况下，该文件会被完全插入到当前演示文稿中。如果希望插入后的表格随原文件中的表格一起变化，则在上述对话框中勾选“链接”复选框。

单击“确定”按钮。此时 Word 表格被插入当前演示文稿中，如图 5-63 所示。

学生月考成绩

姓名	语文	数学	英语	知识	技能
张三	98	89	76	189	220
李四	87	92	72	192	223
张小明	79	87	69	178	225

图 5-63　插入 Word 表格

如果要在 PowerPoint 2013 中编辑表格，则双击该表格后会调用 Word 中的功能对表格进行编辑，如图 5-64 所示。

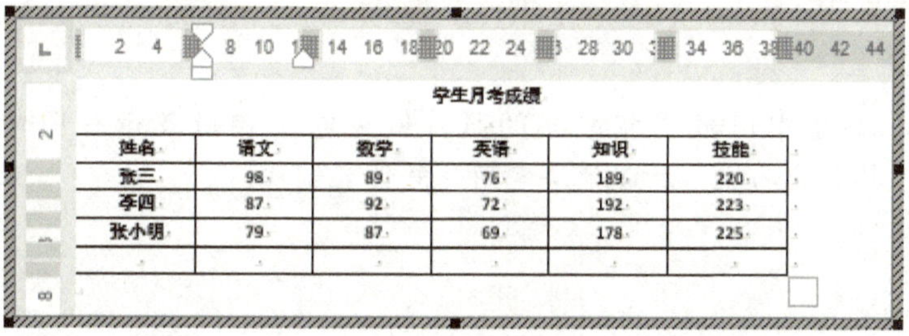

学生月考成绩

姓名	语文	数学	英语	知识	技能
张三	98	89	76	189	220
李四	87	92	72	192	223
张小明	79	87	69	178	225

图 5-64　编辑表格

编辑完毕在表格以外的位置单击，可恢复到演示文稿的编辑状态。

用插入对象的方法还可以向演示文稿中插入其他嵌入对象，如 Excel 表格、Access 数据库等对象，方法与插入 Word 表格类似。

2. 制作电子相册

网上有很多介绍制作电子相册的软件，其实用 PowerPoint 也可以很轻松地制作出专业级的电子相册，早期的 PowerPoint 并没有提供这一功能，只有在 PowerPoint 2002 以后的版本中才提供了这项功能，现以 PowerPoint 2013 为例介绍一下电子相册的具体制作过程。

在功能区单击“插入”选项卡下的“图像”组中的“相册”按钮，或单击“相册”右侧的下拉菜单按钮，选择“新建相册”命令，即可打开“相册”对话框，如图 5-65（a）所示。

单击左侧“文件/磁盘”命令，打开“插入新图片”对话框，选取组成相册的图片。选取完毕，则被选取的图片的文件名显示在“相册中的图片”列表中，并可在右侧生成预览图，如图 5-65（b）所示。如果对图片显示效果不太满意，可通过预览图下面的按钮对图片的方向、对比度和亮度等作适当调整。

设置完毕后，单击“创建”按钮，图片被一一插入到演示文稿中，并在第一张幻灯片中留出相册的标题，输入标题等内容，一个精彩的 PowerPoint 相册制作完成。

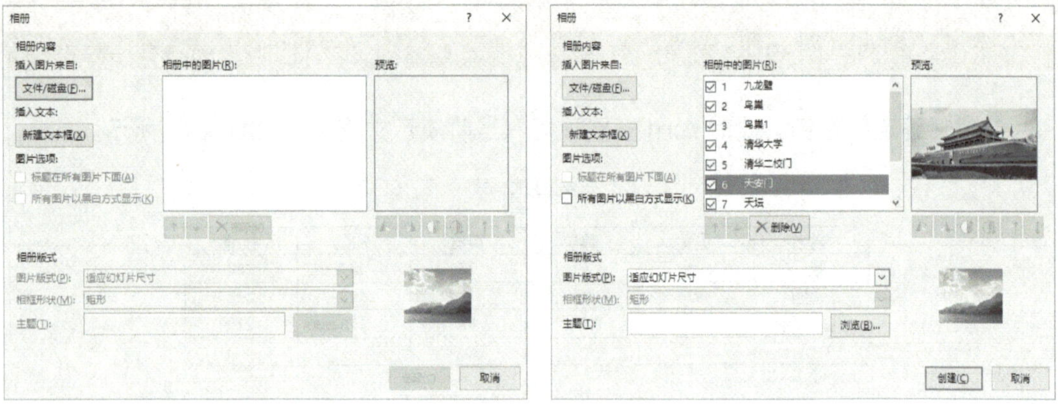

（a）　　　　　　　　　　（b）

图 5-65　“相册”对话框

【实例 15】用 PowerPoint 2013 制作电子相册

小明想把旅游途中用数码相机拍的照片做成电子相册展示给同学们，他想到了 PowerPoint 2013 具有此功能，所以他决定用此软件来制作。

实例分析

用 PowerPoint 2013 制作相册不仅简单方便，而且可以达到很好的效果。

操作过程

（1）启动 PowerPoint 2013，新建一个空白幻灯片。

（2）单击“插入”选项卡下的“图像”选项组中的“相册”按钮，打开“相册”对话框。单击“插入文件来自”区域中的“文件/磁盘”按钮，打开“插图”对话框，找到事先准备要插入 PowerPoint 2013 中的图片，然后按“插入”按钮返回“相册”对话框，相片文件名便加入到了“相册中的图片”列表框中。

（3）设置好后，单击“创建”按钮。在第一张幻灯片中输入相册标题等内容，效果如图 5-66 所示。

（4）切换到每一张幻灯片中，为相应的照片配上标题，并设置动画效果。

（5）准备一个音乐文件，执行“插入”选项卡中“媒体”选项组中的“音频”命令，在打开对话框的下拉列表中选择“PC 上的音频”菜单，打开“插入音频”对话框，选中相应的音乐文件后单击“插入”按钮，将音乐插入到第 1 张幻灯片中（幻灯片中出现一个小喇叭标记）。

图 5-66 相册标题

（6）单击幻灯片中的喇叭，选择“动画”选项卡下的“高级动画”选项组中的“动画窗格”命令，在右侧会出现“动画窗格”，如图 5-67 所示。

（7）双击动画窗格中的所插入的音频名称，打开“播放音频”对话框，如图 5-68 所示。选中“停止播放”下面的“在 999 张幻灯片后”单选按钮，并查看一下相册幻灯片的数量，将相应的数值输入文本框中，单击“确定”按钮退出。

这样一个新颖的电子相册就制作完成了。

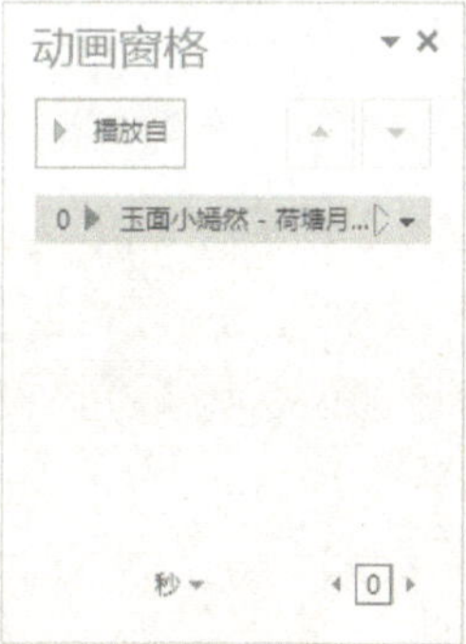

图 5-67 “动画空格”任务框

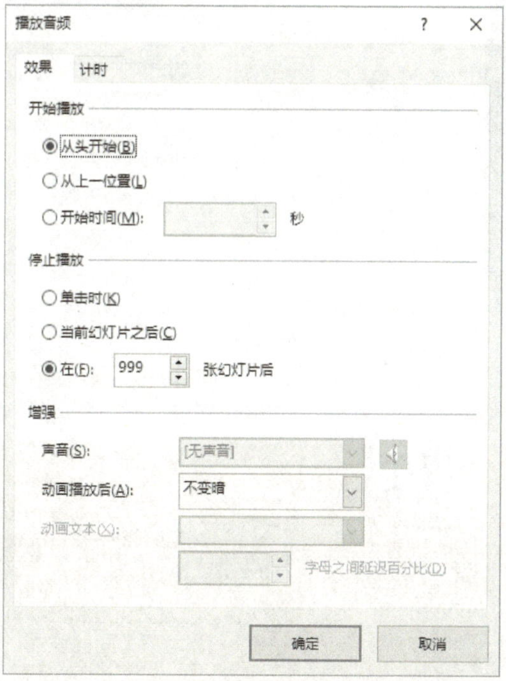

图 5-68 “播放声音”对话框

5.5 打包发布

如果演示时所使用的计算机并不是原来制作演示文稿的那台计算机，那么到了演示现场，可能会遇到以下情况：

现场用于演示的计算机并没有安装 Office 系统，更没有 PowerPoint 软件，无法播放演示文稿。

发现会场上仅有老版本的 PowerPoint 2003，无法打开 pptx 格式的文档，即使打开了文档，也会发现现场的计算机中缺少了演示文稿所使用的某种字体。

为了避免诸如此类情形的发生，可使用 PowerPoint 2013 所提供的“CD 数据包”功能，将演示文稿所需要的全部链接文件、链接对象、字体、播放程序和演示文稿一起打包，以确保另一台安装 Windows 系统的计算机也可以播放幻灯片并精确重现设计的每个细节。具体操作步骤如下：

打开需要打包的演示文稿，单击“文件”菜单中的“导出”按钮，在“导出”窗口中选择“将演示文稿打包成 CD”选项，单击右侧的“打包成 CD”按钮，如图 5-69(a)所示。打开“打包成 CD”对话框，如图 5-69(b)所示。单击“复制到文件夹”按钮，弹出“复制到文件夹”对话框，在“位置”文本框中输入或单击“浏览”按钮，选择输出的文件夹，依次单击“确定”→“是”按钮，即可将演示所需的所有资料输出至指定文件夹。

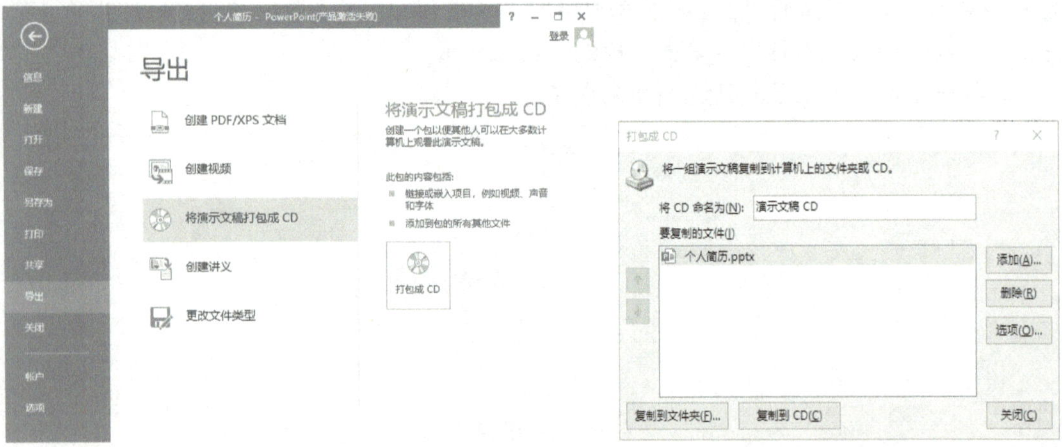

(a) (b)

图 5-69 演示文稿打包成 CD

提示

① 使用该功能，不仅可以将链接文件、链接对象、字体、播放程序和演示文稿一起刻录至 CD，还可以将它们放置于指定的文件夹中，然后用 U 盘将这些内容带走。

② 单击图 5-69(b)中的“添加”按钮，可将其他演示文档加入此 CD；换言之，添加其他演示文档后，即可以一张 CD 内打包多个演示文稿。

【实例 16】发布演示文稿

小明想要把自己制作的电子相册，制作成光盘，以方便拿给朋友欣赏。

实例分析

使用 PowerPoint 2010 制作电子相册，到其他机器上播放，需进行 CD 打包操作。

操作过程

（1）打开已经制作好的“北京旅游电子相册”，选择“文件”下的“导出”命令，在右侧的“导出”空格中选择“将演示文稿打包成 CD”，再单击“打包成 CD”按钮，如图 5-70 所示，打开“打包成 CD”对话框，如图 5-70 所示。

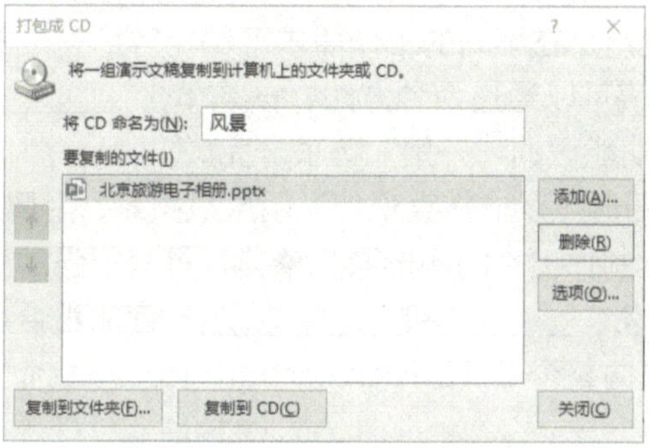

图 5-70　打包成 CD 对话框

（2）将对话框中的 CD 命名为“风景”，单击“选项”按钮，打开“选项”对话框，如图 5-71 所示。可勾选“链接的文件”及所需的字体，如有需要，可设置密码。在图 5-70 中，单击“复制到 CD”按钮可直接将文件复制到 CD。单击“复制到文件夹”按钮，打开“复制到文件夹”对话框，如图 5-72 所示。单击“浏览”按钮，选择文件夹位置，单击“确定”按钮，完成操作。

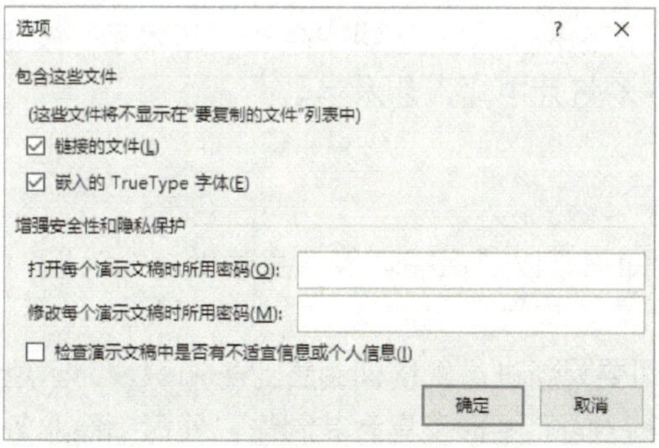

图 5-71　“选项”对话框

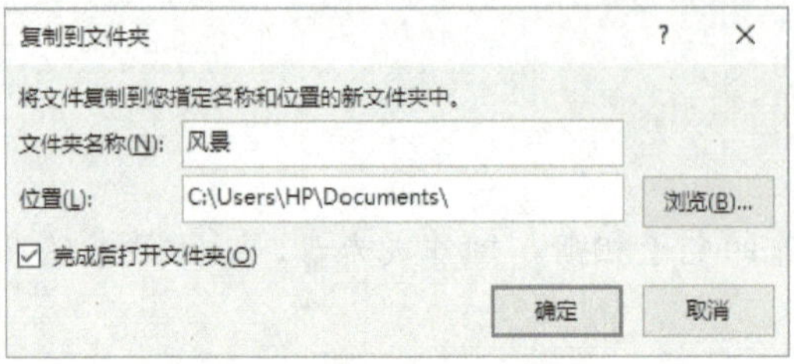

图 5-72 “复制到文件夹”对话框

思考与实训 5

一、填空题

1．PowerPoint 2013 提供了“普通视图”“幻灯片浏览视图”、________、________和______5 种视图模式，使用户在不同的工作需求下都能得到一个舒适的工作环境。

2．新建空白演示文稿可以通过两种方法，一是单击________，打开菜单之后，选择“新建”命令；二是通过功能区的“开始”选项卡完成。

3．使用_________图形可以非常直观地说明层级关系、附属关系、并列关系、循环关系等各种常见关系，而且制作出来的图形漂亮精美，具有很强的立体感和画面感。

4．主题是由主题颜色、_______和__________三者的组合，可以作为一套独立的选择方案应用于文件中，是向整个 2013 Microsoft Office system 文档赋予最新的专业外观的一种简单快捷的方式。

5．所谓自定义动画，是指为幻灯片内部各个对象设置的动画。它可以分为_________和对象动画。

6．设置幻灯片切换方式可以在_________选项卡内的“切换到此幻灯片”功能区完成。

7．________是指向特定位置或文件的一种连接方式，可以利用它指定程序的跳转的位置。

8．使用_________可以为演示文稿增加解说词，在放映状态下主动播放语音说明。

9．用户可以在功能区中选择______选项卡，然后选择相应的按钮即可改变视图模式。

10．在“插入”选项卡下的________组中单击“艺术字”按钮，打开艺术字样式列表，单击需要的样式，即可在幻灯片中插入艺术字。

二、实训题

1．根据本章介绍的知识，以“保护环境从身边做起”为题，用 PowerPoint 2013 制作演示文稿。

2．中华电器销售公司要为新进员工培训销售业务知识，为了让课程内容更容易理解，请用 PowerPoint 2013 的 SmartArt 图形工具为其制作“公司销售业务流程图”，效果如图 5-73 所示。

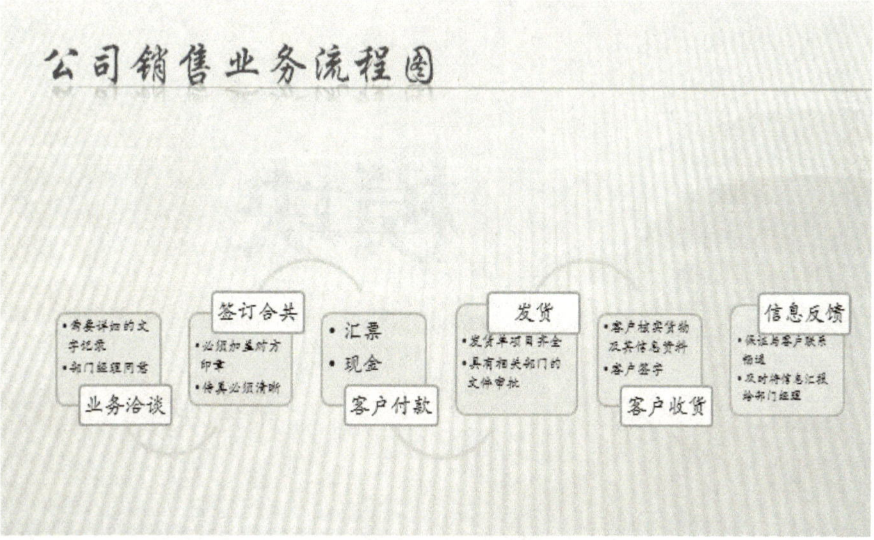

图 5-73　业务流程图

3. 用 PowerPoint 2013 电子相册功能制作一个新春贺卡，内容自定。

模块 6 网络办公

6.1 浏览器的使用

Internet 中文名“因特网”或“国际互联网”,是 20 世纪 70 年代从美国的军用网 ARPAnet 发展起来的，它是由各种不同类型和规模的，可独立运行和管理的计算机网络组成的全球范围的计算机网络。近几年，随着商业网络大举进入 Internet，Internet 可为用户提供的服务越来越多，成为人们日常生活和工作密不可分的一部分。就目前而言，Internet 无论在规模还是在结构上都已成为一个名副其实的“全球网”。

要想轻松地漫游 Internet，一般要借助网络浏览器工具。通过在浏览器的地址栏上输入 URL 地址，就可以寻找到相应的网站并在网站的 Web 页面上移动鼠标到不同的地方进行浏览。因此，我们必须要了解浏览器的使用，最常用的浏览器工具为微软的 IE 浏览器、360 浏览器等，现在我们以 Windows 10 默认使用的 Microsoft Edge 浏览器为例来看浏览器的使用。

1. 认识 Microsoft Edge 浏览器

Microsoft Edge 浏览器是微软推出的一款全新的、轻量级的浏览器，是 Windows 10 操作系统的默认浏览器，与 IE 浏览器相比，它在媒体播放、扩展性和安全性上都有很大的提升，又集成了 Cortana、Web 笔记和阅读视图等众多新功能。

Microsoft Edge 浏览器采用了简单整洁的界面设计风格，使其更具有现代感，如图 6-1 所示，其界面主要由标签栏、功能栏和浏览区 3 部分构成。

2. Microsoft Edge 浏览器浏览网页

（1）无干扰阅读网页

阅读视图是一种特殊的查看网页的方式，开启阅读视图模式后，浏览器可以自动识别和屏蔽与网页无关的内容干扰，如广告、弹出的窗口等，使阅读更加方便。

开启阅读视图模式很简单，只要符合阅读视图模式的网页，Microsoft Edge 浏览器地址栏右侧的“阅读视图”按钮则显示为可选状态——蓝色，否则显示为灰色不可选状态。单击“阅读视图”按钮，即可开启阅读视图模式。

启用阅读视图模式后，浏览器会为用户提供一个最佳的排版视图，将多页内容合并到同一页，“阅读视图”按钮则变为蓝色可选状态，再次单击该按钮，则退出阅读视图模式，如图 6-2 所示。

图 6-1　Microsoft Edge 浏览器窗口

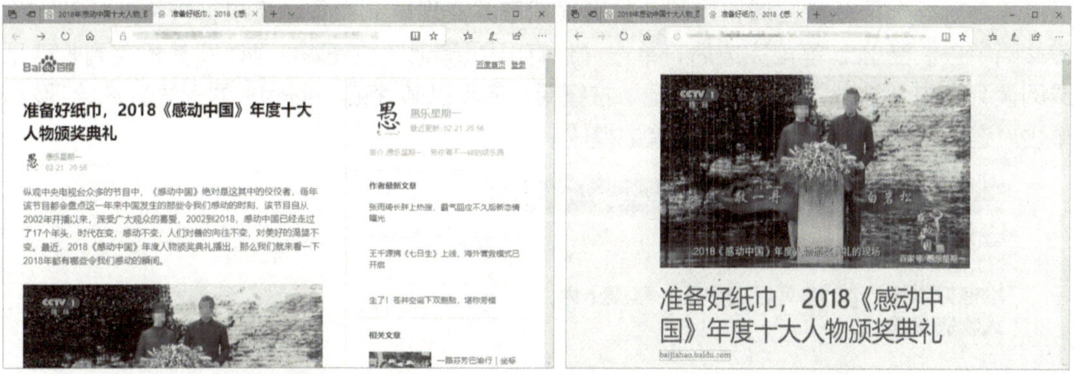

（a）普通浏览模式　　（b）阅读视图模式

图 6-2　阅读视图模式使用前后对比

当进入阅读视图模式后，会出现设置栏，如图 6-3 所示，单击设置栏上的按钮“A A”会打开如图 6-4 的窗口，可以选择相应的按钮改变阅读视图内容的显示风格和字号。当单击按钮A»时，会朗读窗口中的内容，并出现声音控制条；当单击按钮⤢时可以显示网页内容。

图 6-3　阅读模式设置栏

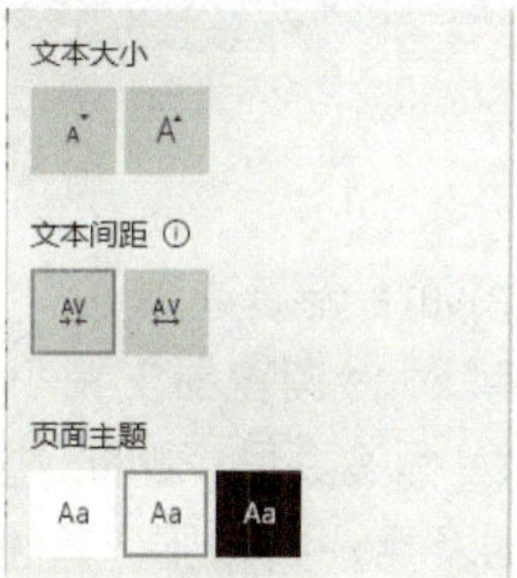

图 6-4　阅读模式格式设置

(2) Web 笔记和分享

Web 笔记是 Microsoft Edge 浏览器自带的一个功能，可以使用该功能对任何网页进行标注，可将其保存至收藏夹或阅读列表，也可以通过邮件或 OneNote 将其分享给其他用户查看。

在要编辑的网页中，单击 Microsoft Edge 浏览器右上角的“添加笔记”按钮，即可启动笔记模式，网页上方及标签都变为紫色并出现相应功能栏，如图 6-5 所示。该功能栏自左至右包括圆珠笔、荧光笔、橡皮擦、添加笔记、剪辑、触摸写入、保存 Web 笔记、共享 Web 笔记和退出 9 个按钮。

图 6-5 Web 笔记功能栏

单击按钮或按钮，可以结合鼠标或触摸屏在页面中进行标记，如图 6-6 (a) 所示，如果再次单击该按钮时，可以设置笔的颜色和尺寸，如果 6-6 (b) 所示。单击橡皮擦按钮，在标记上拖动可以清除所写的标记，也可以清除页面上所有的标记。单击“添加笔记”按钮，可以使用文本框进行注释、添加评论等，如图 6-7 所示。单击“剪辑”按钮，可以拖动鼠标选择裁剪区域，以图片的形式截取并实现复制操作，可以直接将其粘贴到相应文档中去。当 Web 笔记完成后，单击“保存 Web 笔记”按钮，可以将其保存到收藏平或阅读列表中，单击“共享 Web 笔记”按钮，将其以邮件或 OneNote 的形式分享给朋友。单击“退出”按钮，则退出 Web 笔记模式。

(a) (b)

图 6-6 在页面上添加某种颜色的标记

(3) InPrivate 无痕迹浏览

Microsoft Edge 浏览器支持 InPrivate 浏览，使用该功能时，可以使用户在浏览完网页关闭 InPrivate 标签页后，删除浏览的数据，不留任何痕迹，如 Cookie、历史记录、临时文件、表单数据及用户名和密码等信息。

在 Microsoft Edge 浏览器中，单击功能栏右侧按钮…，在打开的菜单列表中单击“新

InPrivate 窗口”命令，即可启用 InPrivate 浏览，打开一个新的浏览窗口，如图 6-8 所示，在该窗口中进行的任何浏览操作或记录，都会在该窗口关闭后被删除。

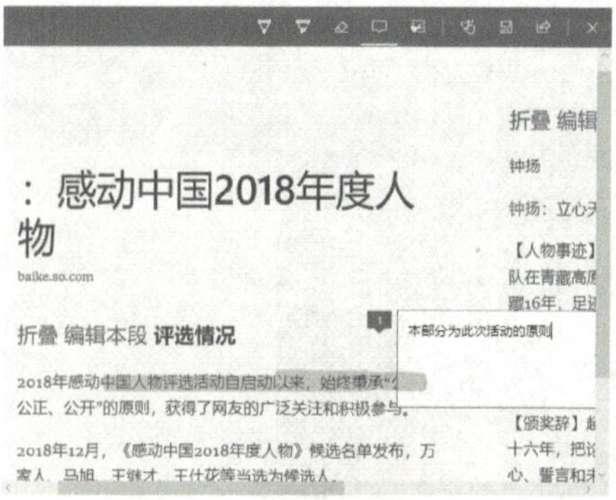

图 6-7　在网页上添加注释

图 6-8　InPrivate 浏览窗口

3. 收藏夹的使用

对于我们常去的网站或自己特别喜欢的网页，总是希望能立即找到并进行浏览。Microsoft Edge 浏览器为我们提供的网页收藏夹非常有用，它还可以在不连接 Internet 的情况下，在 Internet 浏览器中浏览，这种方式又称“脱机浏览”。

【实例 17】浏览并收藏“全国职业院校技能大赛”网站

实例分析

“全国职业院校技能大赛”是由中华人民共和国教育部发起，联合国务院有关部门、行业和地方共同举办的一项年度全国性职业教育学生竞赛活动，为了充分展示职业教育改革发展的丰硕成果，展现职业院校师生的风采，现已成为中国职教界的年会。小明作为一名高二新生，想要学习一下获奖作品，为明年的大赛做积极的参赛准备。他听说了大赛的官方网站，所以他要打开网站查看相关信息，并且要收藏网站，以备使用。

操作过程

1. 启动 Microsoft Edge 浏览器

启动 Microsoft Edge 浏览器的方法同启动一般应用程序类似，有三种方法：

- 选择“开始”菜单，打开“程序”子菜单，单击“Microsoft Edge”命令。
- 双击桌面上的e图标。
- 单击“快速启动栏”上的e图标。

2. 输入网址

要浏览网站，首先要知道它的网址或 IP 地址。将“全国职业院校技能大赛”官网的网址 http://www.chinaskills-jsw.org，输入到 Microsoft Edge 浏览器的地址栏中，输完网址后，检查无误按回车键，即可进入该网站的主页，如图 6-9 所示。

图 6-9　“全国职业院校技能大赛”主页

3. 将网页保存到收藏夹中

方法：打开要保存的网页，单击工具栏上的☆“收藏夹”图标，这时在浏览器的右侧会弹出收藏夹列表，如图 6-10 所示。在该对话框中的“名称”框中输入描述信息，在“保存位置”中选择“收藏夹栏”，单击“保存”按钮，如图 6-10 所示，这样收藏的网页就会出现在地址栏的下方，如图 6-11 所示。

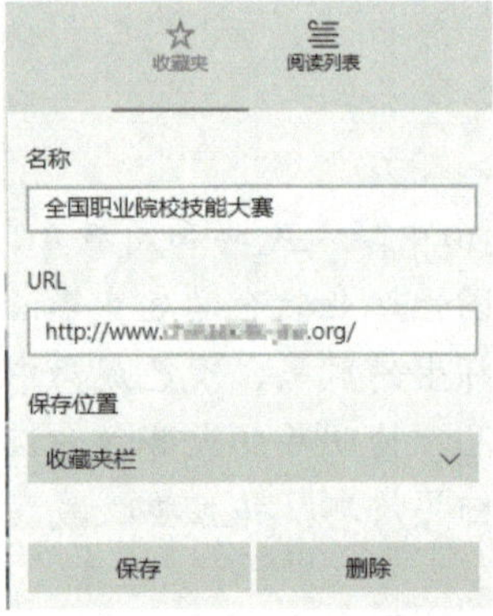

图 6-10　添加到收藏夹对话框

图 6-11　收藏网站后浏览器显示效果

有时将网页添加到收藏夹后，在浏览器中看不到，这时单击浏览器地址栏右侧的按钮☆，在打开的收藏夹对话框中单击设置按钮⚙，在打开的“设置”对话框中的“显示收藏栏”开关设置为“开”状态，如图 6-12 所示，这样收藏的网页就会出现在相应的位置。

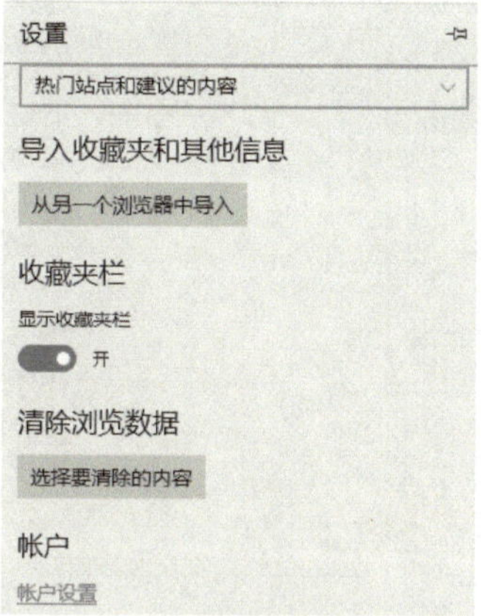

图 6-12 设置对话框

4. 浏览器的设置

（1）更改主页

打开浏览器，单击浏览器右上角的“设置及其他”按钮…，在下拉菜单中选择“设置”，在打开的“设置”对话框中选择“Microsoft Edge 打开方式”中的“特定页”，删除已保存的网页，在对应的文本框中输入新的网站地址，单击后面的“保存”按钮，下一次启动浏览器时首先打开该网页。

（2）清除浏览数据

历史记录的设定同样是在“Internet 选项”对话框中完成的，目的是方便用户快速访问最近查看过的网页。

启动 Microsoft Edge 浏览器，单击浏览器左上角的菜单按钮（三个点的图标），接下来从下拉菜单中选择“设置”选项，打开设置窗口后，单击清除浏览数据选项下的“选择要清除的内容”按钮，接下来从浏览数据分类列表中勾选需要清除的数据类型，需要清除的数据选择完成后，单击“清除”按钮，然后等待清理数据，大约 10 秒钟就可清除完成，如果想让浏览器关闭时自动清除相应数据，则在打开的对话框中将“关闭浏览器时始终清除历史记录”对应的开关设置为“开”状态，如图 6-13 所示。

（3）更改文件下载位置

Windows 10 自带浏览器 Edge，界面简单，下载文件的位置有一个默认的文件夹，怎么修改下载文件的位置呢？启动 Edge 浏览器，单击浏览器右上角的菜单按钮…，接下来从下拉菜单中选择“设置”选项，打开设置窗口后，单击“高级设置”下的“查看高级设置”按钮，在打开的“高级设置”对话框中单击“下载”下的“更改”按钮，如图 6-14 所示。在打开的“选择文件夹”对话框中选择存放下载文件的文件，单击“选择文件夹”按钮，如图 6-15 所示。

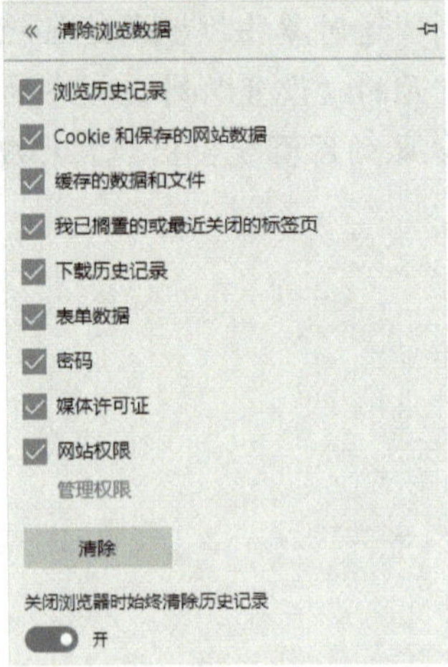

图 6-13　清除浏览数据对话框

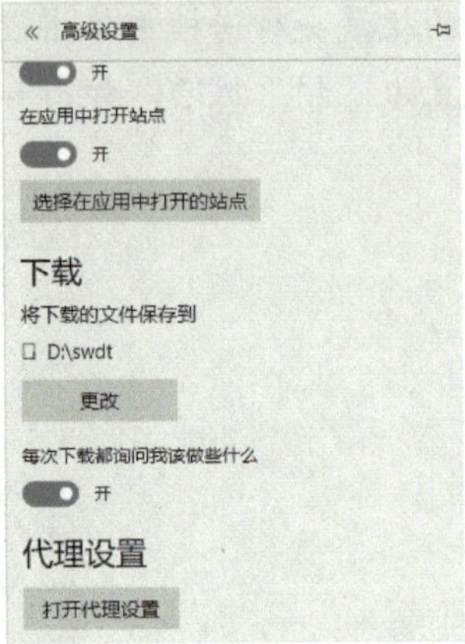

图 6-14　高级设置对话框

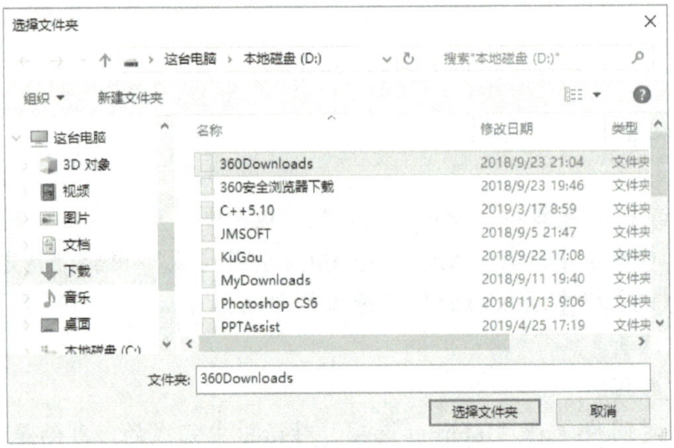

图 6-15　选择文件夹对话框

6.2　搜索资料

互联网正在越来越多地影响着人们的生活和工作方式，用户在网上可以相互交流信息、浏览信息、下载需要的资源等相应的操作，借助网络辅助办公，可以大大提高办公的效率。在办公中，人们经常要在网上搜索所需要的资源，但互联网信息量巨大，要想在这信息的海洋中找到自己需要的内容是一件很不容易的事情。为了克服这个困难，Internet 提供了一个非常好用的工具——搜索引擎。

1. 搜索引擎简介

搜索引擎（search engines）是对互联网上的信息资源进行搜集、整理并供用户查询的系统，它有广义和狭义之分，狭义的搜索引擎是指类似百度、谷歌这样的网站，即输入一个关键词，然后搜索引擎给出一个搜索结果出来，只是这个结果可能会由于不同的搜索引擎而得到不同的结果。广义的搜索引擎是指各种信息搜索系统或网站。

在中国办公环境下，搜索引擎一般分为中文和英文两种。中文搜索引擎比较重要的是百度（Baidu）和搜狐（Sohu），英文搜索引擎则以谷歌（Google）和雅虎（Yahoo）为代表，当然它们也提供中文搜索服务。

2. 搜索引擎的使用

一般来说，在每个搜索引擎中均提供分类目录及关键词检索这两种信息查询的方法。本书以最大中文搜索引擎“百度”为例来介绍搜索引擎的使用。

使用关键字查询是大多数搜索引擎主要的功能。用户可以在输入框中键入关键词，然后按“搜索”按钮，在百度中，只要单击百度一下，搜索引擎就会自动地在其内部的数据库中进行检索，最后把与关键词相符合的或者是相近的网站显示在结果页面中，只需通过搜索引擎提供的链接地址，就可以访问到相关信息。

【实例 18】搜索“教师教学能力大赛”资料

实例分析

李明是一名刚入职一年多的年轻教师，其基本功特别扎实，讲课认真，得到了同学们的好评，经学校层层筛选，她从众多的选手中脱颖而出，代表学校参加今年的“教师教学能力大赛”，原来她对该项赛事不太清楚，想在网络上了解一下相关参赛事宜，李明使用了“百度”搜索引擎进行相关资料查询。

操作过程

（1）运行浏览器，在地址栏内输入百度网址：www.baidu.com，打开后，如图 6-16 所示。

图 6-16 “百度”主页

打开后，网页设计简单明了，突出网站的“搜索”功能，便于用户查找信息。

(2)在百度主页的文本输入框中键入关键字——教师教学能力大赛，在输入前六个字时，下拉列表中自动出现可选项，“教师教学能力大赛”等，如图 6-17 所示。

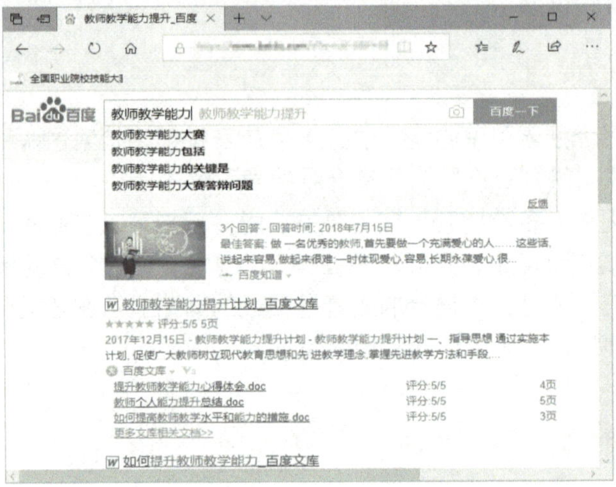

图 6-17 输入关键字

(3)单击搜索内容选项，搜索引擎就会把与“教师教学能力大赛”相关的网站或信息一起罗列出来，如图 6-18 所示。此时，李明可以从罗列出的网站中查找符合条件的内容。

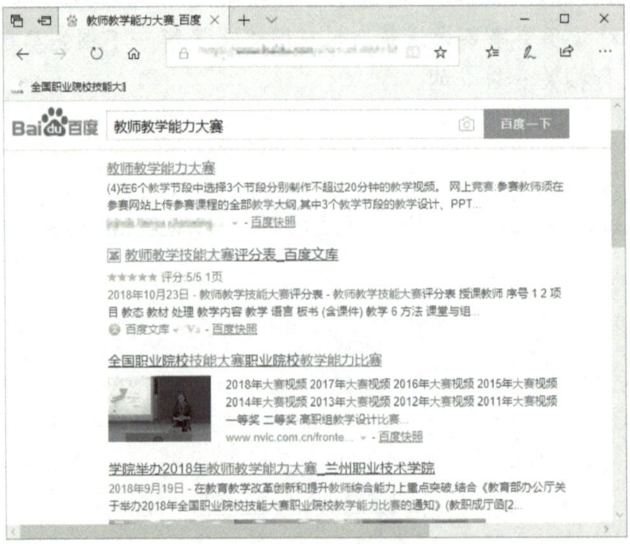

图 6-18 搜索“教师教学能力大赛”内容

这种搜索有一个缺点，就是会出现大量的无用信息，因此其关键之处在于关键词的选择和表达上。为了更精确的查找信息，搜索引擎给我们提供了关键词不同的写法：

- 关键字之间是“与”的关系——“+或 Space 键”

利用+或空格来连接两个关键词，被连接的关键词均出现在查询结果中。例如，查找中职组的“教师教学能力大赛”的相关情况，关键字可以是“教师教学能力大赛 中职”。

- 关键字之间是“或”的关系——双引号

如输入的关键词很长，百度在经过分析后，给出搜索结果中的关键词可能是拆分的。

且这样的搜索范围太大，为提高搜索精确度，给关键词加上双引号可避免此种情况，做到精确查询。

● 排除某关键字——“-”限定关键词

利用“-”来限定关键词，“-”后的关键词不出现在结果中。例如，键入“电脑-网络”，会找出包含“电脑”但不包含“网络”的网站。

● 指定网站搜索

当要在指定的网站中查找相应信息时，可在关键字后面加“site:网址”，可以限制只搜索某个具体网站、网站频道或某域名内的网页。例如，想在“网易”中找关于“教师教学能力大赛”的相关资料，关键字可以是“教师教学能力大赛 site:163.com”，如图 6-19 所示。

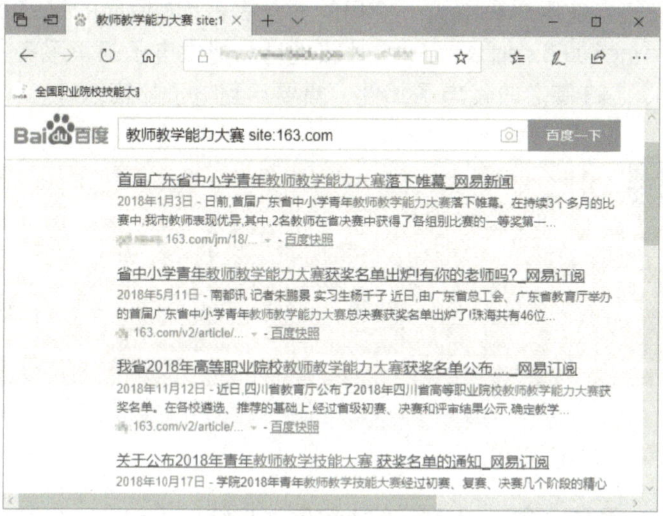

图 6-19　指定网站搜索

● 在标题中搜索

在一个或几个关键词前加“intitle:”，可以限制只搜索网页标题中含有这些关键词的网页。例如，在输入框中键入“intitle:互联网”表示搜索标题中含有关键词“互联网”的网页。

另外，“百度”搜索引擎还配有特有的百度快照功能。百度搜索引擎已先预览各网站，拍下网页的快照，为用户储存大量应急网页。百度快照功能在百度的服务器上保存了几乎所有网站的大部分页面，使用户在不能链接所需网站时，百度暂存的网页也可救急。而且通过百度快照寻找资料要比常规链接的速度快得多。

6.3 收发和管理电子邮件

1. 电子邮件简介

电子邮件（E-mail）是指通过计算机编制而成并经网络传递、收发的信息文件。它具有速度快、价格低廉、使用方便、信息多样化、功能强大和个性化等特点。电子邮件是

Internet 为用户提供的基本服务之一，也是 Internet 上应用最广泛的服务。通过网络的电子邮件系统，用户可以用非常低廉的价格，以非常快速的方式与世界上任何一处的网络用户联络。电子邮件可以是文字、图像、声音等各种形式。同时用户可以得到大量免费的新闻、专题邮件，并实现轻松的信息搜索。电子邮件的存在极大地方便了人与人之间的沟通与交流，促进了社会的发展。

2. 申请邮箱

收发电子邮件可以通过浏览器或专用的邮箱工具软件来（如 Outlook）完成，但不管使用哪种方式，首先都要先申请一个电子邮箱，才能收发电子邮件，其结构是：用户名@邮箱服务器名。用户名就是用户在主机上使用的登录名，而@后面的是邮箱所在服务器的地址（域名）。如 liming@163.com 即为一个邮箱地址。提供电子邮箱服务的网站有很多，如 Yahoo、126、Sina、163 等。收发电子邮件，需要用到电子邮箱地址。

注意

有时申请注册免费邮箱时，如果你申请的用户名已经被别人申请过，会显示已注册等字样，使用有助于记忆的拼音缩写，或加上数字编号，避免重名，即可轻松注册。

3. 电子邮件系统的功能

目前的电子邮件系统几乎可以运行在任何硬件与软件平台上。各种电子邮件系统所提供的服务功能基本上是相同的，使用电子邮件程序用户可以完成以下操作。

（1）撰写与发送电子邮件。

（2）阅读和回复电子邮件。

（3）多账户管理。

（4）查找电子邮件。

4. 收发电子邮件

申请完邮箱之后，便可以收发电子邮件了，可以直接从新浪或其他网站提供的邮箱网页上来收发，也可以使用专门的软件。发送邮件时首先登录到邮箱页面，单击“写信”按钮，进入写信页面，填写好收件人的邮箱地址、邮件的主题和邮件正文内容等。在编写时可以选择信纸，可以像 Word 文档一样对正文内容进行编辑。如果要发送附件，可以在“主题”文本框下面选择“添加附件”按钮，在打开的“选择文件”对话框中选择要发送的文件单击“打开”按钮，即将附件添加到邮件中。多次单击“添加附件”按钮，可将多个文件添加到邮件中。在完成正文和附件之后，单击“发送”按钮，即可将邮件发送出去。

注意

单击“发件人”文本框右侧的下三角按钮，展开下拉列表，选择“添加其他发件人地址”按钮，可以将发件人的其他邮箱地址添加进去。在“收件人”文本框中用英文逗号隔开可以添加多个收件人。单击“添加抄送”按钮可添加邮件抄送收件人的地址。单击“添加密送”按钮可添加密送收件人的地址。

收信时只要单击左侧的“收信”按钮。如果要阅读电子邮件，可以在邮箱左侧文件夹列表中单击“收件箱”按钮，打开收件箱，收件箱后面括号里的数字表示现在邮箱中还未阅读的邮件数量。在收件箱列表中选择要查看的邮件，在主题处单击可打开邮件，阅读邮件内容，如果邮件带有附件，用户只需根据提示双击就可以查看。

5. 管理通讯录

像记录亲人朋友的住址、邮编一样，使用电子邮件也要记录许多邮箱地址，否则时间久了就会忘记，电子邮箱都为用户提供了通讯录，以保存和管理用户的联系人的邮箱地址，单击“通讯录”按钮就会进入“通讯录”页面，在这个页面，用户可以从其他的邮箱内导入通讯录，新建或删除联系人，对所有联系人进行分组、更改联系人地址等编辑操作，也可以直接给联系人写信。

【实例 19】申请新浪邮箱并发送邮件

实例分析

为了方便和外地客户联系，公司要求李明申请一个免费的电子邮箱，以便使用。

操作过程

在浏览器地址栏输入新浪邮箱网址，打开新浪邮箱首页，如图 6-20 所示。如果已经申请过新浪网站的免费邮箱，就可以直接输入用户名和密码进行登录；如果没有申请，单击“注册”。

（1）单击“注册”链接，进入邮箱申请网页，如图 6-21 所示。选择“注册新浪邮箱”按钮，在“邮箱地址”中填写用户名，在“密码”和“确认密码”中输入相同的密码，在“手机号码”中输入注册用的手机号码，输入图片验证码，单击“免费获取短信验证码”按钮，验证码会发送到刚才进行注册的手机上，将该验证码填写在“短信验证码”文本框中，单击 立即注册 按钮，出现申请成功提示网页并登录到邮箱页面。

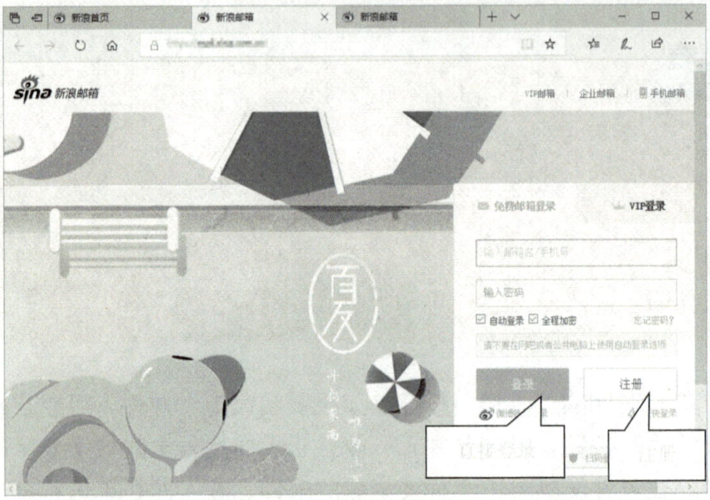

图 6-20　新浪邮箱申请网页

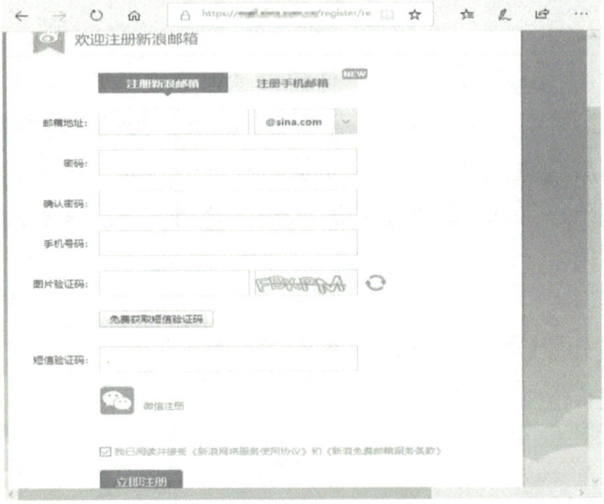

图 6-21　填写申请信息

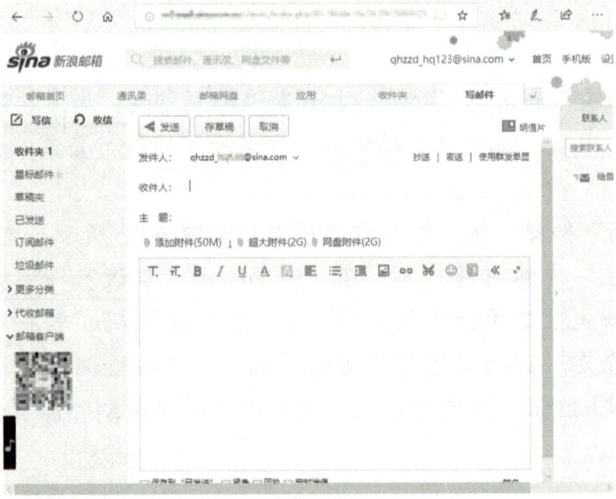

图 6-22　注册成功网页

（2）在图 6-21 中还可以单击“注册手机邮箱”按钮，打开如图 6-23 所示界面，在“邮箱地址”框中输入注册用的手机号码，其他项目的设置同上。完成个人信息的设置后，单击“立即注册”按钮，完成邮箱的注册操作。

图 6-23　注册手机邮箱界面

（3）注册成功后，就可以使用注册信息登录了。在如图 6-24 所示的登录界面中填写刚才注册用的邮箱地址和密码，单击“登录”按钮，可进入如图 6-22 所示的界面。单击 写信 按钮，打开写信界面，并输入收件人、主题及内容，如图 6-25 所示。

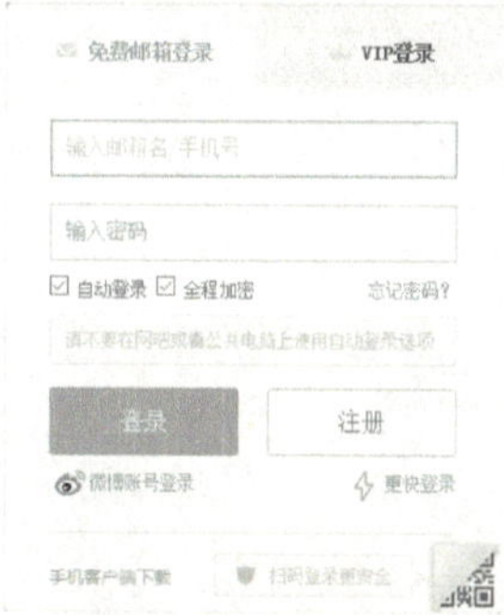

图 6-24　邮箱登录界面

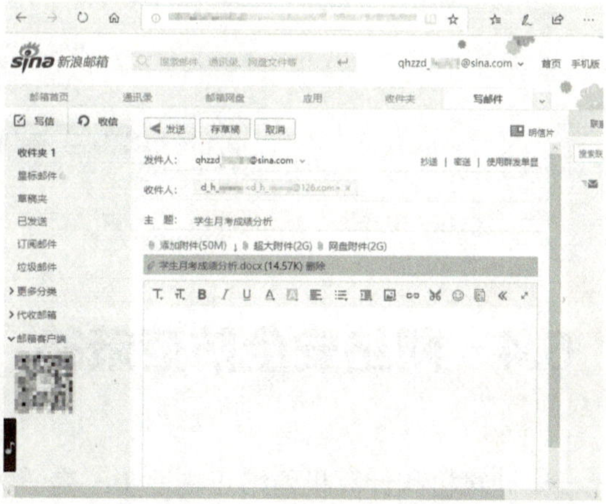

图 6-25　编写新邮件

当编写完成时，单击“发送”按钮，完成发送邮件，如图 6-26 所示。

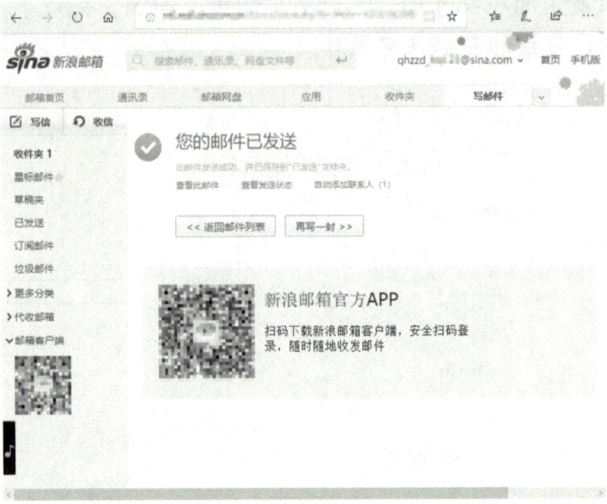

图 6-26　发送成功

收邮件时，单击 收信 按钮，即可查看所有未读和已读邮件列表，单击其标题，可阅读邮件。如图 6-27 所示。

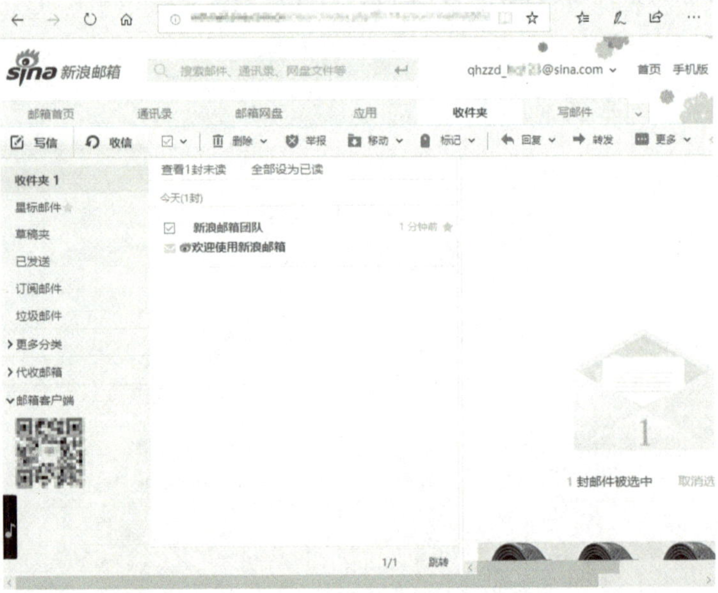

图 6-27　收信界面

6.4　网络安全防范策略

在科学技术发展的今天，计算机和计算机网络正在逐步改变着人们的工作和生活方式，尤其是 Internet 的广泛使用更为现代办公等带来了前所未有的高效和快捷，但同时计算机网络的安全隐患亦日益突出。

就目前而言，来自网络的威胁主要有：病毒的侵袭、黑客的入侵、拒绝服务、密码破解、网络窃听、数据篡改、垃圾邮件、恶意扫描等。大量的非法信息堵塞合法的网络通信，最后摧毁网络架构本身，所以在现代办公如此依赖网络的环境下，如何阻止这些网络危害对电脑的侵袭，确保办公安全，是办公人员必须要掌握的技能。

1. 网络病毒的防护

病毒的发作给全球计算机系统造成巨大损失，令人们谈“毒”色变。在上网的人中，很少有谁没被病毒侵害过。对于一般用户而言，首先要做的就是为电脑安装一套正版的杀毒软件，如瑞星杀毒软件、金山毒霸等。

现在不少人对防病毒有个误区，就是对待电脑病毒的关键是“杀”，其实防毒比杀毒更重要。目前绝大多数的杀毒软件是在电脑被病毒感染后才急忙去查找、分析和治疗，这种被动防御的消极模式远不能彻底解决计算机安全问题。因此安装杀毒软件务必要开启杀毒软件的实时监控程序，对其要定期升级，另外还要给操作系统及时安装相应补丁、升级引擎和病毒定义码等。对于办公自动化中的病毒防治，要加强管理。首先，应从软硬件的使用、维护、管理、服务等各个环节制定出严格的规章制度及规范工作程序和操作规程，加强对网络管理员的教育和管理。其次，防病毒要有专人负责具体事务，提高自身的防毒意识，应跟踪网络病毒防治技术的发展，建立“防杀结合、以防为主、以杀为辅”的最佳病毒管理模式。

2. 个人防火墙

安装个人防火墙（Fire Wall）是抵御黑客袭击的一种有效手段。所谓“防火墙”，是指一种将内部网和公众访问网（Internet）分开的方法，实际上是一种隔离技术。防火墙是在两个网络通讯时执行的一种访问控制尺度，它能允许你“同意”的人和数据进入你的网络，同时将你“不同意”的人和数据拒之门外，最大限度地阻止网络中的黑客访问你的网络，防止他们更改、拷贝、毁坏你的重要信息。防火墙安装和投入使用后，并非万事大吉。要想充分发挥它的安全防护作用，必须对它进行跟踪和维护，要与商家保持密切的联系，时刻注视商家的动态。因为商家一旦发现其产品存在安全漏洞，就会尽快发布补救（Patch）产品，此时应尽快确认真伪（防止特洛伊木马等病毒），并对防火墙进行更新。

3. 新的安全威胁

在如今网络技术飞速发展的背景下，网络威胁也是层出不穷，花样翻新。传统的杀毒软件和防火墙或许对这些新的威胁显得无能为力，所以应引起我们足够的重视，做好提前防御。

Spyware（间谍软件）：主要是用来偷取用户个人资料的恶意程序，如用户使用网上银行、网上购物等电子商务应用时，如果没有相关的防御措施与意识，那么用户的网银账号和密码就很容易被窃取。

Adware（广告软件）：是一种软件，一般表现为用户单击网站后就一连出现好多叠加的网页，很难关掉。它通常与某些工具软件绑在一起，当你安装这些软件后，Adware 也就跟着进入你的电脑了，它不但占用系统资源，还常常连着一些色情网站。除强行向用户做广告外，更会刺探用户的个人隐私资料，例如姓名、邮箱、银行资料、电话、地址等，因此隐藏着不小的危害，需要尽快清除。

Phishing（网络钓鱼软件，又称电子黑饵）：是 fishing 和 phone 的缩写。是指盗取他人个人资料、银行及财务账户资料的网络相关诱骗行为，可分为诱骗式及技术式两种。诱骗式是利用特制的电邮，引导收件人连接到特制的网页，这些网页通常会伪装成真正的银行或理财网页，令登录者信以为真，输入信用卡或银行卡号码、账户名称及密码等；技术性的 Phishing 则是将程序安装到受害者的电脑中，直接盗取个人资料或使用木马程序、按键记录程序等。

“僵尸”入侵：僵尸即机器人（BOT）程序类似于木马程序，它执行的是预先没有设置好的程序，通过所有被程序控制的“僵尸”电脑一同对某一目标发起攻击。这种攻击的危险性最大，因为它不像病毒可以提前监控。

Adware、Spyware 偷袭：一般通过小的用户在下载 Flash 和小游戏时安装，由于它们不像病毒和蠕虫那么敏感，于是得以在不知不觉中入侵你的电脑。现在一些正规的软件厂商也在应用这些软件来搜集用户的资料。尽管目前这类软件并不是都有害，但它们搜集的毕竟是你的个人隐私信息，所以这类软件也将成为未来防范的重点。

垃圾邮件改头换面：从当前来看，垃圾邮件的总量虽然呈下降态势，但其逃避技术却越来越强。这类邮件中携带着大量的病毒、Phishing、蠕虫、木马及额外的风险。

物联网（IoT）设备威胁：目前物联网应用广泛，涉及各行各业，其应用安全问题除了现有通信网络中出现的业务滥用、重放攻击、应用信息的窃听和篡改等安全问题外，还存在更为特殊的应用安全问题及危害。

在物联网中大量使用的无线通信、电子标签和无人值守设备，将使物联网应用层隐私信息威胁问题变得非常突出。隐私信息可能被攻击者获取，给用户带来安全隐患，物联网的隐私威胁主要包括隐私泄漏和恶意跟踪。

物联网中的设备一般无人值守，这些设备可能被劫持，然后伪装成客户端或者应用服务器发送数据信息、执行其他恶意操作。

勒索病毒：也称敲诈病毒，是一种新型电脑病毒，主要以邮件、程序木马、网页挂马的形式进行传播。这种病毒利用各种加密算法对文件进行加密，被感染者一般无法解密，必须拿到解密的私钥才有可能破解。

勒索病毒文件一旦被用户打开，会利用连接至黑客的 C&C 服务器，进而上传本机信息并下载加密公钥和私钥。然后将加密公钥私钥写入注册表中，遍历本地所有磁盘中的 Office 文档、图片等文件，对这些文件进行格式篡改和加密；加密完成后，还会在桌面等明显位置生成勒索提示文件，指导用户去缴纳赎金，如图 6-28 所示为感染勒索病毒的显示界面。例如：比特币病毒会要求受害者支付 3 比特币作为赎金，用于购买解密软件，而比特币这种虚拟货币只能在数字世界使用，因此使得交易难以追踪。

该类型病毒可以导致重要文件无法读取，关键数据被损坏，给用户的正常工作带来了极为严重的影响。

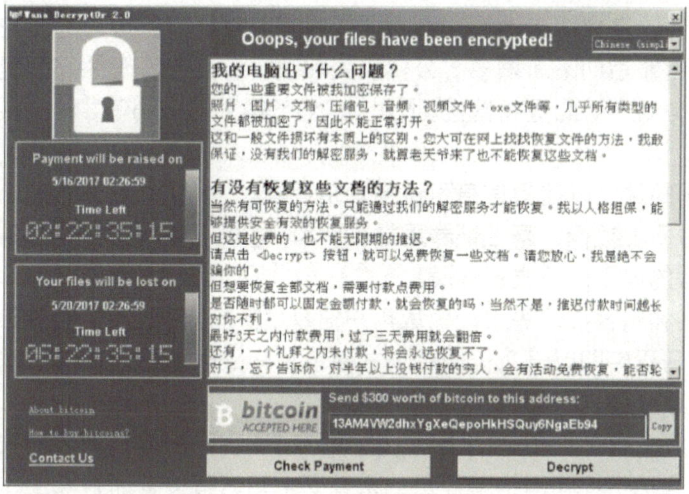

图 6-28　勒索病毒感染界面

4. 上网注意事项

一般情况下，安装了杀毒软件和防火墙之后，绝大部分来自网上的威胁就可以拒之门外了。但是如果办公人员平常毫无顾忌地上网，同样也会给个别病毒或者是黑客程序提供机会，所以这就要求办公人员在平常上网时需要注意一些问题。

（1）密码设定

网上需要设置密码的地方很多，如网上银行、上网账户、E-Mail、聊天室以及一些网站的会员等。应尽可能使用不同的密码，以免因一个密码泄露导致所有资料外泄。对于重要的密码（如网上银行的密码）一定要单独设置，并且不要与其他密码相同。

不要贪图方便在拨号连接的时候选择“保存密码”选项；如果是使用 E-mail 客户端软件（Outlook Express、Foxmail、The bat 等）来收发重要的电子邮箱，如 ISP 信箱中的电子邮件，在设置账户属性时尽量不要使用“记忆密码”的功能。因为虽然密码在机器中是以加密方式存储的，但是这样的加密往往并不保险，一些初级的黑客即可轻易地破译你的密码。

定期地修改自己的上网密码，至少一个月更改一次，这样可以确保即使原密码泄露，也能将损失减小到最少。

（2）远离来历不明的软件和程序

一些共享软件在给你带来方便和快乐的同时，也会悄悄地把一些你不欢迎的东西带到你的机器中，比如病毒。因此应选择信誉较好的下载网站下载软件，将下载的软件及程序集中放在非引导分区的某个目录，在使用前最好用杀毒软件查杀病毒。有条件的话，可以安装一个实时监控病毒的软件，随时监控网上传递的信息。

（3）注意陌生的电子邮件

在互联网上有许多种病毒流行，有些病毒就是通过电子邮件来传播的（如梅丽莎、爱虫等），这些病毒邮件通常都会以带有噱头的标题来吸引你打开其附件，一旦打开，后果不堪设想。所以对于陌生的邮件应当将其拒之门外。

（4）警惕“网络钓鱼”

目前，网上一些黑客利用“网络钓鱼”手法进行诈骗，如建立假冒网站或发送含有欺诈信息的电子邮件，盗取网上银行、网上证券或其他电子商务用户的账户密码，从而窃取用户资金的违法犯罪活动不断增多。公安机关和银行、证券等有关部门提醒网上银行、网上证券和电子商务用户对此提高警惕，防止上当受骗。“网络钓鱼”的主要手法有以下几种方式：

① 发送电子邮件，以虚假信息引诱用户中圈套。

② 建立假冒网上银行、网上证券网站，骗取用户账号密码实施盗窃。

③ 利用虚假的电子商务进行诈骗。

④ 利用木马和黑客技术等手段窃取用户信息后实施盗窃活动。当感染木马的用户进行网上交易时，木马程序即以键盘记录的方式获取用户账号和密码，并发送给指定邮箱，用户资金将受到严重威胁。

网络安全是一个永远说不完的话题，今天网络安全已被提到重要的议事日程。一个安全的网络系统的保护不仅和网络管理员的系统安全知识有关，而且和工作环境中每个员工的安全操作等都有关系。网络安全是动态的，新的 Internet 黑客站点、病毒与安全技术每日剧增，如何才能持续停留在知识曲线的最高点，把握住网络安全的大门这将是对新一代办公人员的挑战。

【实例 20】让“火绒安全”保护你的电脑

实例分析

李明为使办公电脑能够安全上网，选择了一款能随时更新病毒库并占用内存小，又比较容易操作的软件——火绒安全。

火绒安全是一款轻巧、高效、免费的电脑防御及杀毒类安全软件，它可以显著增强电脑系统应对安全问题时的防御能力，能全面拦截查杀各种类型病毒，全面保护用户文件不受损害。软件体积小巧，系统内存占用率极低，保证在主动防御和查杀过程中绝对不卡机。另外，其极低的资源占用与高效的未知病毒拦截能力，弥补了现有杀毒软件只能查杀已知病毒、木马的滞后性，而不能防御未知的“新病毒、新木马”的缺陷。而且火绒安全运用的是目前最强的防火墙技术，最大程度地保护用户的电脑隐私不被偷窥，享受清净、安全的网络世界！

操作过程

1. 系统全面查杀

打开火绒安全软件，会打开以下界面，如图 6-29 所示，火绒安全主界面主要分为两部分：功能操作栏和功能显示栏。在功能操作栏里提供了“病毒查杀”“防护中心”“家长控制”和“扩展工具”；功能显示区的动态显示十分流畅。

单击左侧的“病毒查杀”按钮，再单击右侧“快速查杀”后对系统默认指定的项目进行病毒查杀，并显示扫描进度及扫描过程中发现的风险，可以单击“暂停”按钮暂时停止扫描，也可以单击“停止”按钮终止扫描，如图 6-30 所示。

图 6-29　火绒安全主界面

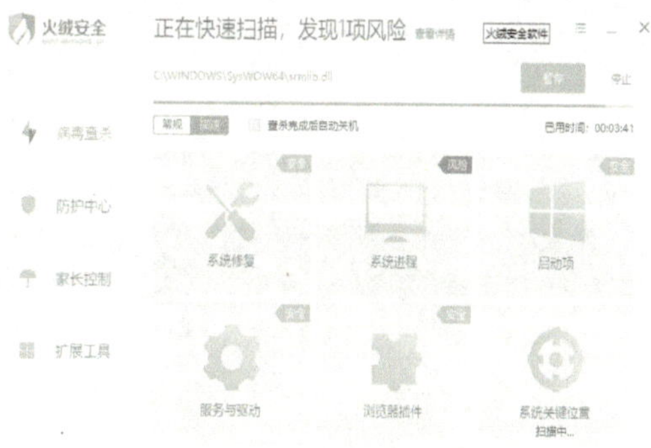

图 6-30　火绒安全快速查杀

如果想全盘查杀或对某一文件夹进行查杀，可以单击界面中“快速查杀”右侧的按钮，在下拉菜单中选择“全盘查杀”或“自定义查杀”菜单即可。设置“隔离区”“信任区”与目前大多数杀毒软件差不多，这里不再赘述。

2. 设置防护中心

火绒安全的防护中心根据自身强大的技术后台给用户的电脑进行全面地电脑防护，保证用户的电脑安全，让用户安全上网。防护中心分为“病毒防御”“网络防御”和“系统防御”三个模块，我们可以对这三个模块进行相应的设置，如图 6-31 所示，单击右侧箭头，还可以查看更多相关详细设置，如图 6-32 所示。

图 6-31　防护中心界面

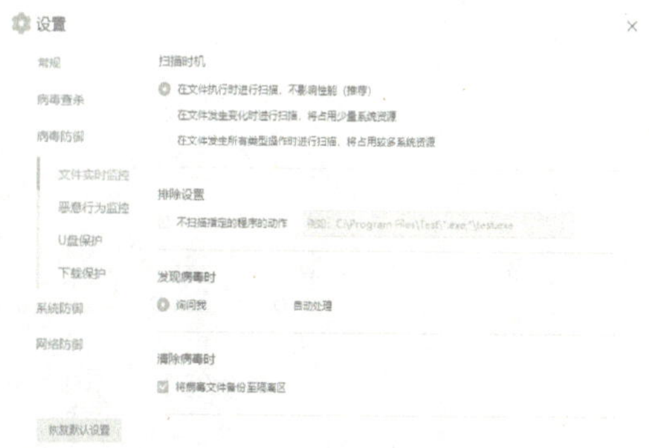

图 6-32　详细设置界面

3. 家长控制功能

很多家长都会担心孩子会产生沉迷于网络的不良现象，可是现在是科技的时代，完全不让孩子使用电脑上网也不太合适，火绒安全也提供了一项贴心的“家长控制”功能。家长可以在“家长控制”中选择分时段控制，对能使用电脑上网的时间进行选择，使用累计上网时间、对工作日和周末的联网时间进行设置，不用担心孩子长时间地上网，而影响孩子学习，如图 6-33。除此之外，还可以对上网过程中执行的程序、网站中的内容及使用的设置进行详细设置，并起到相应的控制作用。

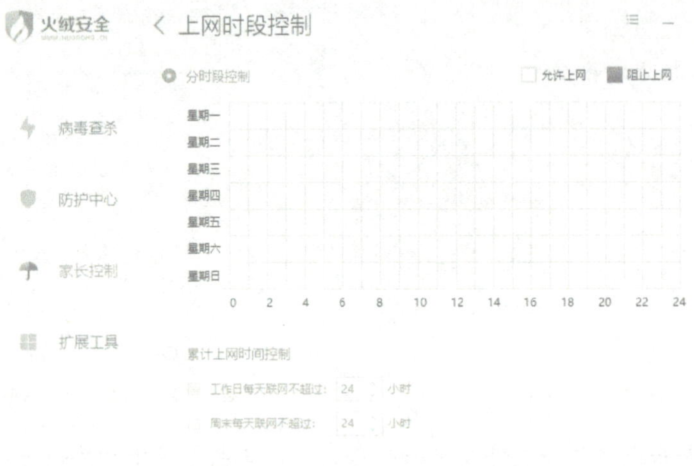

图 6-33　上网时段控制界面

4. 扩展工具

在火绒安全提供的“扩展工具”中我们能看到很多专业全面的使用工具，如火绒剑、右键管理、流量控制、文件粉碎等。对此可以下载需要的系统优化工具，并安装选择使用即可，如图 6-34 所示。

图 6-34　扩展工具界面

该界面共四个选项，默认为“一键优化”项。如果要进行一般性系统的快速优化，当打开该界面时，火绒安全会自动扫描系统，并在扫描完毕后列出可以优化的选项，选择右上角的“立即优化”，即可完成对系统的优化操作。如果用户要对开机时间缩短，减少开机启动项，可以选择对“开机时间、开机加速”两个选项操作，操作简单，这里不在赘述。

5. 垃圾清理

在电脑使用过程中会产生大量的垃圾文件，例如上网留下的缓存文件等。为了使我们的电脑处于一个相对安全稳定的状态，及时清理这些垃圾文件是十分必要的。火绒安全的“垃圾清理”功能可以清除“系统垃圾”“注册表垃圾”“常用软件垃圾”和“快捷方式”。

在火绒安全主界面中，单击“扩展工具”中的“垃圾清理”，系统会打开“垃圾清理”对话框，如图 6-35 所示，单击“扫描垃圾”按钮，系统开始进行扫描，扫描完成后显示扫描后的具体信息，如图 6-36 所示。

图 6-35　垃圾清理界面

图 6-36　扫描结果

单击“一键清理”，可以将扫描到的垃圾清除，也可以单击“重新扫描”按钮，重新返回图 6-35 界面。

以上就是火绒安全软件的使用，功能主要在于病毒查杀、防护中心、家长控制和系统优化等，除了家长控制外，其他三项都是常见杀毒软件的核心功能，这款杀毒软件的主要特点就是体积小、不臃肿，可以说是目前免费杀毒软件中的一股清流。

思考与实训 6

一、填空题

1. 所谓计算机网络，简单来说就是用电缆线把若干计算机连起来，再配以适当的软件和硬件，以达到在计算机之间____________的目的。

2. Internet 起源于 20 世纪 60 年代末，它的雏型是美国国防部建立的一个用于军事实验的网络＿＿＿＿＿＿。

3. ＿＿＿＿＿＿即一个网站门户网页，相当于一本书的封面，也是输入网址后呈现的第一个网页。

4. 可以用来进行网页浏览的工具除 Windows 10 自带的＿＿＿＿＿＿以外，还可以使用其他的浏览器＿＿＿＿＿＿、＿＿＿＿＿＿等。

5. ＿＿＿＿＿＿是对互联网上的信息资源进行搜集整理，然后供用户查询的系统。它是一个可以提供信息“检索”服务的网站。

6. 一般来说，在每个搜索引擎中均提供分类目录及＿＿＿＿＿＿检索这两种信息查询的方法。

7. 正确的电子邮箱地址的写法是＿＿＿＿＿＿＿＿＿＿＿＿。

8. 目前，网上一些黑客利用＿＿＿＿＿＿＿手法进行诈骗，如建立假冒网站或发送含有欺诈信息的电子邮件，盗取网上银行、网上证券或其他电子商务用户的账户密码，从而窃取用户资金的违法犯罪活动不断增多。

9. 安装＿＿＿＿＿＿＿是抵御黑客的袭击的一种有效手段。它是指一种将内部网和公众访问网（Internet）分开的方法，实际上是一种隔离技术。

10.要查询北京 5 月 1 日的天气情况，在百度中输入的关键字是＿＿＿＿＿＿＿＿。

二、实训题

1. 搜索最近上映的一部电影的文字和图片资料，并做一份简单的电影海报。

2. 除本章中介绍的几个搜索引擎外，再找出几个该种类型网站。

3. 为你所在的班级申请新邮箱，用此邮箱向兄弟班级的同学发送新邮件，邀请他们一起进行一次联谊活动。

4. 使用申请的邮箱，给家里的亲人发送一张照片。

5. 自行安装 360 安全卫士，对自己的电脑进行体检和查杀木马。

模块 7

常用办公软件

随着办公自动化的迅猛发展，计算机在日常办公中所占的比重越来越大。但在使用计算机的过程中会经常遇到一些棘手的问题。比如，从网上下载了一些资料是压缩文件，如何解压缩；如何下载所需的资料文件；如何整理工作过程中的图片，等等。当遇到这么多问题时，不是一种软件就可以全部解决的，不同的软件会针对不同的情况来发挥其相对应的作用。所以，为了能适应现代办公的要求，提高办公效率，办公人员不但要掌握 Office 这样的大型办公软件，还要了解一些常用办公软件的使用。

7.1 压缩与解压缩工具——WinRAR

WinRAR 是现在比较好用的压缩工具之一，使用方便，在压缩率和速度方面都有很好的表现。支持文件的压缩、解压缩以及分卷压缩等多种形式，并能创建 RAR、RAR4 和 ZIP 格式的压缩文件，可进行压缩比和密码设置，满足不同用户的需要。现在以 WinRAR 5.0 版为例介绍它的使用方法。

1. 压缩文件

启动 WinRAR 之后，主界面如图 7-1 所示，画面明快简洁，主要包括菜单栏、工具栏、地址栏和文件列表四个组成部分，将鼠标指针移动到工具栏上的按钮时，会浮现功能提示。

利用 WinRAR 进行文件压缩可以通过两种方式来完成，具体操作步骤如下。

（1）利用向导进行文件压缩

① 单击主界面的“向导”按钮，或选择“工具→向导”菜单，弹出“向导：选择操作”对话框，如图 7-2 所示。

选择“创建新的压缩文件”，单击“下一步”按钮，出现“请选择要添加的文件”对话框，选择被压缩的文件或文件夹，单击“确定”，出现“选择压缩文件”对话框，如图 7-3

所示。若单击“浏览”按钮，可以重新选择被压缩的文件或文件夹。

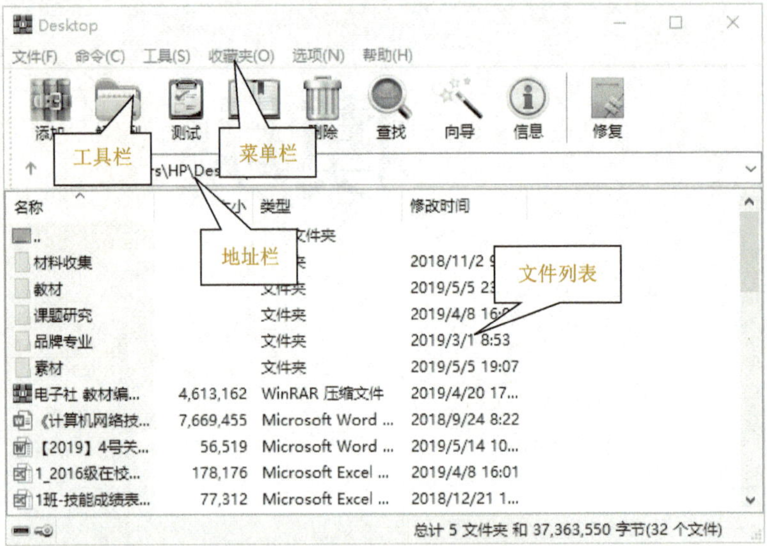

图 7-1　WinRAR 程序主界面

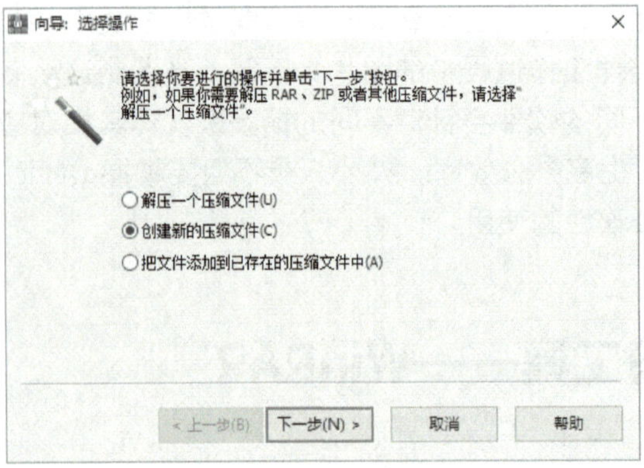

图 7-2　向导：选择操作

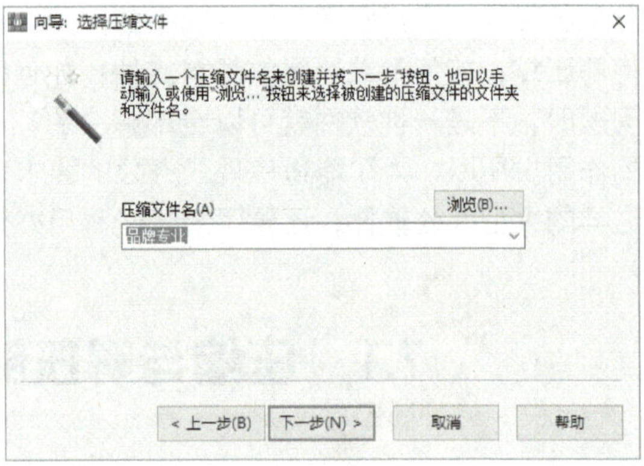

图 7-3　设置压缩文件名和路径

② 单击“下一步”按钮，进入“压缩文件选项”对话框，如图 7-4 所示。其中有 3 个选项，一般选择第一项进行压缩，可以获得较快的压缩速度，但压缩率相对较小。

③ 如果要压缩的文件需要保密，可以单击图 7-4 中“设置密码”按钮。打开“输入密码”对话框，如图 7-5 所示。

进行密码设置，这样在解压缩该文件时，先输入密码才可解压缩文件，确保安全。

④ 设置完成后，在图 7-4 对话框中单击“完成”按钮，开始文件压缩，生成的压缩文件默认扩展名为.rar。

（2）利用菜单完成文件压缩

利用右键菜单完成文件压缩更加简单快捷。

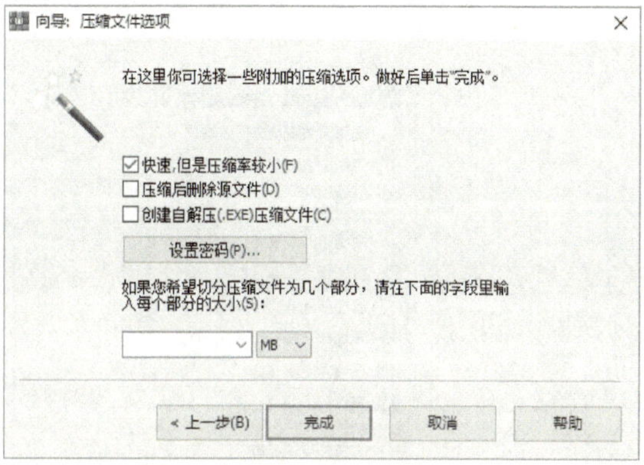

图 7-4　压缩文件选项设置

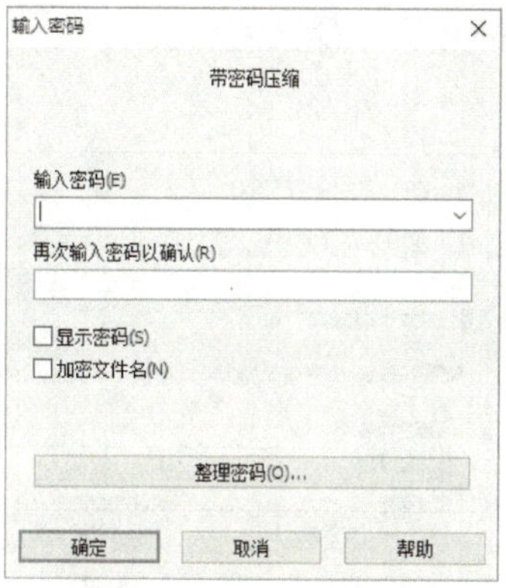

图 7-5　"输入密码"对话框

- *在 WinRAR 运行的情况下*

在 WinRAR 主窗口中，选择要进行压缩的文件，单击工具栏中的"添加"按钮或选择"命令"菜单下的"添加文件到压缩文件中"选项，打开如图 7-6 所示的"压缩文件名和参数"对话框，输入压缩后的文件名称，默认的文件保存位置是源文件所在的文件夹。如果想更改压缩文件的存放路径，可单击"浏览"按钮进行选择。如果要改变文件的压缩方式，可以单击"压缩方式"文本框右侧的按钮，在下拉菜单中选择其他的压缩方式。通过"切分为分卷，大小"，WinRAR 将会按照设定的大小生成几个分割压缩包，实现分卷压缩。如果要对文件压缩进行加密，可以单击"设置密码"按钮，在打开的如图 7-5 所示对话框中进行设置。如果想在没有安装解压缩软件的电脑上使用解压文件的话，则在压缩时需要创建自解压文件，在图 7-6 中的"压缩选项"中勾选"创建自解压格式压缩文件"选项，再进行压缩。设置完成后单击"确定"按钮，系统会根据设置进行文件的压缩操作。

- *在 WinRAR 软件没有运行的情况下*

先选择需要压缩的文件及文件夹，右击，在弹出的快捷菜单中有两个选项："添加到压缩文件"和"添加到[××××××→指压缩的文件名].rar"，如图 7-7 所示，单击"添加到压缩文件"按钮，会出现"压缩文件名和参数"对话框，如图 7-6 所示。相关操作不再赘述。

这时如果单击"添加到[××××××→指压缩的文件名].rar"选项，则系统直接创建以指定压缩的文件名命名的压缩文件，不再产生对话框及提示信息。

2. 解压缩文件

解压缩文件可以使用向导操作，也可以使用菜单操作。

运行 WinRAR，在文件列表框中选中要解压缩的文件，单击工具栏中的"解压到"按钮或选择"命令"菜单下的"解压到指定文件夹"选项，如图 7-8 所示，打开如图 7-9 所示的"解压缩和选项对话框"对话框。设置将文件解压缩后存放的路径，单击"确定"。

WinRAR 也提供了更简单的解压缩方法：右击压缩文件，在系统右键菜单中包括了三个 WinRAR 提供的命令："解压文件"表示将压缩文件解压到指定文件夹下；"解压到当前文件夹"表示将压缩文件解压到压缩文件所在的文件夹下；"解压到[压缩文件名]"表示在当前路径下创建与压缩包名字相同的文件夹，然后将压缩包文件解压到这个文件夹下。无论使用哪种方法，都很方便。

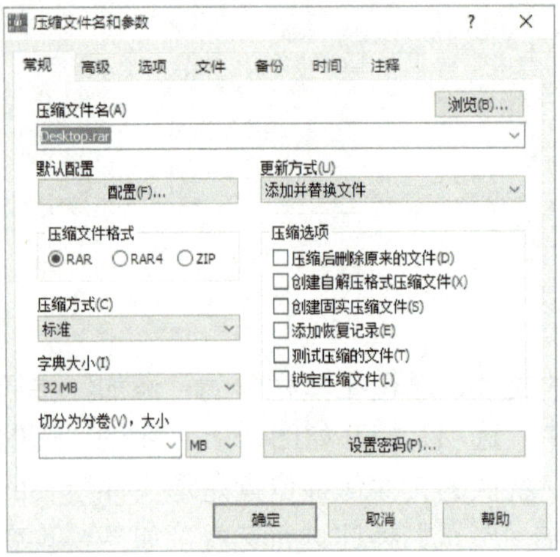

图 7-6 “压缩文件名和参数”对话框

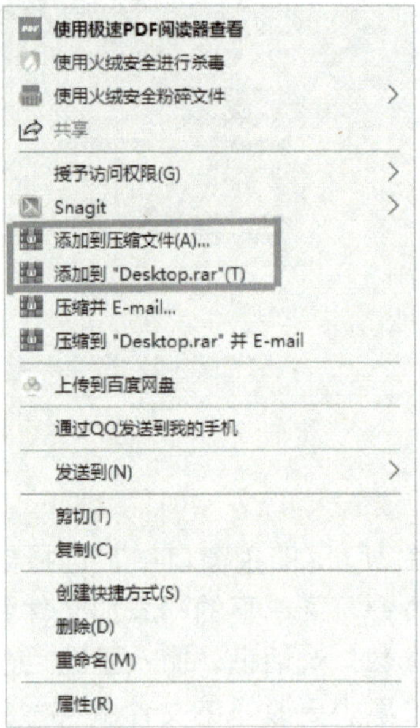

图 7-7 快捷菜单

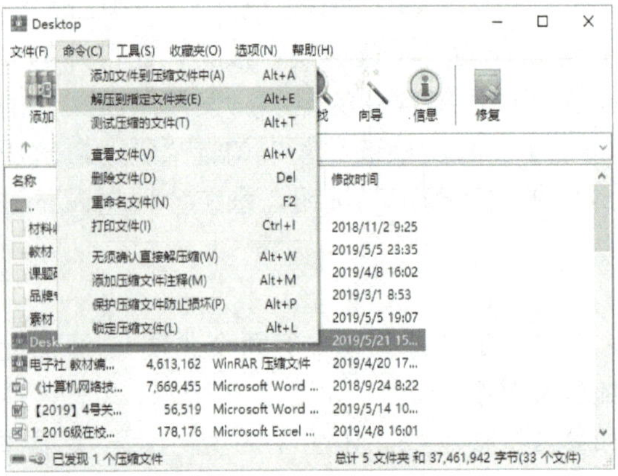

图 7-8 解压缩界面

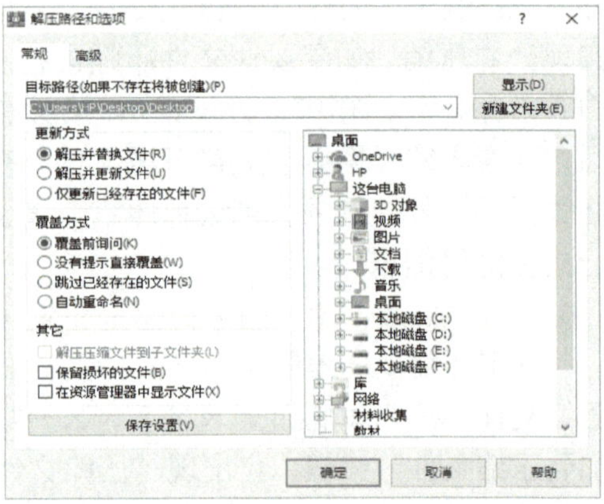

图 7-9 “解压路径和选项”对话框

3. 制作分卷压缩文件

在 WinRAR 中也集成了分卷压缩的功能，在制作压缩文件的时候能够将某个大文件分割压缩存放在指定的文件夹中，大大方便我们的使用。

（1）创建分卷压缩文件

右击需要分卷压缩的文件或者是文件夹，在弹出的菜单中选择“添加到压缩文件”选项，打开图 7-6 所示的“压缩文件名和参数”对话框。在该对话框中，选择分卷压缩之后的文件存放的路径和名称。同时在“压缩方式”下拉列表中选择采用何种方式进行压缩，建议采用“最好”方式，这样能够让 WinRAR 最大限度地压缩文件。在“切分为分卷，大小”下拉列表中可以设置每一个分卷压缩包的大小。设置完毕后，单击“确定”按钮，系统开始对选定文件进行压缩。

生成的分卷压缩文件以自定义的文件名为前缀，以 part1、part2…之类为后缀，如图 7-10 所示。

图 7-10　分卷压缩

（2）解压分卷压缩文件

要想解压该种类型的文件，必须将所有的分卷压缩包存放在同一个文件夹下，然后选择任一压缩包文件进行解压，WinRAR 就会自动读取所有连续的文件，自动解压并将它们组合成一个文件。

【实例 21】压缩我的旅行相片

实例分析

数码相机为我们的旅行提供了方便，将我们众多美好的回忆保存为数字文件，每次外出都会拍摄大量的相片。如果想把这些相片通过网络发送给亲朋好友，打包压缩文件和解压缩文件就显得尤为重要。为了传输方便，打包时将这些照片压缩成分卷压缩文件，为了防止接收照片的电脑没有安装解压缩软件，所以压缩时创建成自解压压缩文件，并为压缩文件添加密码保护。

操作过程

（1）运行 WinRAR 软件，选择需要压缩的照片文件，单击工具栏中的“向导”按钮，打开如图 7-2 所示的“向导：选择操作”对话框，选择“创建新的压缩文件”选项，单击“下一步”按钮。

（2）在打开的“请选择要添加的文件”对话框中，选择进行压缩的照片文件单击“确定”按钮。在打开的“向导：选择压缩文件”对话框中，在“压缩文件名”文本框中输入要保存的文件名，单击“下一步”按钮。

（3）在打开的如图 7-11 所示的“向导：压缩文件选项”对话框中选择“创建自解压（.EXE）压缩文件”复选项。

（4）单击“设置密码”按钮，打开如图 7-5 所示的“输入密码”对话框，输入密码后单击“确定”按钮。

（5）在“如果您希望切分压缩文件为几个部分，请在下面的字段里输入每个部分的大小”提示文件框中输入或选择分卷的大小，单击“完成”按钮。

形成的压缩文件如图 7-12 所示。

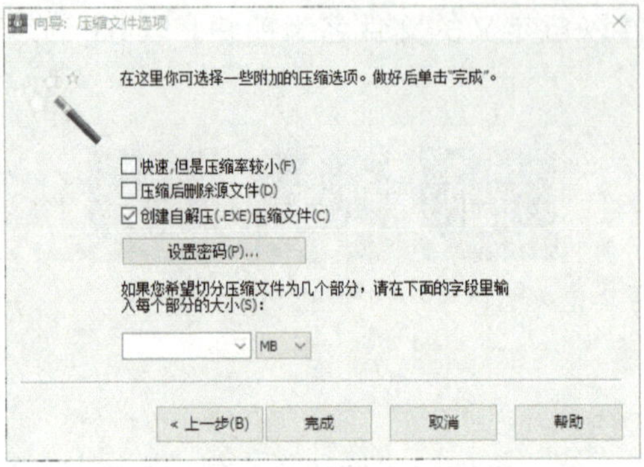

图 7-11　“向导：压缩文件选项”对话框

图 7-12　制作的分卷自解压缩文件

7.2　下载工具——迅雷

迅雷是一个使用多资源超线程技术的下载工具软件。多资源超线程是基于网格原理的下载技术，它能将网络上存在的服务器和计算机资源进行有效地整合，构成独特的迅雷网络，通过迅雷网络各种数据文件能够以最快的速度进行传递。目前，迅雷已经成为从网络上下载资料的主要工具之一，其新版本为迅雷 X。

1. 了解迅雷 X

启动迅雷 X 后，打开迅雷主界面，各部分名称，如图 7-13 所示。

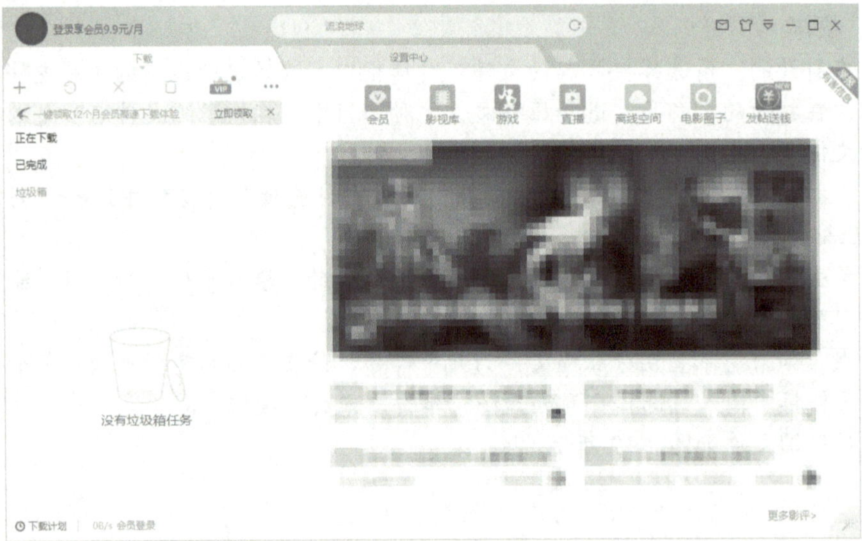

图 7-13　迅雷 X 主界面

在迅雷的主界面左侧是任务管理窗口。该窗口中包含一个“下载”选项卡，其中常用项分为“正在下载”“已完成”和“垃圾箱”。

单击一个选项就会看到这个选项里的任务，选项的作用如下。

- 正在下载——没有下载完成或者错误的任务都在这个分类，当开始下载一个文件的时候就需要点“正在下载”查看该文件的下载状态，如图 7-12 所示。
- 已完成——下载完成后任务会自动移动到“已下载”分类，如果你发现下载完成后文件不见了，单击“已下载”分类就看到了。
- 垃圾箱——用户在“正在下载”和“已完成”中删除的任务都存放在迅雷的“垃圾箱”中，“垃圾箱”的作用就是防止用户误删，在“垃圾箱”中删除任务时，会提示是否把存放于硬盘上的文件一起删除。

2. 系统设置

在主界面中单击“更多”按钮 •••，在下拉菜单中选择“设置中心”项或单击主菜单下的“设置中心”按钮，都会打开“设置中心”界面，它以选项卡的形式排列在“下载”选项卡的右侧，如图 7-14 所示。

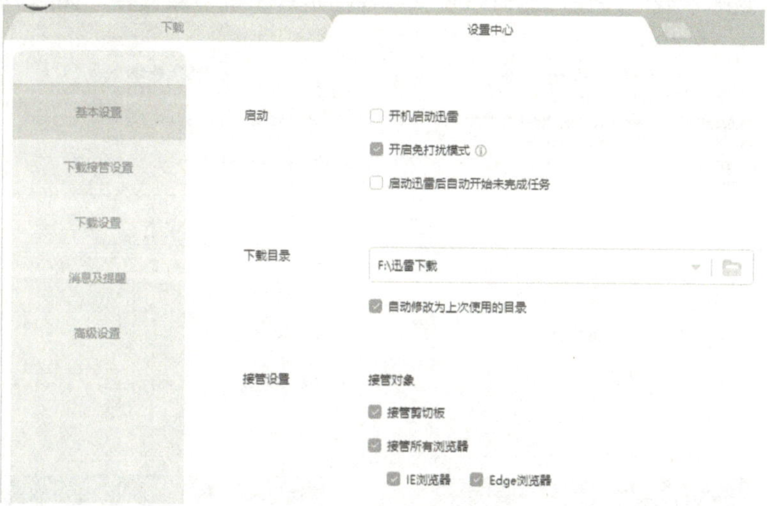

图 7-14 “设置中心”页面

该页面中包含了所有的设置项目，在左侧可以通过“基本设置”“下载设置”“高级设置”等进行快速定位。

3. 文件下载

（1）新建下载任务

单击主菜单中的“新建下载”菜单命令或工具栏上的“新建任务”按钮 +，打开“添加下载链接”对话框，如图 7-15 所示，在文本框中输入链接的 URL 地址，单击“立即下载”按钮即可。

（2）计划任务

单击主界面左下侧的“下载计划”按钮，在打开的菜单中选择“计划任务”，打开“计

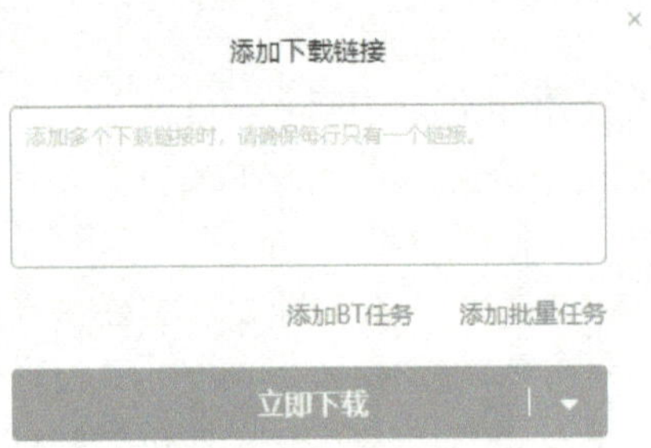

图 7-15 “添加下载链接”对话框

划任务，按时下载”对话框，设置任务执行的时间点，选择任务性质，然后单击“确定计划”按钮，迅雷会按计划任务来确定执行情况。

（3）批量下载任务

迅雷可以一次将多个具有相同特征的文件进行批量下载。在如图 7-15 所示的对话框中，单击“添加批量任务”按钮，打开“新建下载任务”对话框，如图 7-16（a）所示。假如网站 http://www.bai***.com/aa 中提供了 12 个文件名相似的文件，如超级工程 00.rar、超级工程 01.rar、超级工程 02.rar……，这些文件名中只有数字部分不同，如果用（*）表示不同的部分，这时在对话框的“通过 URL 过滤”中填写：“http://www.bai***.com/aa/超级工程（*）.rar”，通配符部分代表 0-11，通配符长度为 2 位，这时在对话框中填写“从 0 到 11 通配符长度：2”，需要下载的文件就会出现在下方的窗口中，如图 7-16（b）所示，这时单击“确定”按钮，在“新建下载任务”对话框中确定保存位置，单击“立即下载”按钮，这时系统就会在指定的位置下载文件，如图 7-17 所示。

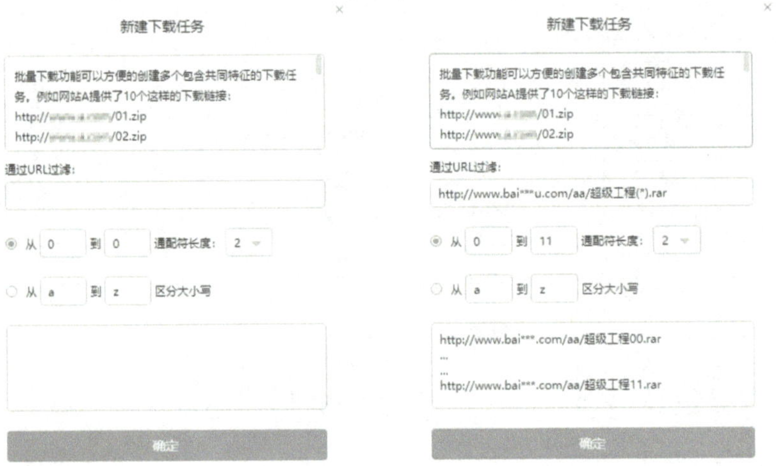

（a）　　　　（b）

图 7-16 “新建下载任务”对话框

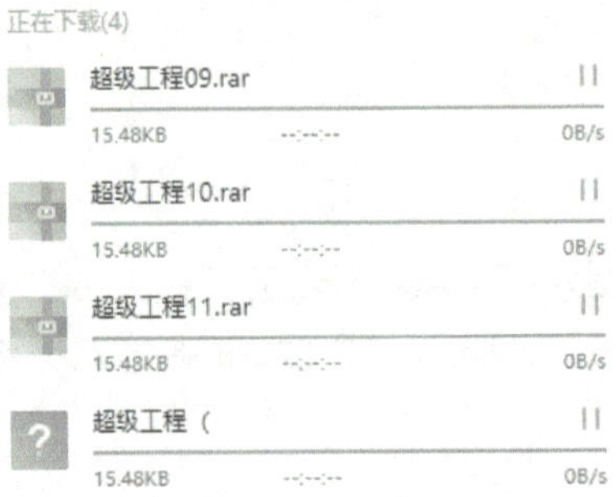

图 7-17 文件下载

【实例 22】下载视频文件

实例分析

我国实行改革开放以来，社会飞速发展，人民生活水平得到了很大的提高，特别是在新的历史条件下，我国提出的“一带一路”倡议以来，综合国力得到了迅猛提升。李明亲身体验到社会的发展，从内心感受到生活日新月异的发展变化，他想将反映时代发展的专题片下载下来，作为记录时代声音的一种素材，以备办公之需。他想使用迅雷软件从网站上下载《大国重器》。

操作过程

（1）运行下载工具迅雷 X。

（2）寻找迅雷资源的不同方式。

利用迅雷下载之前，需要先找到下载资源。这些资源可以直接百度搜索视频下载，也可以利用种子资源下载视频，还可以利用迅雷专用下载网站下载视频。他在浏览器的搜索栏内输入“大国重器 迅雷下载 mp4”，系统会显示搜索结果，如图 7-18 所示。

图 7-18　浏览器搜索内容

（3）选择“《大国重器》迅雷下载_BT种子磁力下载 - LOL电影天堂”项，会打开相应窗口，并显示下载地址，如图 7-19 所示。

（4）单击其中的某一个文件，右击，在弹出的快捷菜单中选择“复制链接”项，系统会自动打开迅雷中的“新建下载任务”对话框，并将相应地址自动填充在该对话框中，确定保存位置后，单击“立即下载”按钮，进入下载状态，如图 7-20 所示。

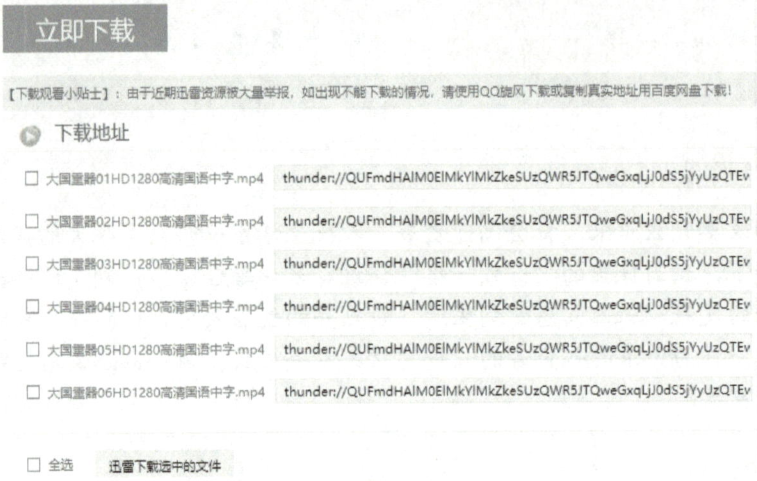

图 7-19　地址栏列表

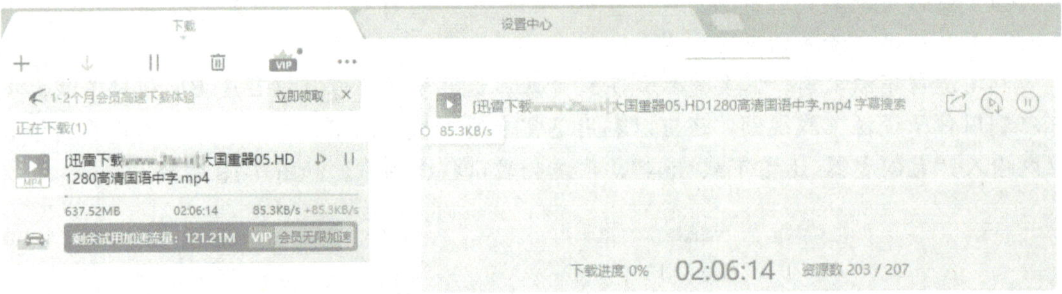

图 7-20　文件下载进度界面

7.3　文件格式转换工具——格式工厂

格式工厂（Format Factory）是一款万能多媒体格式转换软件，适用于 Windows 系统。其可以实现大多数视频、音频以及图像不同格式之间的相互转换。转换可以设置文件输出配置，增添数字水印等功能。目前在办公软件中使用比较多，并且功能较多，只要装了格式工厂无须再安装多种转换软件。下面介绍 4.6.2 最新版本格式工厂的使用方法，其主界面如图 7-21 所示。

1. 格式工厂界面介绍

软件运行后的界面如图 7-21 所示，它是由标题栏、菜单栏、功能列表、工具栏和任务列表区等构成。在主界面左侧提供了 6 项功能列表，分别是“视频”“音频”“图片”“文档”“光驱设备\DVD\CD\ISO”和“工具集”，如图 7-22 所示。在进行格式转换前需要选择相应的类型，再在其中选择要具体转换成的格式即可。

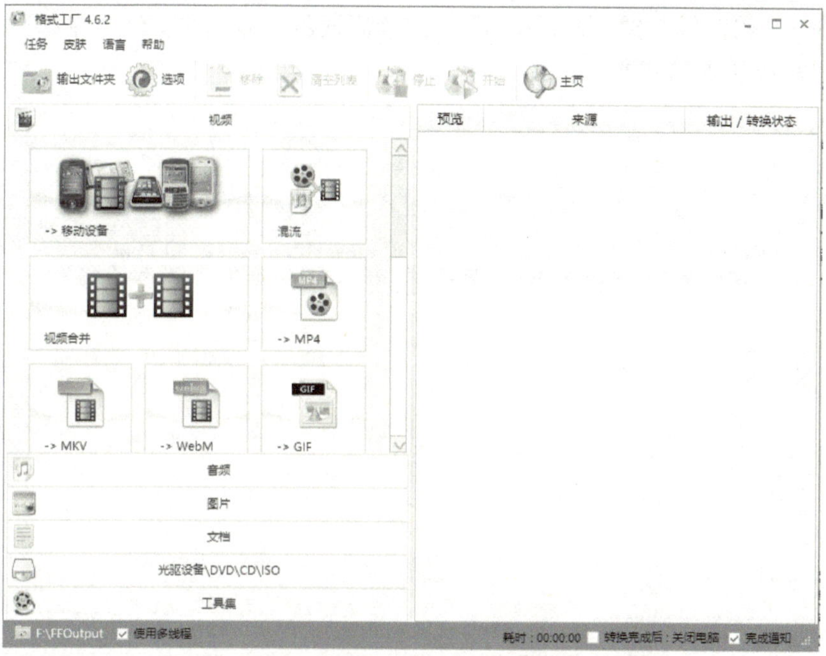

图 7-21 格式工厂 4.6.2 版本的主界面

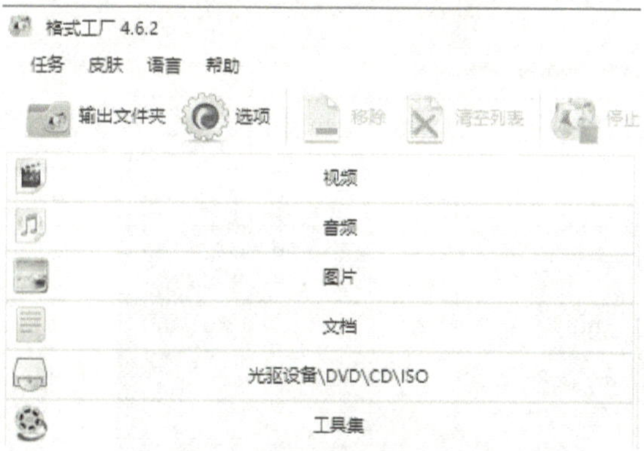

图 7-22 转换功能列表

2. 视频格式转换

下面以转换成 MP4 格式为例介绍视频格式的转换方法。

（1）在格式工厂主界面中，单击“视频”按钮，选择“->MP4”选项，打开“->MP4”对话框。

（2）单击“添加文件”按钮，弹出“打开”对话框，选择需转换格式的视频文件，单击“打开”按钮，将所选文件自动添加到文件列表中，如图 7-23 所示。

（3）根据需要设置以下各选项。

单击“剪辑”按钮，会弹出视频截取对话框，如图 7-24 所示。使用播放窗口下方的操作按钮对视频进行播放控制，播放到开始的合适位置单击“截取片断”中的“开始时间”按钮，这时开始的时间被记录到后面相应的文本框中；在结束位置单击“结束时间”按钮，结束时间自动被记录到后面的文本框中。这时也可以直接将开始时间和结束时间输入到“开始时间”或“结束时间”对应的后面的文本框中。设置完毕后，单击“确定”按钮，完成视频的截取。

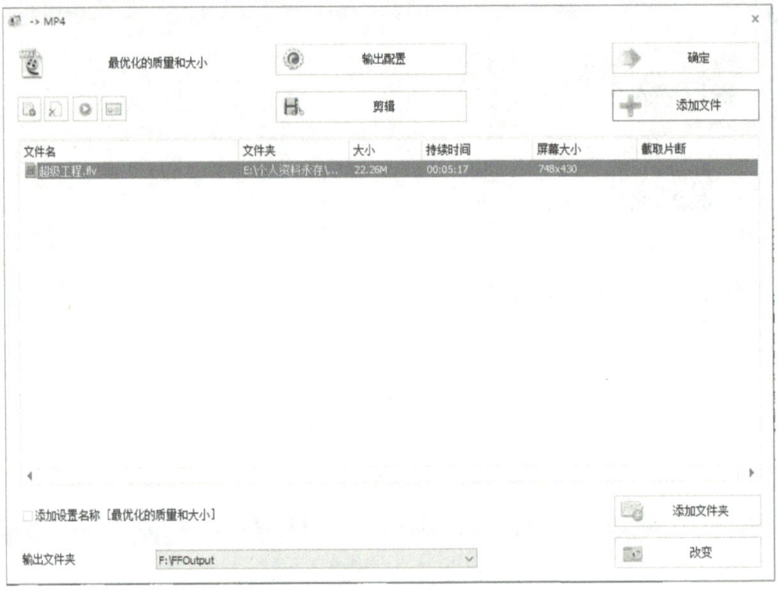

图 7-23　“->MP4”对话框

图 7-24　视频截取对话框

单击“输出配置”按钮，会弹出“视频设置”对话框，如图 7-25 所示，在该对话框中可以对输出的画面大小、视频流、音频流、附加字幕及水印等进行相应设置，设置完成后单击“确定”按钮。

单击下方“输出文件夹”右侧下拉列表，可以选择视频格式转换后的保存位置，也可以单击后面的“改变”按钮，在打开的对话框中选择保存位置。

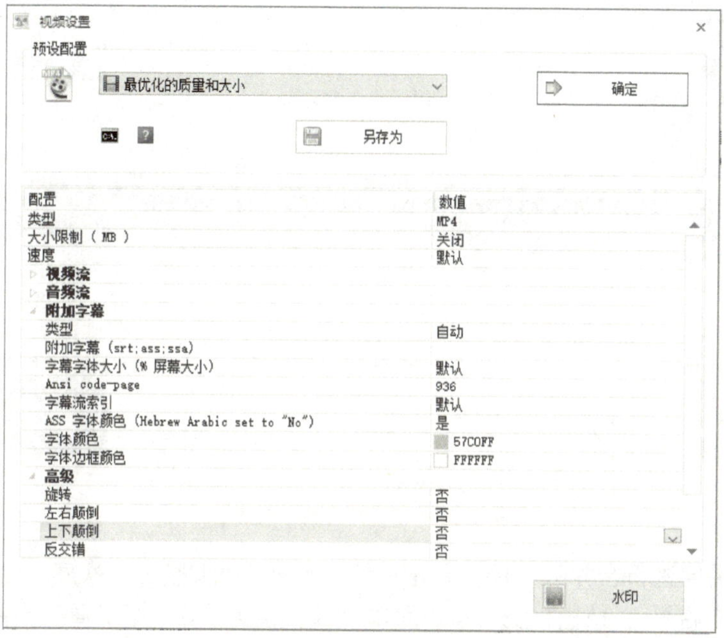

图 7-25 “视频设置”对话框

（4）各项设置完成后，单击“确定”按钮返回格式工厂主界面，这时刚才设定的内容就会出现在主界面的任务空格中，单击工具栏上的“开始”按钮，视频格式开始转换并显示转换进度，转换完成后显示“完成”按钮，如图 7-26 所示，这时可以单击后面的按钮查看转换效果。

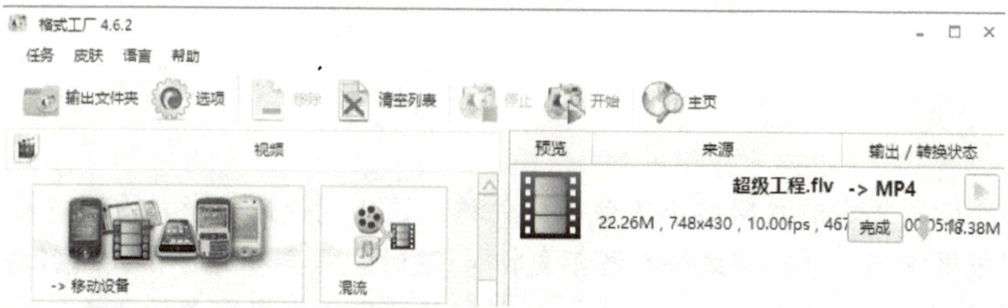

图 7-26 格式转换完成界面

3. 音频格式转换

在格式工厂中对音频格式的转换操作与视频格式的转换类似，在这里再赘述。

4. 音频/视频合并

格式工厂可以将多个音频或视频文件进行合并，达到将多个文件进行连接的效果。下面以视频合并为例介绍其操作步骤。

（1）在格式工厂的主界面中的功能列表中，单击“工具集”选项中的“视频合并”按钮，弹出“视频合并”对话框。

（2）单击“添加文件”或“添加文件夹”按钮，添加需要进行合并的视频文件，如图 7-27 所示。

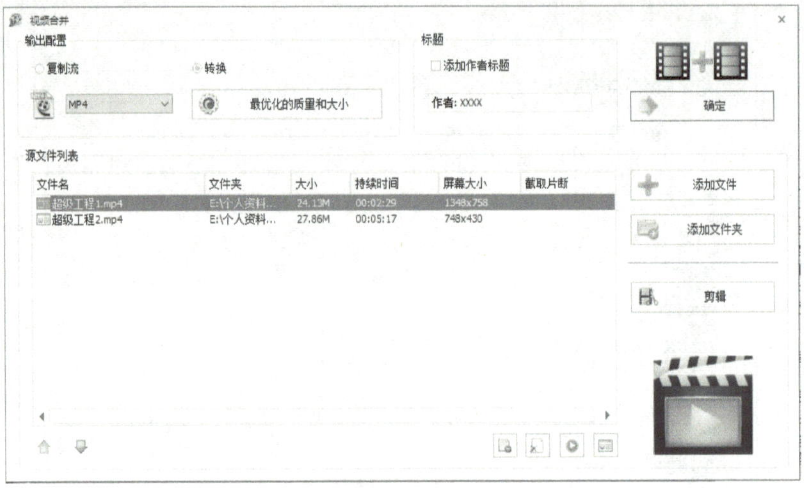

图 7-27 “视频合并”对话框

（3）选择需要进行合并的文件，单击按钮或可以调整上下次序（合并时上面的在前面，下面的在后面）；单击按钮可以移除文件；单击按钮可以清空当前文件列表；单击按钮可以播放选定的文件；单击“剪辑”按钮，可以对选定的视频文件进行剪辑操作。设置完成后，单击“确定”按钮。

（4）在主界面中选择要合并的任务，单击工具栏上的“开始”按钮，即可进行合并操作。

【实例 23】实现视频格式转换及影音合成

实例分析

由于办公需要，有时在网络上下载的文件格式达不到使用要求，有时下载的音视频文件在部分浏览器中不能播放（文件类型不支持），这时就需要将文件格式进行转换。在一些环境中用到视频文件与音频文件的合成，起到影视后期的影音合成的效果。李明在网络上下载了一个视频文件“超级工程.flv”，该文件是 FLV 格式，下载后发现该文件在一体机上不能播放，他想使用格式工厂将这种格式文件转换为一体机能支持的 MP4 格式文件，并且转换后将该视频文件与音频文件“我和我的祖国.mp3”混合操作。

操作过程

（1）运行格式工厂，在主界面中选择功能列表框中的“视频”菜单项，单击“->MP4”选项，打开“->MP4”对话框，如图 7-15 所示。

（2）单击“添加文件”按钮，在打开的“打开”对话框中选择需要转换格式的 FLV 文件，单击“打开”按钮，将选定的文件添加到“->MP4”对话框的列表框中。

（3）选择添加的文件，单击“确定”按钮，返回主界面，设置好的任务自动到主界面的任务窗格中。

（4）选择该任务，单击工具栏上的“开始”按钮，视频格式开始转换，转换结束后显示“完成”。

（5）在主界面中，选择功能列表框中的“视频”菜单，选择“混流”选项，或选择“工具集”菜单中的“混流”选项，都会打开混流对话框，如图 7-28 所示。

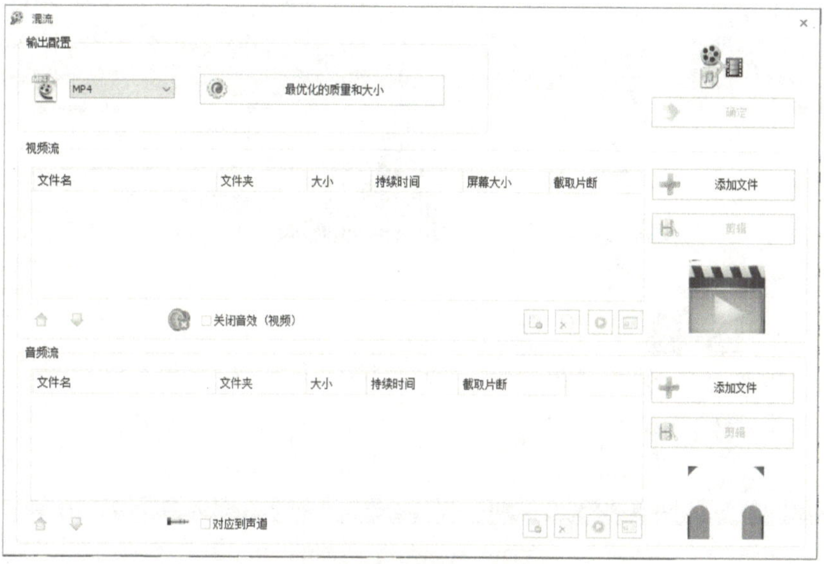

图 7-28 “混流”对话框

（6）单击“视频流”右侧的“添加文件”按钮，在打开的“打开”对话框中选择已经转换完成的 MP4 视频格式文件，单击“打开”按钮，选择的文件就会出现在“混流”空格中。

（7）单击“音频流”右侧的“添加文件”按钮，在打开的“打开”对话框中选择 MP3 音频格式文件，单击“打开”按钮，选择的文件就会出现在“混流”空格中，如图 7-29 所示。

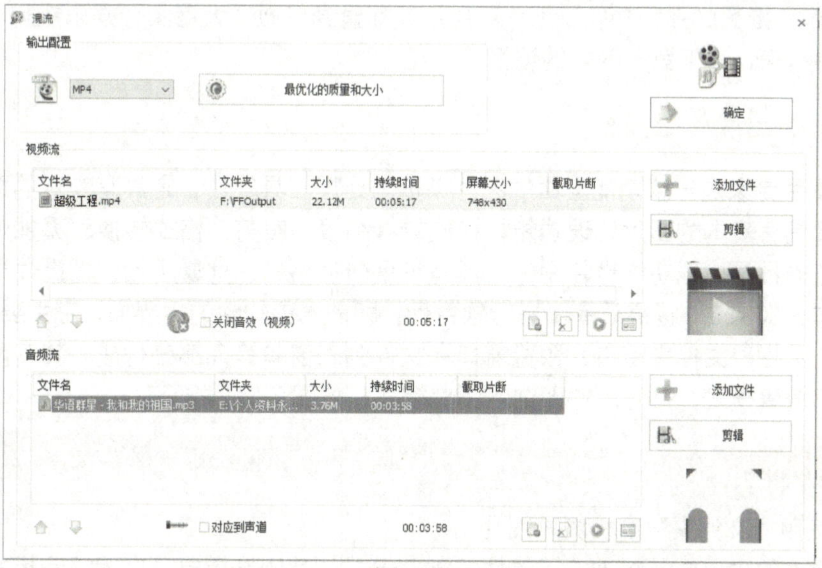

图 7-29 添加文件后的“混流”对话框

（8）单击“确定”按钮，设置好的内容就会出现在主界面的任务窗格中，如图 7-30 所示，选择该任务，单击工具栏上的“开始”按钮进行混流操作，并显示混流进度，结束后显示“完成”。

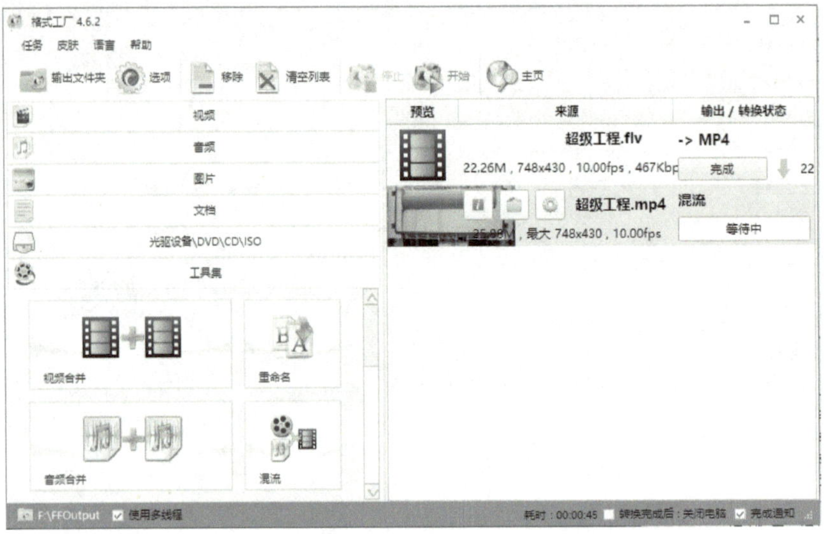

图 7-30　任务添加后的主界面

7.4　图片专家——iSee

在日常办公中有时会处理大量数码照片，对数码照片的后期处理好像是少数“PS 高手”的专利，这也成了一些初学电脑者难以逾越的一道鸿沟。针对此方面的问题，这里介绍一款比较易用的图片处理软件——iSee。这是一款功能全面的数字图像浏览处理工具，不但具有和 ACDSee 媲美的强大功能，还针对用户实际量身订做了大量图像娱乐应用。让你的图片真正地动起来，留下更多美好的记忆。

1. iSee 图片专家简介

iSee 图片专家是一款功能全面的图片浏览与处理工具软件，它具有专业的图片浏览功能，同时又具有基本的图片处理功能，如旋转、缩放、裁剪、格式转换、添加注释和水印等。另外它的批量处理功能也特别好，具有批量转换格式、批量压缩、批量效果处理等，可以让工作一次完成，提高效率。运行软件后，即进入该软件的主界面，它主要由标题栏、菜单栏、工具栏、文件夹窗口、预览窗口和文件列表窗口等几部分构成。其有两种模式：浏览模式和编辑模式，打开软件即进入浏览模式，如图 7-31 所示。

2. 浏览图片

（1）使用“文件夹”窗格浏览图片

进入软件的主界面，就进入了软件的浏览模式，其浏览模式又有缩略图模式和大视图模式，图 7-31 所示界面为缩略图模式，在缩略图模式下双击所要处理的图片后，会进入程序的大视图模式，如图 7-32 所示。在大图视图模式下只要按 ESC 键或双击图片即可返回缩略图显示模式。在浏览图片时，单击主界面左侧“文件夹”按钮，在下面显示的目录结构中选择图片所在文件夹，在右侧文件列表窗口中就会显示文件夹中的内容，其显示方式可以通过“查看”菜单中的“查看方式”来具体确定，只要单击某一图片，该图片就会显示在左侧预览空格中。

图 7-31　iSee 主界面

图 7-32　大视图模式

（2）使用“大视图模式”浏览图片

在缩略图显示模式下，双击文件列表窗口中的图片，则会进入图片的大视图模式。在这种模式下可以通过工具栏上的“前进”“后退”按钮切换图片，也可以通过鼠标滚轮来切换。

通过工具栏上的“放大”“缩小”改变显示大小，通过“左旋”“右旋”实现图片方向的调整。

单击“大小”按钮，会打开“调整图像大小”对话框，如图 7-33 所示，通过该对话框可以调整图像的大小。

单击“幻灯”按钮，进入图片的幻灯浏览方式，图片之间以幻灯片的方式进行切换。其切换方式可以单击该按钮右侧的下拉列表按钮，在下拉菜单中选择“幻灯设置”菜单项，打开“幻灯片设置”对话框，如图 7-34 所示，根据需要设置各选择，设置完成后，单击“确定”按钮。

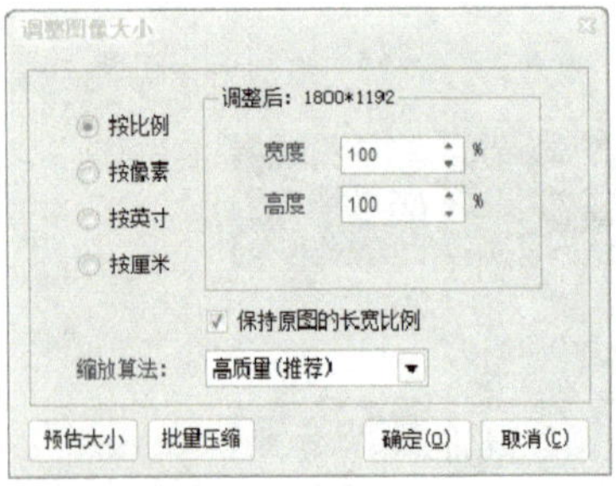

图 7-33　调整图像大小

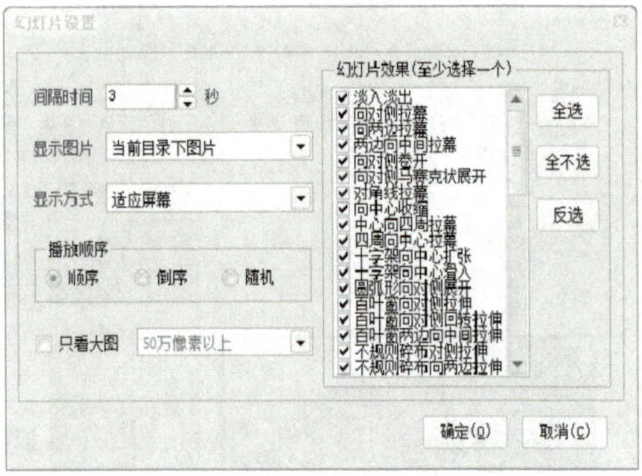

图 7-34　“幻灯片设置”对话框

3. 编辑图片

每位摄影者对拍出的照片不可能百分之百的满意，后期的处理必不可少，现在可以使用 iSee 对其进行修复操作。

（1）调整图片的亮度/对比度/饱和度

在大视图模式下，单击“图像调整”菜单的“亮度/对比度”按钮，打开“iSee 亮度/对比度/饱和度”对话框，如图 7-35 所示，调整时可以拖动相应的滑块进行调节，同时观察预览窗口中的调节效果，感到满意时单击“确定”即可。

图 7-35　亮度/对比度/饱和度调整对话框

（2）裁剪图像

在大视图模式下，单击“裁剪”按钮或单击“图像调整”下的“裁剪”按钮，会打开“任意尺寸裁剪”对话框，如图 7-36 所示，在该对话框中可以按“任意尺寸”“按比例”“固定尺寸”进行裁剪。也可以选择“图像调整”菜单下的“自动裁剪”选项，在打开的级联菜单中单击某一个项目，系统就会按选定的比例进行裁剪，如图 7-37 所示。

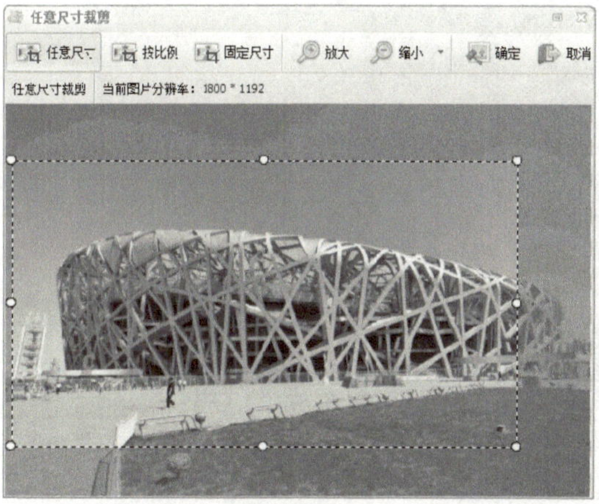

图 7-36 裁剪图片

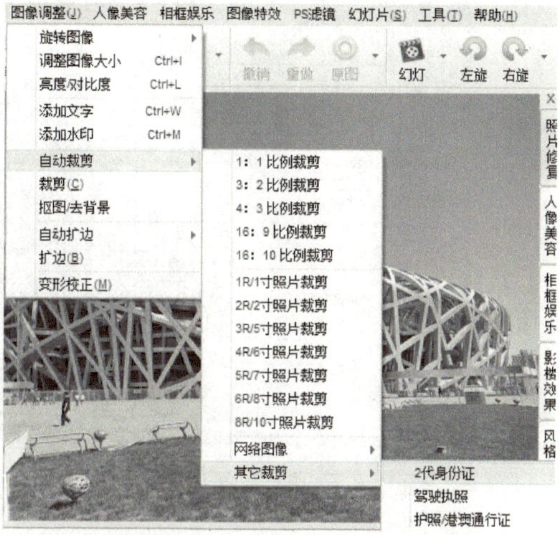

图 7-37 “图像调整”菜单

（3）添加文字或水印

iSee 提供了给图片添加文字和水印的功能，这样可以给图片添加上文字或水印，防止别人盗用。添加文字或水印的方法是：在大视图模式下依次单击菜单“图像调整”下的“添加文字”或“添加水印”按钮，或单击显示窗口左侧的文字可水印按钮，都会打开“添加水印/文字”对话框，如图 7-38 所示。

图 7-38 “添加水印/文字”对话框

- 添加文字

如果要在图片中添加文字，则单击右侧的“文字”选项卡，在文字内容框中输入需要添加的文字，调整字体的大小、字型、颜色，设置字体的效果，单击“添加新的文字”按钮，就会将输入的文字添加到图片中，通过“大小”“透明度”“旋转”来调整文字在图片中的大小、透明度及方向，拖动文字可以改变在图片中放置的位置，如图 7-39 所示，设置完成后单击“确定”按钮。

图 7-39 “添加文字”对话框

- 添加水印

在图 7-39 所示的窗口中，单击右侧的“添加水印”选项卡，单击“选择水印”按钮，打开“文件选择”对话框，选择需要作为水印的图片单击“确定”按钮，调整水印图片的存放位置及大小，设置图片的效果，如图 7-40 所示，调整满意后单击“确定”按钮。

图 7-40 “添加水印”对话框

【实例 24】屏保相册的制作

实例分析

在日常学习和工作过程中，李明收集了大量的图片素材，有些图片素材的格式不一致，他想利用 iSee 软件，将部分 PNG 格式的图片转换成 JPG 格式，由于图片比较多，他想利用此软件的批量功能来实现，并且将转换后的图片制作成一相册屏保，实现图片显示的自动切换。

操作过程

（1）在 iSee 主界面中，单击工具栏中的“批量”按钮或单击“工具”菜单中的“批量处理”菜单项，打开“批量处理”对话框，如图 7-41 所示。

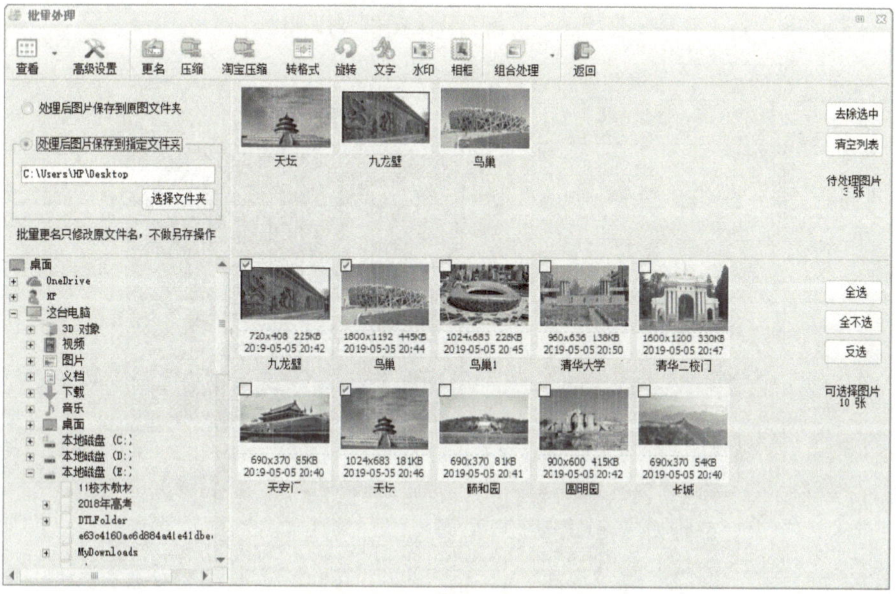

图 7-41 “批量处理”对话框

（2）在左侧文件夹窗口中找到处理的图片所在文件夹，右侧窗口中就显示出该文件夹中的所有图片，并且每张图片的左上角都有一选择框。选择需要的图片，如果选择全部，则单击右侧的“全选”按钮，被选择的图片就会出现在上方的空格中，并且显示待处理图片的张数。

（3）单击左侧“处理后图片保存到指定文件夹”的“选择文件夹”按钮，来确定图片的保存位置。如果想让转换后的图片存放到原图片所在文件夹中，则选择上方的“处理后图片保存到原图文件夹”单选项。

（4）单击工具栏上的“转格式”按钮，打开“批量转换格式”对话框，如图 7-42 所示，选择输出格式 JPG，单击“确定”按钮，这时系统进行转换操作，并显示转换进度，转换完成后，自动关闭“批量处理”对话框，到此转换操作完成。

（5）在主界面中，单击主菜单“幻灯片”下的“合成相册屏保”按钮，打开“合成相册屏保”对话框，如图 7-43 所示。

（6）单击工具栏上的“添加文件”按钮，打开“文件选择-勾选文件为当前选中文件”对话框，如图 7-44 所示，选择相应的图片文件，单击“确定”按钮。所选择的图片会添加到图 7-43 所示对话框的“文件名称”对应的窗格中。

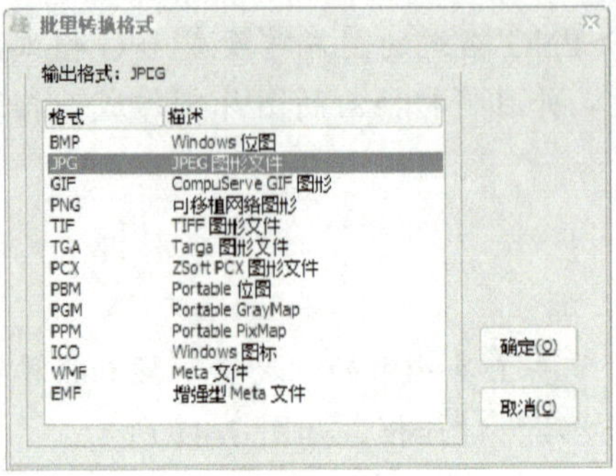

图 7-42 “批量转换格式”对话框

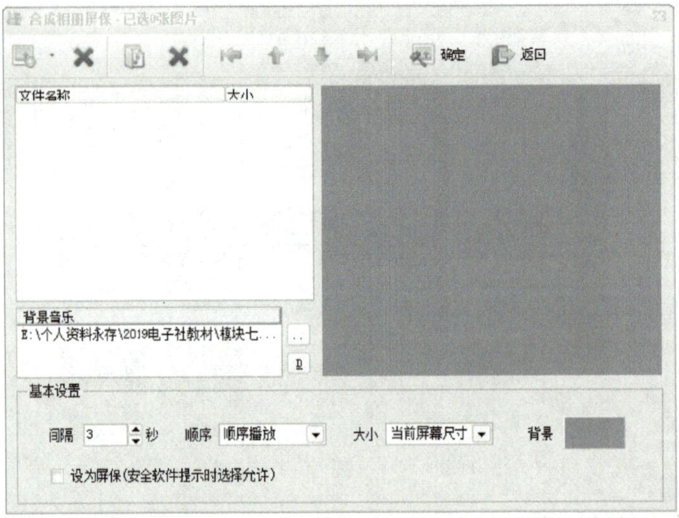

图 7-43 “合成相册屏保”对话框

图 7-44 “文件选择”对话框

（7）在“合成相册屏保”对话框中，选择相应的图片文件，单击上的按钮可以改变图片播放时的先后顺序；在“基本设置”中可以设置播放图片的间隔、顺序、大小及背景显示，并勾选下方的“设为屏保”复选框。

（8）如果想让图片播放时有背景音乐，可以单击工具栏上的按钮，打开“选择音乐文件”对话框，如图 7-45 所示，选择所使用的音乐文件，单击“打开”按钮。

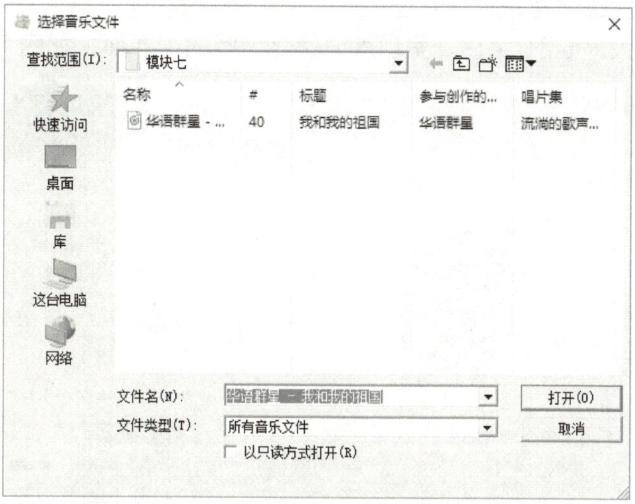

图 7-45　“选择音乐文件”对话框

（9）设置完成后，单击“确定”按钮，打开如图 7-46 所示的“iSee 相册文件”对话框，选择相册文件保存的位置及文件名，单击“保存”按钮，系统开始生成相册并显示进度，完成后显示成功提示，如图 7-47 所示。

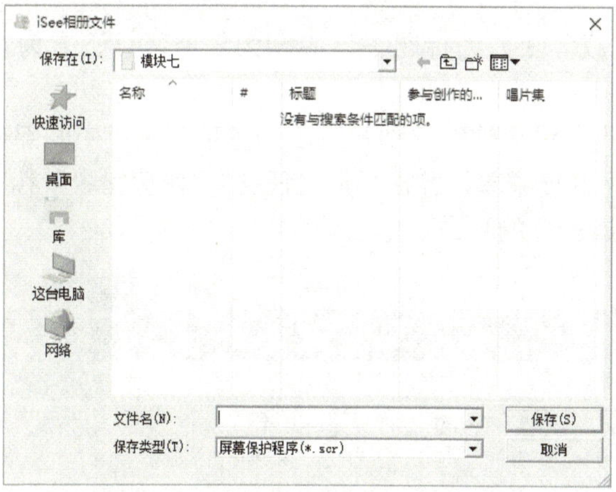

图 7-46　保存相册文件对话框

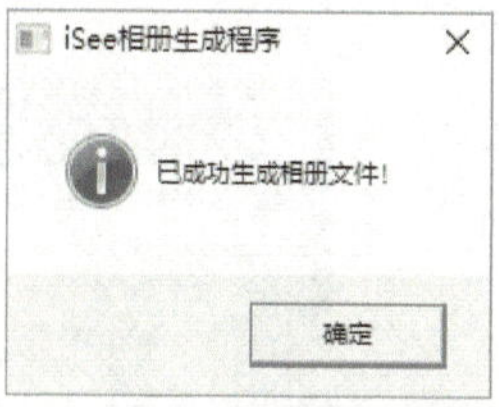

图 7-47　相册完成提示框

7.5　计算机维护工具——魔方优化大师

魔方优化大师（中文名称：魔方电脑大师）是由软媒出品的一款全新的 Windows 优化软件，是世界首批通过微软官方 Windows 7 徽标认证的系统软件，是 Vista 优化大师和 Windows 7 优化大师的升级换代产品。魔方优化大师完美支持 64 位和 32 位的 Windows 10、Windows 8、Windows 7、Windows Vista、Windows XP、Windows 2008、Windows 2003 所有主流 Windows 操作系统。数十项独家和千余项实用功能，魔方是目前世界范围内执行效率最高的一款顶级综合型系统软件。它能够为计算机系统提供全面有效、简便安全的优化、清理和维护，让系统始终保持在最佳状态。

启动魔方优化大师 6.21 之后，呈现魔方优化大师的主界面，如图 7-48 所示。

图 7-48　魔方优化大师主界面

魔方优化大师主界面由三部分组成。上方为标题栏，中间为任务区，下方为快捷操作区。

上方标题栏中的“菜单”按钮是用于设置软件启动及退出的选项开关；中间部分左侧为体检区，右侧为常用功能区；下方为快捷菜单，包括“定时任务”“快捷指令”和“应用大全”，单击“应用大全”会打开如图 7-49 的界面。

图 7-49　魔方应用大全

【实例 25】优化我的电脑

实例分析

电脑用的久了，往往会出现很多问题，直接的表现为开机速度变慢，打开程序的响应时间延长等。李明想通过魔方优化大师这款软件来给 Windows 进行一个“瘦身”优化操作，使电脑能够重新运行如飞。

操作过程

1. 利用“立即体检”功能给电脑进行健康体检

电脑使用久了，系统必然会有很多垃圾，运行速度会变慢，每天给电脑体检后，可以提升系统运行速度和效率。李明单击主界面中的“立即体检”按钮，系统会对默认的体检项目进行检测，检测过程中可单击“停止检测”按钮停止检测，检测完成后，显示检测结果，并对每个检测项目提出处理方式，如图 7-50 所示。这时可以单击“立即处理”按钮进行相应操作。处理完成后，可以单击“查看报告”按钮，会打开“处理详情报告”对话框。

图 7-50 电脑体检界面

2. “设置大师”对使用者量身定制

首页中的“设置大师”提供了多项设置项目，用户可以根据适用情况选择“系统设置”“系统安全”“网络设置”“系统账户”及“右键菜单”等不同的设置参数来满足个人对电脑的使用要求。李明在主界面中单击“设置大师”按钮，打开如图 7-51 所示的界面。

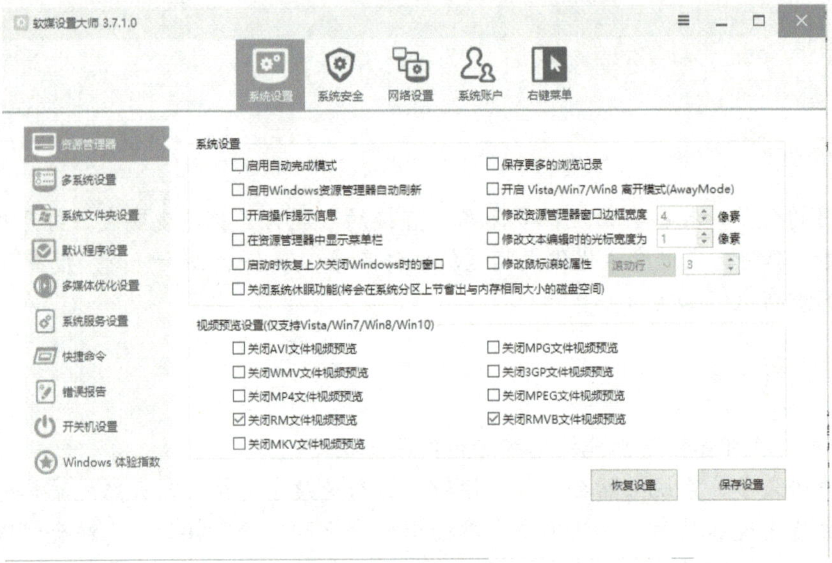

图 7-51　设置大师界面

在界面中，先在上方选择设置对象，下方窗格会显示较为详细的设置内容，用户可以针对不同情况选择或修改，设置完成后，单击“保存设置”即可。

3. “清理大师”清除无用垃圾

首页“清理大师”提供多种系统清理工具，方便用户把诸如注册表垃圾、系统文件垃圾、隐私痕迹、无用字体等无用文件清理彻底，让系统干净清爽。李明单击“清理大师”按钮，弹出对话框，如图 7-52 所示。

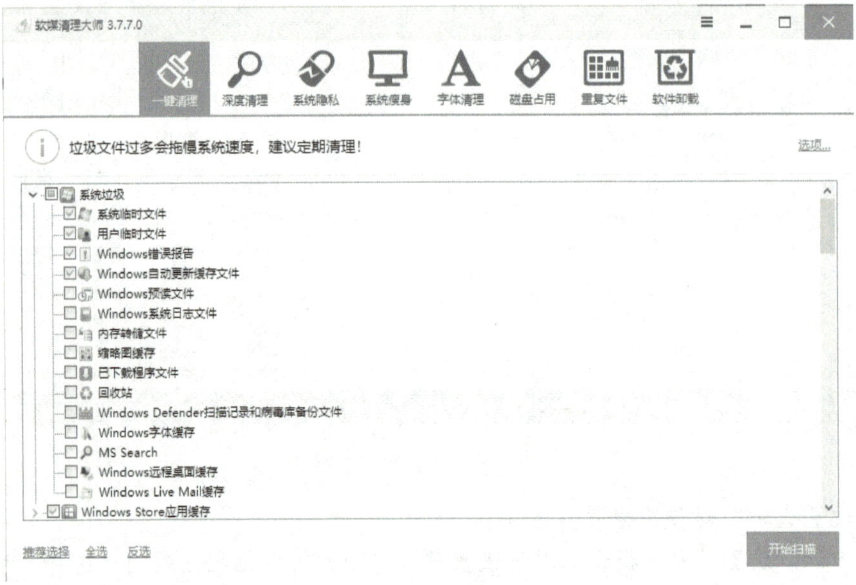

图 7-52　魔方清理大师

在对话框中，可以看到主要的清理工具有一键清理、深度扫描、系统瘦身、系统隐私、字体清理、磁盘占用及重复文件清理等。李明选择“一键清理”工具，选择清理选项，单击“开始扫描”按钮，魔方清理大师会自动扫描出垃圾文件，并显示垃圾文件总量大小，如图 7-53 所示。单击“清理”按钮，完成清理工作。

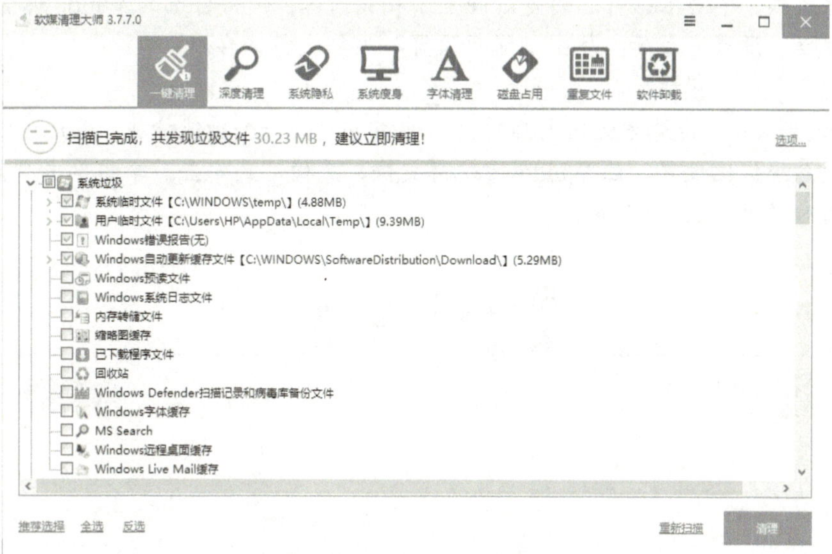

图 7-53 魔方“一键清理”

除此之外，“系统瘦身”工具可以把用不到的帮助文件、驱动、输入法、补丁备份等删除，让 C 盘轻松节省出 1 ~ 4G 空间。而内置的“磁盘占用”功能让用户掌握哪些文件夹或者文件占据了硬盘最大空间，方便用户对硬盘进行管理操作。

4. “美化大师”模块

“美化大师”提供了一个方便用户个性化 Windows 系统的操作平台，如设置系统外观、系统主题、系统属性、系统图标及系统声音等。李明单击“美化大师”按钮，打开的对话框，如图 7-54 所示。

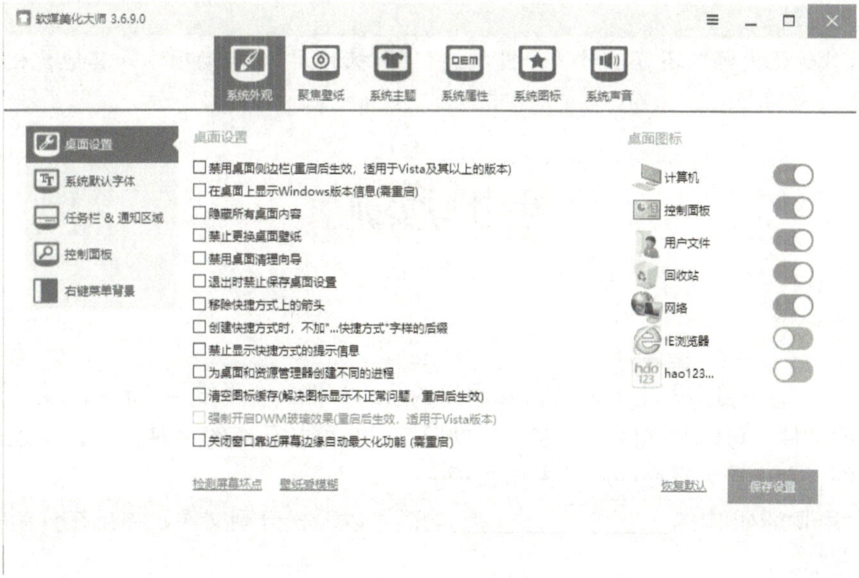

图 7-54 魔方美化大师

可以看到，在此对话框中提供了系统外观设置、开机动画、系统主题定制、系统图标定制等设置选项。李明根据自己的爱好设置了相关内容，使得自己的 Windows 系统更具个性化和观赏性，设置完成后，单击“保存设置”按钮进行保存。

5. “优化大师”模块

“优化设置大师”是魔方优化大师首页内非常重要的一个功能模块，用户可以随心所欲地进行各项系统优化设置，让 Windows 跑得更快、更稳、更安全。李明单击“优化大师”按钮，弹出对话框如图 7-55 所示。

图 7-55　魔方优化大师

李明选择“一键优化”，默认优化选项为“推荐优化设置”，单击“开始优化”按钮，完成基本优化过程。

另外，“优化大师”还可以对“一键加速”“开机时间”“启动项”等其他优化选项进行优化操作。

思考与实训 7

一、填空题

1．________是目前网上非常流行和通用的压缩软件，全面支持 Zip 和 Ace，支持多种格式的压缩文件，可以创建固定压缩、分卷压缩、自释放压缩等多种方式，可以选择不同的压缩比例，实现最大程度的减少占用体积。

2．利用 WinRAR 内的________________功能可以轻松分割文件，并且在分割的同时将文件进行压缩。

3．迅雷是一种使用__________技术的下载软件。

4．迅雷可以一次将多个具有相同特征的文件进行批量下载。在批量下载时，文件名相似的情况，可以使用通配符________代替文件名中相似的内容。

5．格式工厂是免费使用传播的一款__________转换软件。

6．在格式工厂中能实现将视频文件与音频合成的功能是__________。

7．iSee 是一款功能全面的图片浏览工具，同时具有基本的图像________________功能。

8．iSee 的浏览模式分为______________与______________。

9．魔方优化大师的______________可更改开机画面、更改开机声音、更改华丽的系统主题、美化桌面图标等。

10．魔方优化大师是目前世界范围内执行效率最高的一款________系统软件。它能够为计算机系统提供全面有效、简便安全的优化、清理和维护，让系统始终保持在__________。

二、实训题

1．某职员想从公司一台电脑上复制一个 2.6G 的文件，但是他只有 2 个容量较小的 U 盘，分别是 1G 和 2G，用什么办法可以将此文件复制到 U 盘？使用什么软件？

2．张老师要从一个网站 www.hxedu.com.cn 上下载一个计算机教学课件，这个网站提供了 10 个下载链接：T0.rar、T1.rar……T9.rar，如果他使用的下载软件是迅雷 7，请问他如何能快速地把这个课件下载下来？

3．李明将自己到北京出差时拍摄的照片制作成一个相册，应该如何制作？

4．春天到了，李明用摄像机拍摄了一段视频，他用其他工具录制了相应的旁白，他想将二者进行合成，如何实现该操作？

5．某一台电脑的运行速度很慢，请问如何使用魔方优化大师提高开机速度？

模块8 常用办公设备

办公设备是自动化办公中不可缺少的组成部分，在日常办公中随时都能用到它们，所以熟练操作常用的办公设备是十分必要的。

8.1 打 印 机

打印机是自动化办公中必不可少的办公设备之一，其应用非常广泛。政府机关、企事业单位、银行等各行各业都离不开打印机，日常办公中用户可以用它打印文件、报表、账单、信函，还可以打印照片、图片等。

1. 打印机的分类

按照印字方式，打印机主要可以分为针式打印机、喷墨打印机和激光打印机三种类型。其中喷墨打印机和激光打印机又可分为黑白和彩色两种。除此之外，还有一些特定类型的打印机，如热转印打印机、热蜡式打印机等，但它们主要应用在一定领域。

（1）针式打印机

针式打印机是根据所接收到的点阵图信号，通过打印头中的打印针击打色带，在纸上打印相应的点，从而组成相应的文本或图像。根据打印头使用打印针数量，针式打印机分为 9 针、24 针打印机，目前多为 24 针打印机。

作为一种传统的打印机，针式打印机具有价格和打印成本都很低的优点。对于医院、银行、邮局、彩票、保险、餐饮等行业用户来说，针式打印机是他们的必备设备之一，因为只有通过针式打印机才能快速完成各项单据的复写，为用户提供高效的服务，这是其他打印机无法替代的，至今仍旧应用广泛。但它的打印质量较低，工作噪声很大，无法适应高质量、高速度的商用打印。

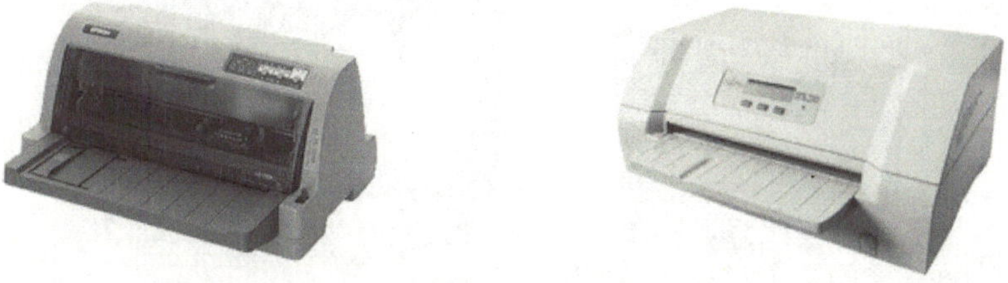

图 8-1 各种型号的针式打印机

（2）喷墨打印机

喷墨打印机是目前使用广泛的打印机类型之一，其工作原理是带电的喷墨雾点经过电极偏转后，直接在打印纸上形成所需字形。其优点是组成字符和图像的印点比针式点阵打印机小得多，因而字符点的分辨率高，印字质量高且清晰。

由于喷墨打印机体积小、价格低廉、打印噪声小，许多家庭也在使用。将使用数码相机拍摄的照片存储在计算机中以后，使用彩色喷墨打印机打印，其清晰度完全可以同冲洗的照片相媲美。

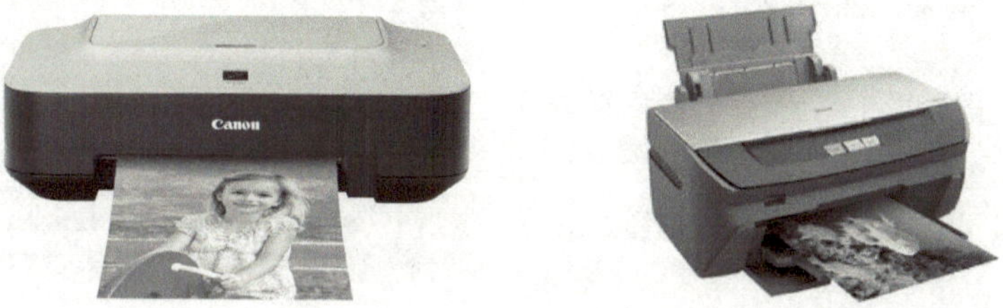

图 8-2 各种型号的喷墨打印机

（3）激光打印机

激光打印机是近年来高科技发展的新产物，无论在打印品质、打印速度还是噪声大小等方面都远优于针式打印机，目前在打印机市场上占有很大的份额。激光打印机的打印原理是利用光栅图像处理器产生要打印页面的位图，然后将其转换为电信号等一系列的脉冲送往激光发射器，在这一系列脉冲的控制下，激光被有规律地放出。与此同时，反射光束被接收的感光鼓所感光。激光发射时就产生一个点，激光不发射时就是空白，这样就在接收器上印出一行点来。然后接收器转动一小段固定的距离继续重复上述操作。当纸张经过感光鼓时，鼓上的着色剂就会转移到纸上，印成了页面的位图。最后当纸张经过加热的定影辊后，着色剂被加热熔化，固定在纸上，就完成打印的全过程，整个过程准确而且高效。

激光打印机的主要优点是印字质量高、分辨率高、噪声低、速度快、色彩艳丽，如果缓冲区大，占用主机的时间将相对减少；缺点是价格高、打印成本较高、不能打印多层介质。随着科技的发展，激光打印机的打印速度快，打印品质高的优点越来越突出，在人们的日常工作中越来越受到青睐，目前已成为主流的办公设备。

2. 打印机的安装和使用

打印机的安装一般分为两个部分，一个是打印机跟电脑的连接，另一个就是在操作系统里面安装打印机的驱动程序。

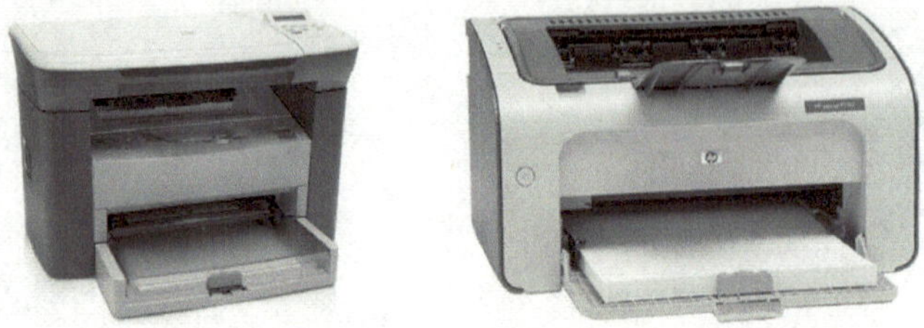

图 8-3　各种型号的激光打印机

下面以 HP LaserJet P1008 为例，介绍激光打印机的安装方法。

（1）确保 HP LaserJet P1008 打印机未接通电源，且未连接到计算机。

（2）将打印机驱动程序光盘放入 CD-ROM，运行驱动程序安装文件 Setup.exe，弹出打印机安装向导，如图 8-4 所示。

（3）单击“下一步”，打开“最终用户许可协议”对话框，如图 8-5 所示，单击“是”接受许可协议。

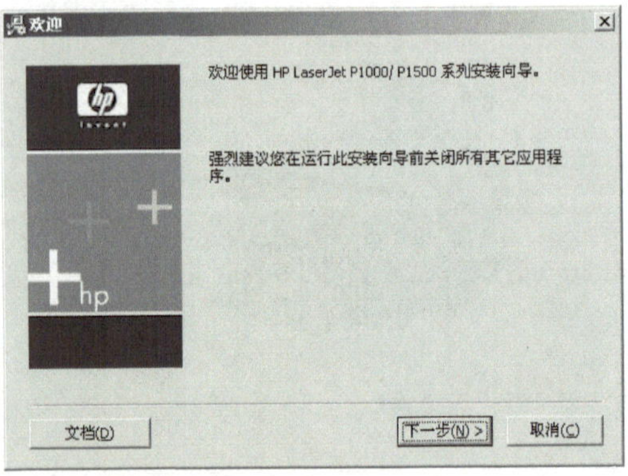

图 8-4　打印机安装向导

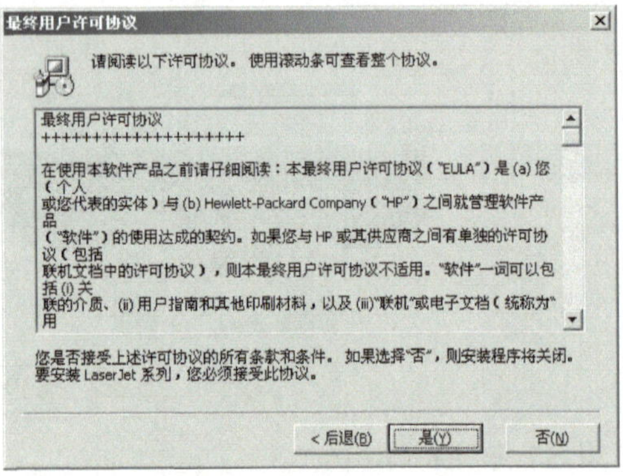

图 8-5　选择打印机类型

（4）选择打印机型号 HP LaserJet P1008，如图 8-6 所示。

（5）单击“下一步”，显示驱动程序安装路径，如图 8-7 所示。单击“下一步”开始复制文件。

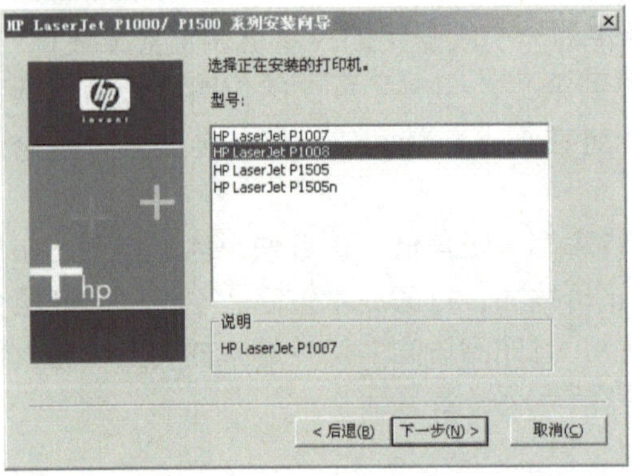

图 8-6　选择打印机型号

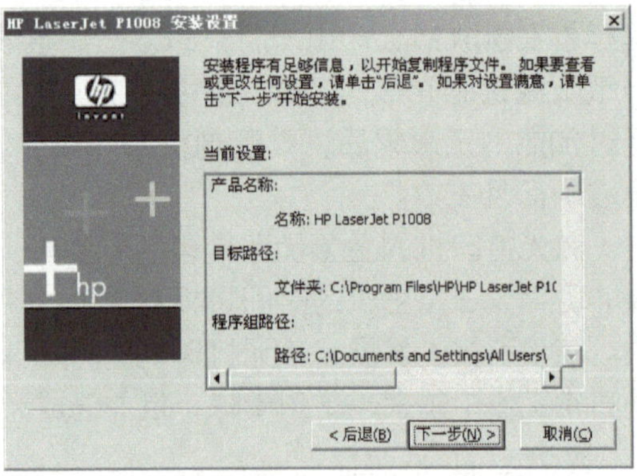

图 8-7　复制安装文件

（6）复制完成后，弹出如图 8-8 所示对话框，此时将打印机 USB 线缆接入计算机 USB

接口，然后打开打印机电源，系统自动找到该设备并进行安装。

（7）在弹出的指派打印机名称的窗口中，输入一个打印机名称，并将该打印机设置为“默认打印机”，单击“下一步”按钮。在弹出的打印机共享窗口中选择“不共享这台打印机”，如图 8-9 所示。单击“下一步”按钮，弹出打印测试页窗口。

（8）如果不想打印测试页，选择“否”，单击“下一步”按钮，在弹出窗口中单击“完成”按钮，打印机驱动程序的安装过程结束，此时新安装的打印机将出现在打印机窗口中，如图 8-10 所示。

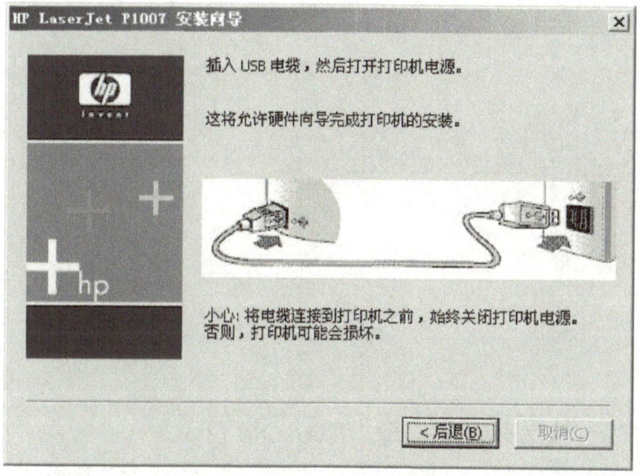

图 8-8　打印机安装向导

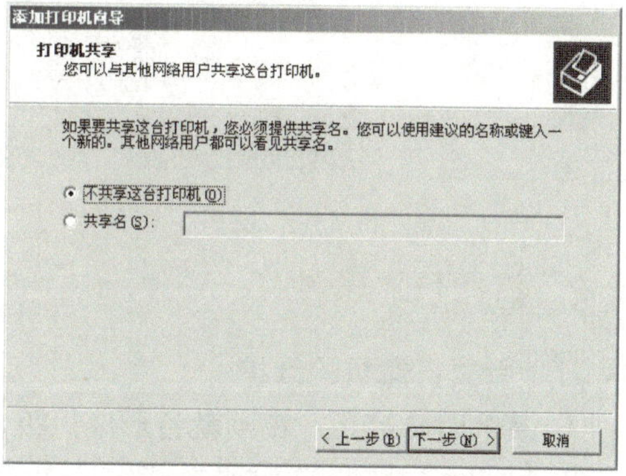

图 8-9　打印机共享设置

提示

安装打印机也可以在“控制面板”→“打印机和传真”窗口中，通过“添加打印机”来安装打印机。Windows 系统自带许多打印机的驱动程序，可以自动安装大部分常见的打印机驱动，如图 8-11 所示。如果操作系统没有这款打印机的驱动，需要把打印机附带的驱动盘（软盘或光盘）放到电脑里面，单击“从磁盘安装”根据系统提示进行安装。

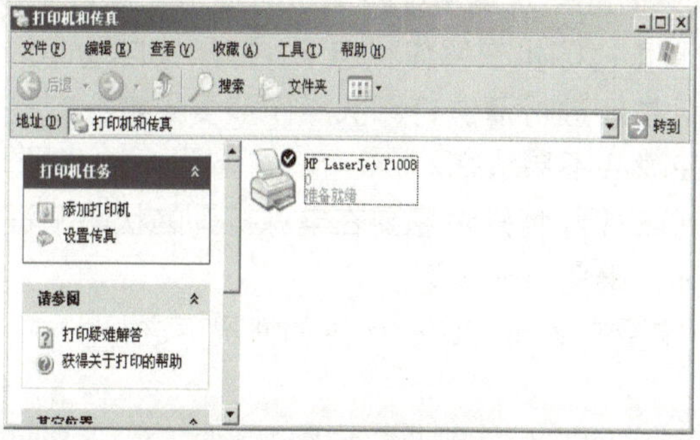

图 8-10　“打印机和传真”窗口

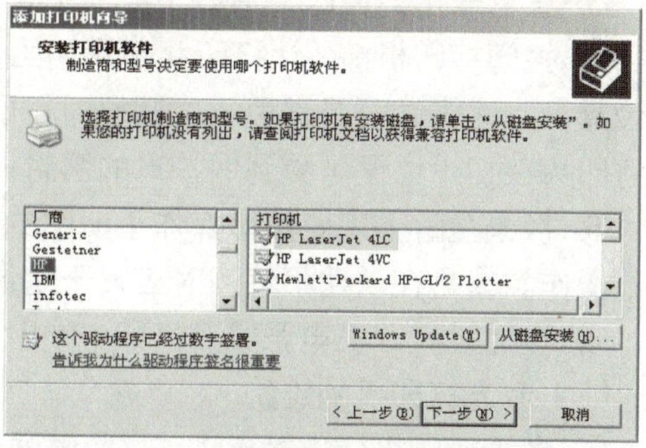

图 8-11　添加打印机向导

如果要设置打印机的属性，可以右击打印机图标，在弹出的菜单中选择“属性”命令，在打开的对话框中进行诸如分辨率、纸张大小和打印方向的设置。

Windows 通过打印管理器来控制发送到打印机的打印作业。当从 Windows 应用程序中打印文档时，应用程序将打印机、字体和文档信息传给打印机管理器，之后再继续执行其他 Windows 应用程序时，打印管理器控制文档的打印。单击任务栏中的打印机图标打开打印管理器。在打印管理器中可以查看文档的打印状态、暂停或继续打印、删除打印文件及调整打印顺序，如图 8-12 所示。

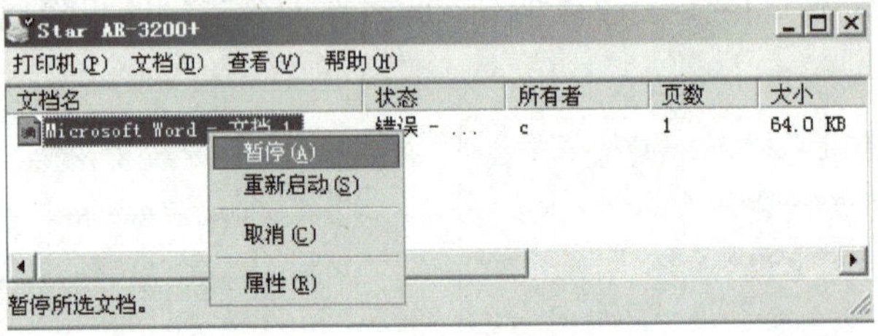

图 8-12　打印管理器

3. 打印机的维护

（1）针式打印机的维护

① 装纸时要端正，否则就会形成折皱，轻则浪费纸张，重则造成断针。

② 打印不同厚度的纸张时，要调整纸张厚度调节杆，使打印头与胶辊的距离与纸张厚度相对适应。

③ 连续打印时，要将打印纸两边的纸孔与送纸器的齿轮配装好，将打印机纸放在合适的位置以免卡纸。

④ 更换色带时，一定要将色带理顺，防止色带无法转动，甚至损坏打印针。

（2）喷墨打印机的维护

喷墨打印机因其打印效果好、噪音低而日益成为家用打印机的首选对象。下面介绍一些在日常使用喷墨打印机过程中应注意的事项。

① 打印时，关闭打印机前盖，防止灰尘或其他坚硬的物品进入机内，阻碍打印机头的运动，引起不必要的故障。

② 确保使用环境的清洁。使用环境灰尘太多，容易导致打印头导轴润滑不好，使打印头的运动在打印过程中受阻，引起打印位置不准确或撞击机械框架造成死机。

③ 墨盒未使用完时，最好不要取下，以免造成墨水浪费或打印机对墨水的计量失误。

④ 关闭打印机前，让打印头回到初始位置（打印机在暂停状态下，打印头自动回到初始位置）。这样做一是避免下次开机时打印机重新进行清洗打印头操作浪费墨水；二是因为打印头在初始位置可受到保护罩的密封，使喷头不易堵塞。

⑤ 换墨盒时一定要按照操作手册中的步骤进行，特别注意要在电源打开的状态下进行上述操作。墨盒在长期不使用时应置于室温下，避免日光直射。

⑥ 在插拔打印机电源线及打印电缆时一定要在关闭打印机电源的情况下进行。

（3）激光打印机的维护

① 激光打印机依靠静电工作，能够强烈地吸附灰尘，因此要特别注意防尘，不要使用粉尘较多和质量不好的纸张。

② 更换硒鼓时，先轻摇新粉盒，使碳粉均匀分布，有助于取得较好的打印效果。

③ 装纸前要注意放掉纸上的静电，并将纸张抖开，以免影响正常的进纸和打印质量。

④ 对于其他传输部件，如搓纸轮、传动齿轮等，不需要特殊的维护，只要保持清洁即可。

4. 常见打印机的故障与排除

打印机的常见故障很多，下面以黑白激光打印机为例，介绍常见故障及排除方法。

（1）卡纸

激光打印机最常见的故障是卡纸。出现这种故障时，操作面板上指示灯会闪动，并向主机发出一个报警信号。排除这种故障的方法十分简单，只需打开机盖，取下被卡的纸即可。但要注意，必须按进纸方向取纸，绝不可反方向转动任何旋钮。但如果经常卡纸，就要检查进纸通道。搓纸轮是激光打印最易磨损的部分。当盛纸盘内纸张正常，而无法取纸时，往往是搓纸轮磨损或压纸弹簧松脱，压力不够，不能将纸送入机器。此时一般需要更换搓纸轮。此外，盛纸盘安装不正，纸张质量不好（过薄、过厚、受潮），都可能造成卡纸或不能取纸的故障。

（2）打印的内容有垂直排列的白色条纹

安装在感光鼓上方的反射镜上如有污物，激光遇到镜子上的污物时被吸收掉，不能到达感光鼓上，从而在打印纸上形成一窄条的白条纹。仔细观察激光传输通道，将通道清理干净，即能解决问题。转印辊装在打印纸通道下方，也会吸引灰尘和纸屑，有的部分会变脏或被污染，从而阻止墨粉从硒鼓转移到打印纸上，也会造成在打印纸上形成一道窄的白条纹。墨粉盒失效，通常会造成大面积区域字迹变淡。取下墨粉盒轻轻摇动，使盒内墨粉均匀分布，如改进仍不大，应更换墨粉盒。

（3）输出字迹偏淡

墨粉盒内的墨粉较少、显影辊的显影电压偏低或墨粉未被极化带电而无法转移到感光鼓上，都会造成打印字迹偏淡现象。取出墨粉盒轻轻摇动，如打印效果没有改善，就应更换墨粉盒或请专业维修人员进行处理。此外，有些打印机的墨粉盒下方有一个开关，用来调节激光的强度，使其与墨粉的感光灵敏度很好匹配。如果这个开关设置不正确，也会造成打印字迹偏淡。

（4）打印机不进纸

可能由于纸张未正确装入或有卡纸造成的。轻按并松动控制面板按钮，打印机再次尝试送入介质。若不成功，尝试下一步；从输入盒中取出纸张，重新对齐，再装入打印机，确保导纸板松紧适度地夹住纸张，使纸张居中；取出硒鼓，检查是否卡纸，如果有卡纸应及时清除，重新装入硒鼓并合上端盖。

【实例 26】共享我的打印机

实例分析

打印机共享是在工作中经常遇到的问题。由于办公室购买的打印机只有一台，但又想让办公室里的所有人员都能共用一台打印机，避免打印机来回搬动和文件拷贝，那么把打印机设置成共享能很好地解决这一问题。其结构如图 8-13 所示，直接连接打印机的电脑为“主机”，而局域网内其他需要和主机共享打印的电脑称为“客户机”。

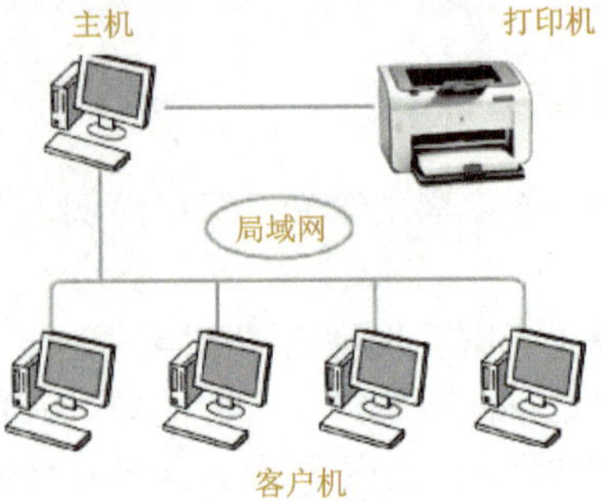

图 8-13 共享打印机

操作过程

1. 配置打印机主机

（1）将打印机连接至主机，打开打印机电源，单击“开始”→“设置”→“打印机和传真”，单击“添加打印机”启动“添加打印机向导”，如图 8-14 所示。选择“连接到此计算机的本地打印机”，并勾选“自动检测并安装即插即用的打印机”复选框。

（2）此时主机将会进行新打印机的检测，很快便会发现已经连接好的打印机，根据提示将打印机附带的驱动程序光盘放入光驱中，安装好打印机的驱动程序后，在“打印机和传真”文件夹内便会出现该打印机的图标了。

（3）在新安装的打印机图标上右击，选择“共享”命令，打开打印机的属性对话框，切换至“共享”选项卡，如图 8-15 所示。选择“共享这台打印机”，并在“共享名”输入框中填入需要共享的名称，单击“确定”按钮即可完成共享的设定。

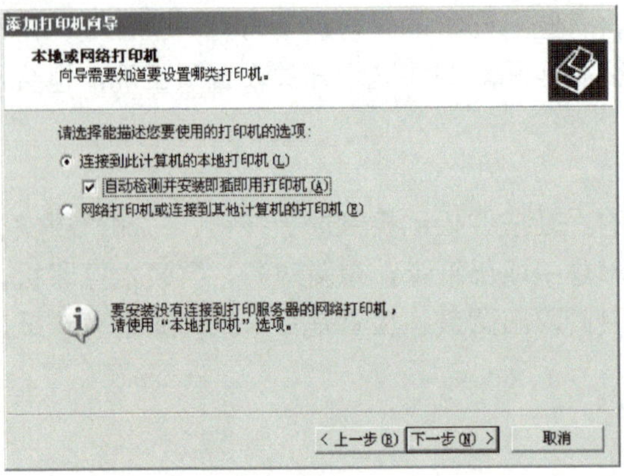

图 8-14 “添加打印机向导”对话框

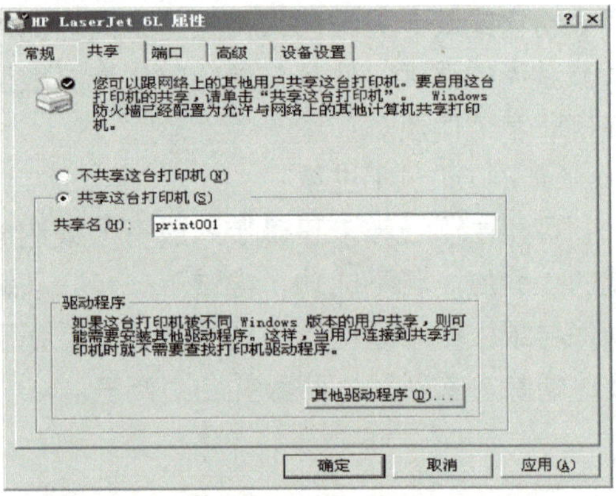

图 8-15 共享打印机

2. 配置协议

（1）右击“网上邻居”，在弹出的菜单中选择“属性”命令，打开“网络连接”窗口，如图 8-16 所示。

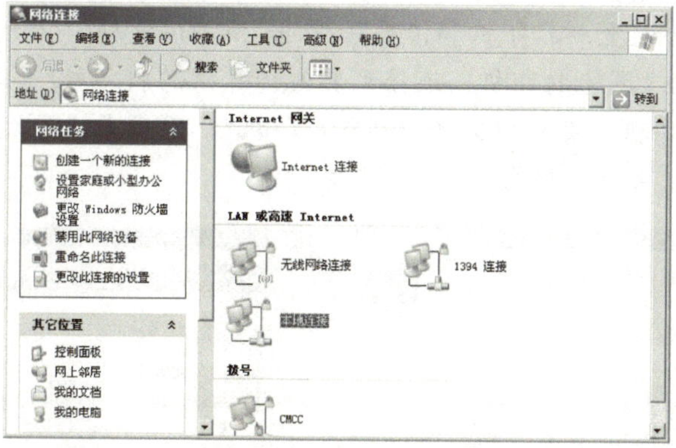

图 8-16 “网络连接”窗口

提示

如果希望局域网内其他版本的操作系统在共享主机打印机时不再费力地查找驱动程序，我们可以在主机上预先将这些不同版本选择操作系统对应的驱动程序安装好，只要单击“其他驱动程序”按钮，选择相应的操作系统版本，单击“确定”后即可进行安装。

（2）右击“本地连接”，在弹出菜单中选择“属性”命令，打开“本地连接 属性”对话框，如图 8-17 所示。如果在“常规”选项卡的“此连接使用下列项目”列表中没有找到“Microsoft 的文件和打印机共享”，则需要单击“安装”按钮，弹出“选择网络组件类型”对话框，如图 8-18 所示。选择“服务”，然后单击“添加”按钮，在“选择服务”窗口中选择“文件和打印机共享”，最后单击“确定”按钮即可完成。

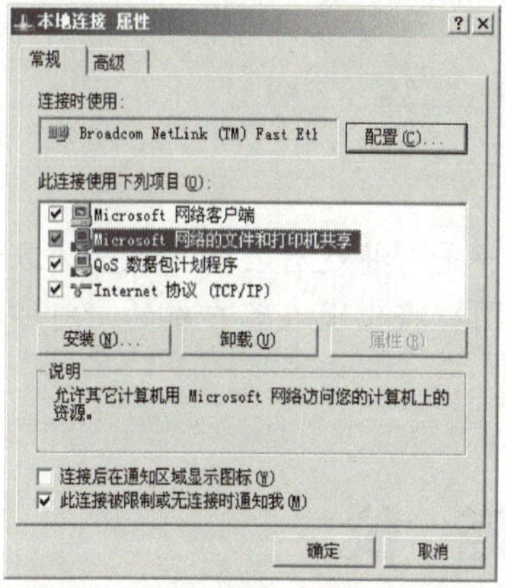

图 8-17 “本地连接 属性”对话框

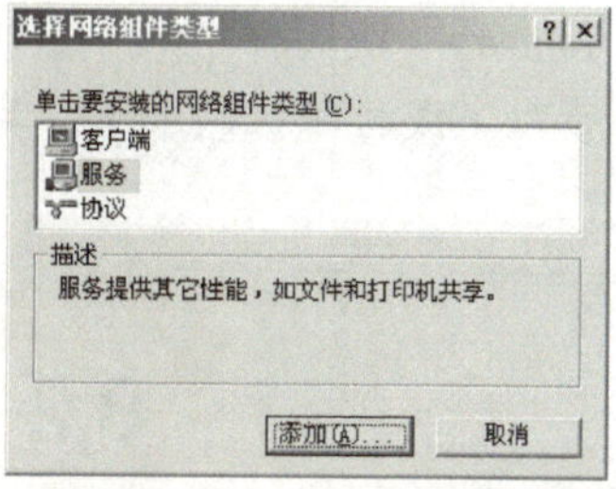

图 8-18 “选择网络组件类型”对话框

3. 客户机的安装与配置

现在，主机上的工作已经全部完成，下面就要对需要共享打印机的客户机进行配置了。假设客户机也是 Windows 操作系统。每台想使用共享打印机的电脑都必须安装打印驱动程序。

（1）单击“开始→设置→打印机和传真”，单击“添加打印机”启动“添加打印机向导”，如图 8-19 所示。选择“网络打印机或连接到其他计算机的打印机”，单击“下一步”按钮。

（2）在“指定打印机”页面中选择“浏览打印机”，用于查找局域网同一工作组内共享的打印机，如图 8-20 所示，单击“下一步”按钮。

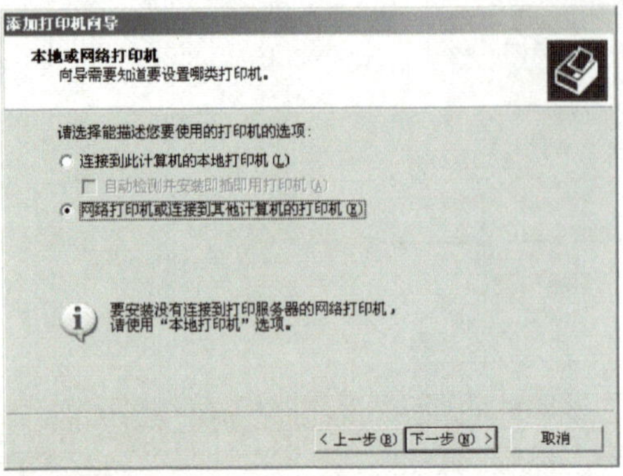

图 8-19 “添加打印机向导”对话框

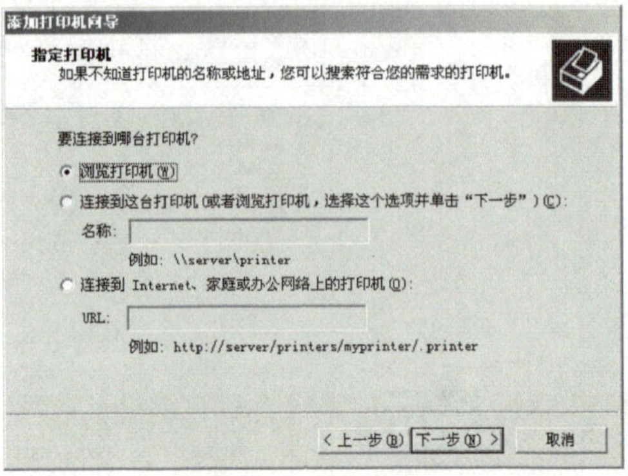

图 8-20 指定打印机

（3）在“浏览打印机”页面中选择要共享的打印机，如图 8-21 所示，单击“下一步”按钮。

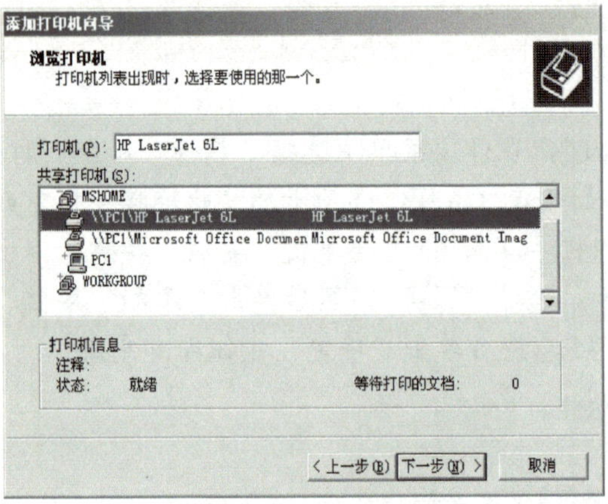

图 8-21 浏览打印机

（4）在弹出的“默认打印机”窗口中，选择“是”将这台打印机设置为默认打印机，单击“下一步”完成打印机的配置。共享打印机图标将出现在客户机的“打印机和传真”文件夹内。

8.2 扫 描 仪

扫描仪是一种计算机数字化输入设备，是继键盘和鼠标之后的又一个主要的计算机输入设备，可以将印刷好的文本扫描输入到文字处理软件中，免去重新打字的麻烦，也可将图片扫描到计算机中，其操作简便快捷，是企事业单位常用的办公设备。

1. 扫描仪的分类

扫描仪的种类繁多，目前市场上比较主流的扫描仪有以下几种。

（1）手持式扫描仪

手持式扫描仪的外形与条码扫描仪类似，其光学分辨率一般为 200dpi，有黑白、灰度和彩色等多种类型，如图 8-22 所示。

（2）平板式扫描仪

平板式扫描仪是目前办公扫描仪的主流产品，又称平台式扫描仪，是一种桌面设备，用于扫描或输入平面文档，比如纸张或者书页等。这种扫描仪诞生于 1984 年，是目前办公用扫描仪的主流产品。扫描幅面一般为 A4 或者 A3。和小型影印机一样，大多数平板扫描仪都能扫描彩色图形，如图 8-23 所示。

（3）滚筒式扫描仪

滚筒式扫描仪也称为鼓式扫描仪，是专业印刷排版领域应用最广泛的产品，使用感光器件是光电倍增管。滚筒式扫描仪长期以来一直被认为是高精度的彩色印刷品的最佳选择，如广告宣传品、年度报告以及一些精美的艺术复制品等，如图 8-24 所示。

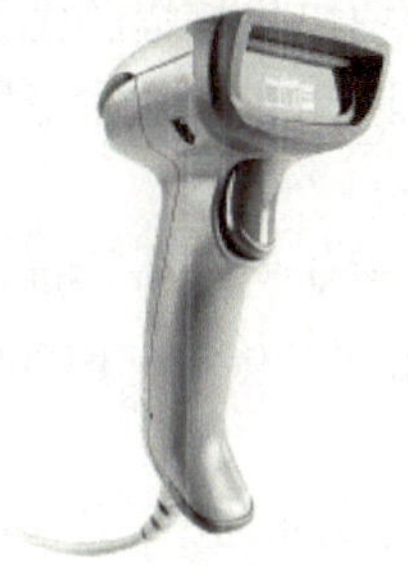

图 8-22　手持扫描仪

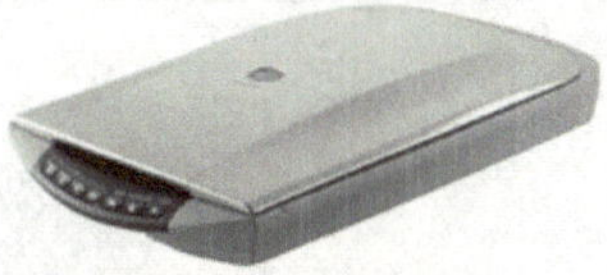

图 8-23　平板式扫描仪

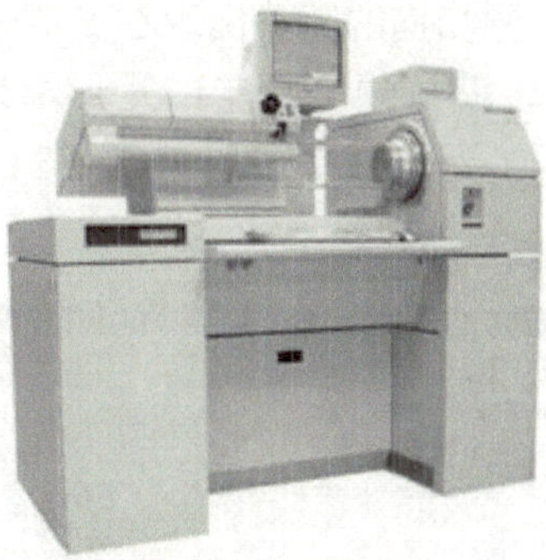

图 8-24　滚筒式扫描仪

2. 扫描仪的安装与使用

（1）安装扫描仪驱动程序

① 首先扫描仪不要和计算机通过 USB 线相连。

② 安装对应扫描仪的驱动程序。驱动程序安装完毕后，计算机要重新启动。

③ 将扫描仪与计算机通过 USB 接口连接，系统将打开“找到新的硬件向导”对话框，

如图 8-25 所示，选择“是，仅这一次”，单击“下一步”按钮。

④ 选择“自动安装软件（推荐）”，单击“下一步”按钮，安装完成后，弹出图 8-26 对话框，表示扫描仪已安装成功，单击“完成”按钮。

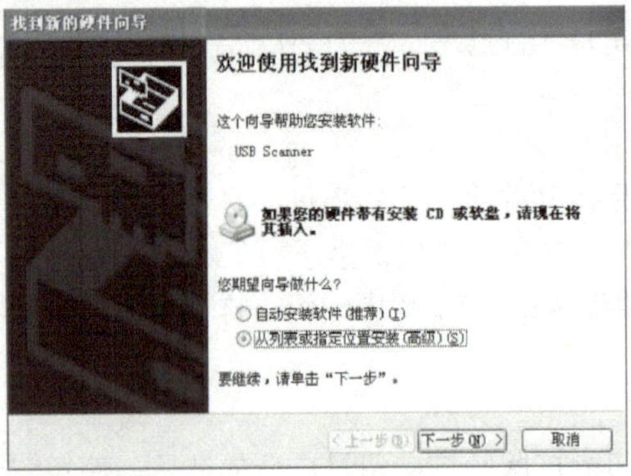

图 8-25 “找到新的硬件向导”对话框

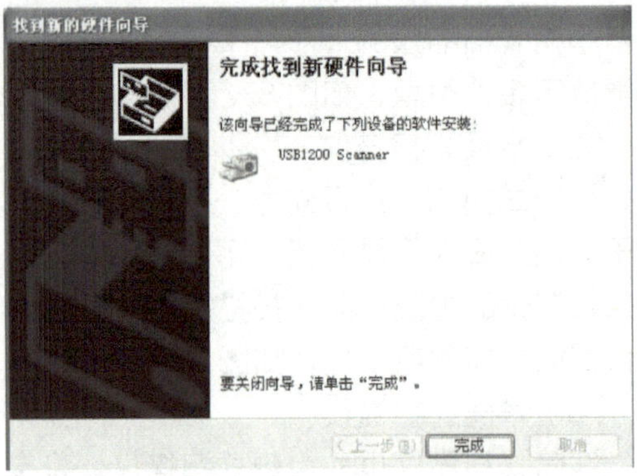

图 8-26 “完成找到新硬件向导”对话框

（2）扫描图像

驱动装好后，用应用软件来获得扫描仪扫描的图像。最简单方便的就是用 Windows 系统自带的“画图”软件来进行。也可以用专业的图形图像软件，如 Photoshop 来获得扫描的图像。

下面就以“画图”软件为例来讲解如何获得扫描的图像。

① 在 Windows 操作系统下，单击“开始→“Windows 附件”→“画图”，弹出“画图”软件的窗口。

② 选择“文件”→“从扫描仪或照相机”命令，弹出扫描仪的窗口。窗门里面有 4 个选项，对应我们要扫描的原稿类型，如图 8-27 所示。如果要扫描一张彩色照片，就选择“彩色照片”项，把照片放到扫描仪中，盖上盖子，并单击“预览”按钮。此时扫描仪就开始预览，预扫描的图片出现在右侧的预览框中。

③ 移动、缩放预览框中的矩形取景框至合适大小、位置，选择要扫描的区域，如图 8-28 所示。选择完成后，单击“扫描”按钮，此时扫描仪就开始扫描，屏幕显示扫描进度。

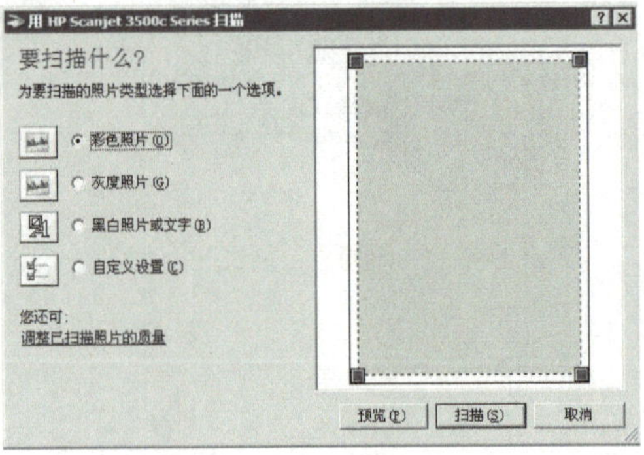

图 8-27 选择扫描选项

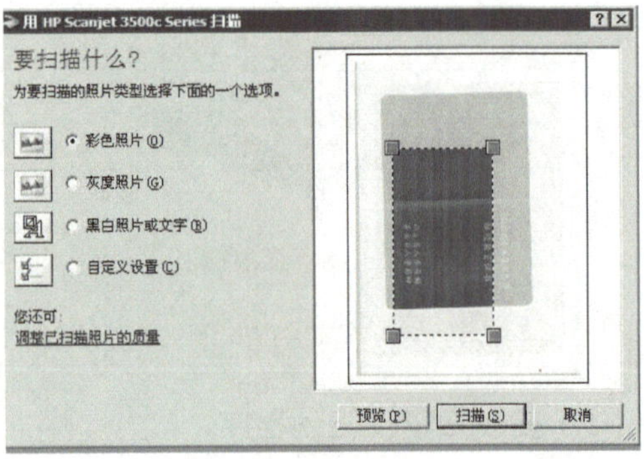

图 8-28 选择扫描区域

④ 扫描完成后，图片就出现在“画图”软件窗口小的图片编辑区域，就可以对图片进

行修改、保存等操作。

（3）扫描文字

扫描仪还有个非常有用的功能，即文字识别OCR功能（Optical Character Recognition，光学字符识别），把印刷体上的文章通过扫描，转换成可以编辑的文本，这样大大方便了文字录入工作者。要实现文字识别，除了安装好扫描仪的驱动和扫描仪的应用软件外，还要安装OCR文字识别软件才可以。具体操作步骤如下。

① 运行OCR软件后，会出现OCR软件界面。将要扫描的文稿放在扫描仪的玻璃面上，盖好扫描仪盖，单击视窗中的“扫描”按钮，即可进入扫描驱动软件进行扫描，其操作方法与扫描图片类似。扫描后的文档图像出现在OCR软件视窗中。

② 适当缩放画面。文稿扫描后，刚开始出现在视窗中的要识别的文字画面很小，首先选择“放大”工具，对画面进行适当放大，以使画面看得更清楚。必要时还可以选择“缩小”工具，将画面适当缩小。

③ 调正画面。各类OCR软件都提供了旋转功能，使画面能够进行任意角度的旋转。如果文字画面倾斜，可选择“倾斜校正”工具或旋转工具，将画面调正。

④ 选择识别区域。识别时选择“设定识别区域”工具，在文字画面上框出要识别的区域，这时也可根据画面情况框出多个区域。如果全文识别则不需设定识别区域。

⑤ 识别文字。单击“识别”命令，则OCR会先进行文字切分，然后进行识别，识别的文字将逐步显示出来。一般识别完成后，会再转入“文稿校对”窗口。

⑥ 文稿校对。各类OCR软件都提供了文稿校对修改功能、被识别出可能有错误的文字，用比较鲜明的颜色显示出来，并且可以进行修改。有些软件的文字校对工具可以提供出字形相似的若干字以供挑选。

⑦ 保存文件。用户可以将识别后的文件存储成文本(TXT)文件或Word的RTF文件。

3. 扫描仪的维护

（1）不能随意拆卸。

扫描仪是一种精密的设备，拆卸时不小心可能会造成改动光学部件的位置，影响扫描仪的扫描质量。遇到扫描仪故障时，最好请专业人员维修。

（2）注意防尘。

扫描仪使用完以后，一定要用防尘罩把扫描仪遮盖起来，以防止落入灰尘。

（3）不要将压缩比设置得太小。

使用扫描仪完成图像扫描后，需要选择一定的文件格式保存图像。如果将图像压缩比设置得太小，将会丢失图像部分信息。

（4）不要频繁开、关扫描仪。

（5）扫描仪长时间使用后，噪声比较大，这时可拆开盖子，用浸有缝纫机油的棉布擦拭镜组两条轨道上的油垢，擦净后，再将适量的缝纫机油滴在传动齿轮组及皮带两端的轴承上面。

（6）不要在扫描仪上面放置物品。

4. 扫描仪的常见故障与排除

(1)扫描软件找不到扫描仪或扫描仪不工作

原因分析：扫描仪未接通电源；扫描仪与计算机未连接或连接不好；扫描软件和驱动程序安装不正确。

解决方法：检查所有连线的连接是否到位；重新安装扫描软件和驱动程序。

(2)扫描件被扭曲

原因分析：扫描时，如果原件倾斜度在 10° 以上，扫描软件默认使用者故意将原件斜放在扫描仪上。

解决方法：将扫描仪上的原件摆正，然后重新扫描。

(3)在扫描时出现“内存不足!请关闭其他应用程序”的提示信息

因为当 Windows 发现系统内存不足时，会使用硬盘上的剩余空间作为虚拟内存，当虚拟内存被禁用或者硬盘上没有剩余空间作为虚拟内存时，系统就会出现内存不足的错误提示。所以，需要将虚拟内存设置大一些。

解决方法：选择“开始”→“设置”→“控制面板”→“系统”，选择“高级”选项卡，单击性能区域中的“设置”按钮，打开“性能选项”对话框，如图 8-29 所示。选择“高级”选项卡，单击虚拟内存中的“更改”按钮，打开“虚拟内存”对话框，如图 8-30 所示，将虚拟内存调整一个较大值，单击“确定”按钮。

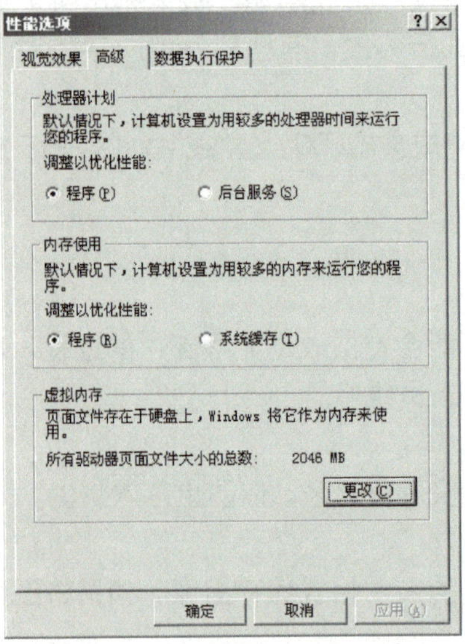

图 8-29 “性能选项”对话框

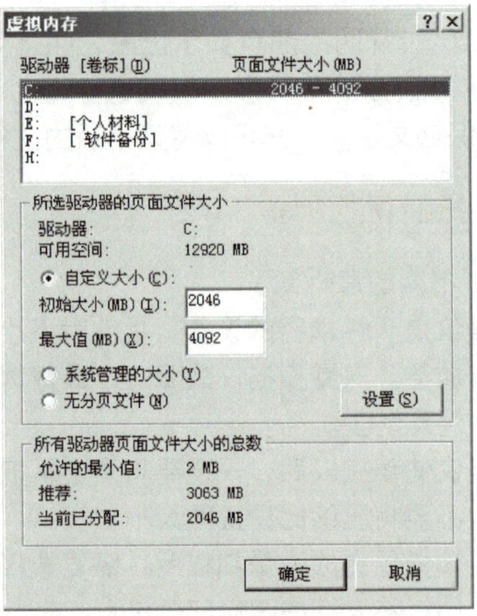

图 8-30 设置虚拟内存

(4)扫描件打印不正确

原因分析：可能是打印机属性或输出类型设置不正确。

解决方法：① 打印前检查打印机属性，例如，某些彩色打印机选择灰度打印机选项上。如需要彩色输出，请核实该项是否未被选中；② 如果在 HP 扫描软件中选择输出到打印机，便打印质量不符合要求，尝试更改输出类型，然后重新打印扫描件。

【实例 27】扫描我的图片

实例分析

扫描仪的作用就是将图片、照片、胶片以及文稿资料等书面材料或实物的外观扫描后输入电脑当中，并形成文件保存起来，在现代办公中起着越来越重要的作用，如将一些重要的文件、资料和照片存入电子档案。本实例以清华紫光 A688 为例，介绍扫描仪的用法。

操作过程

（1）首先扫描仪不要和计算机通过 USB 线相连。

（2）将扫描仪驱动程序放入 CD-ROM，安装光盘将自动运行，并弹出安装界面安装对应的扫描仪的驱动程序。单击“安装扫描仪驱动程序”按钮，系统开始进行安装程序的准备；接下来出现“欢迎安装 Uniscan A688”界面，如图 8-31 所示。单击“下一步”按钮继续安装。

（3）确定要安装设置后，单击“安装”按钮，系统自动开始安装驱动程序；显示安装完毕后单击“完成”按钮，就完成了驱动程序的安装。

图 8-31 “欢迎安装 Uniscan A688”界面

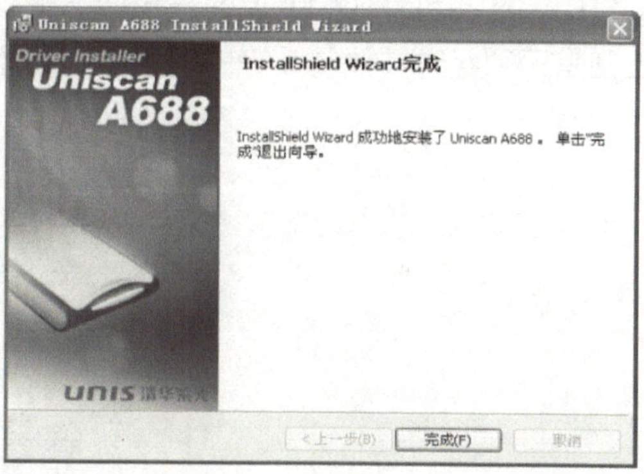

图 8-32 安装驱动完成

（4）将 USB 连接电缆的一端连接到扫描仪主机后面板上的 USB 接口，另一端连接到计算机的空闲 USB 接口，打开扫描仪电源。

（5）启动 Adobe Photoshop 程序，选择“文件”→“导入”→“Uniscan A688”，Uniscan TWAIN 窗口即开启，如图 8-33 所示。

（6）把照片放到扫描仪中，盖上盖子，选择“扫描照片”选项，并单击“预览”按钮。此时扫描仪就开始预览，预扫描的图片出现在左侧的预览框中，用户可以利用 TWAIN 提供的工具对选区进行选择、移动、旋转、缩放等操作。

（7）扫描结束后，使用 Adobe Photoshop 对图片可作进一步处理，最后存储图片文件。

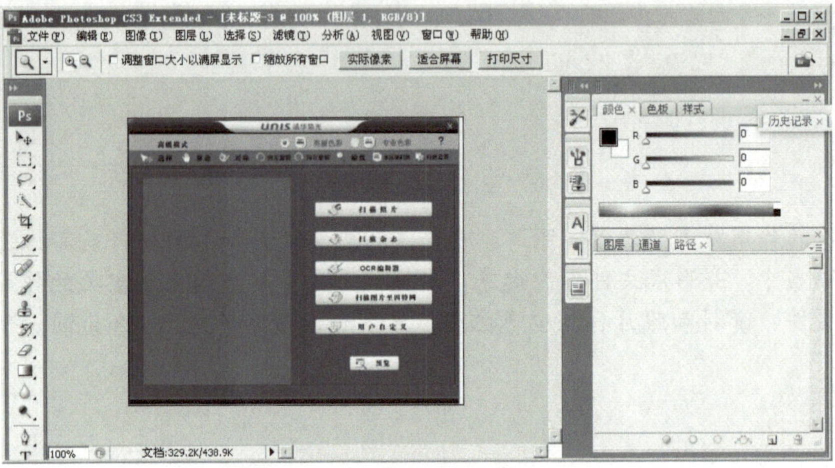

图 8-33 Adobe Photoshop 程序窗口

8.3 复 印 机

复印机是人们非常熟悉的现代化办公设备，可以从书写、绘制或印刷的原稿得到等倍、放大或缩小的复印品，主要用来复印文件、书刊等资料，同时它还被应用于大幅面工程图纸的复印。复印机复印的速度快、操作简便，与传统的铅字印刷、蜡纸油印、胶印等的主要区别是无须经过其他制版等中间手段，而能直接从原稿获得复印品，如图 8-34 所示。

图 8-34 复印机

1. 复印机的分类

根据复印机的工作原理，复印机主要可以分为模拟复印机和数码复印机。

（1）模拟复印机

模拟复印机的工作原理是：通过曝光、扫描将原稿的光学模拟图像通过光学系统直接投射到已被充电的感光鼓上产生静电潜像，再经过显影、转印、定影等步骤，完成复印过程，其原理如图 8-35 所示。

（2）数码复印机

数码复印机的工作原理：首先通过 CCD（电荷耦合器件）传感器对通过曝光、扫描产生原稿的光学模拟图像信号进行光电转换，然后将经过数字技术处理的图像信号输入激光调制器，调制后的激光束对被充电的感光鼓进行扫描，在感光鼓上产生由点组成的静电潜像，再经过显影、转印、定影等步骤，完成复印过程，其原理如图 8-36 所示。

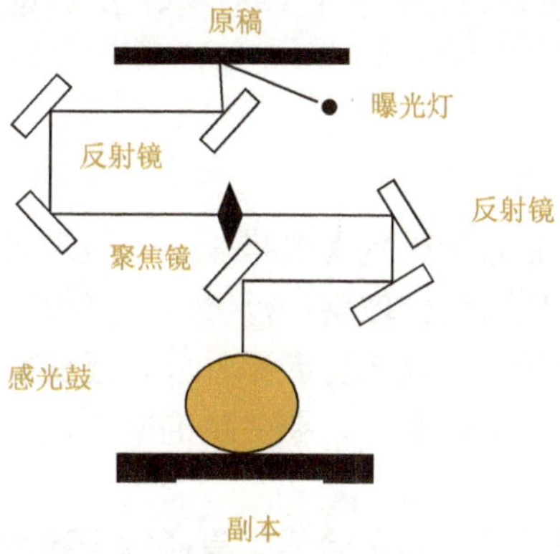

图 8-35 模拟复印机原理图

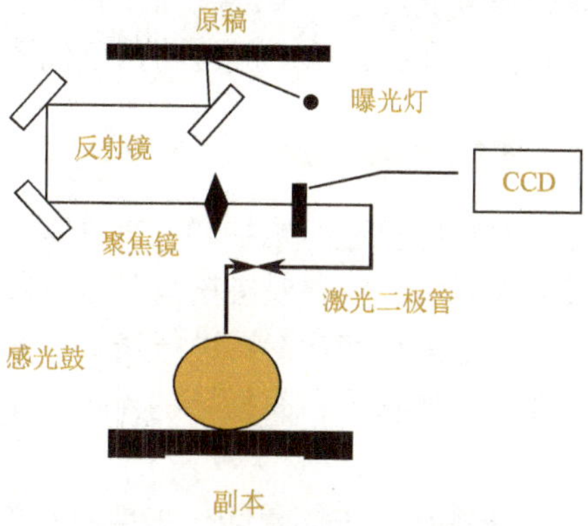

图 8-36 数码复印机原理图

数码复印机既是一台复印设备，又可作为输入/输出设备与计算机以及其他办公自动化（OA）设备联机使用，或成为网络的终端。因此，随着人类社会信息时代的到来，数字化技术将会更广泛地应用于人类社会生产、生活的各个方面，数码复印机也必将成为复印设备的主导产品。数码复印机将以其输出的高生产力、卓越的图像质量、功能的多样化（复印、传真、网络打印等）、高可靠性及可升级的设计系统，而成为人们办公自动化的好帮手。

2. 复印机的使用

复印机的操作是现代办公中的一项基本操作，正确使用复印机不仅能够提高工作效率，也要更好地维护复印机。复印的具体操作如下。

（1）开机预热

按下电源开关，开始预热，面板上应有指示灯显示，并出现等待信号。当预热时间达到，机器即可开始复印，这时会出现可以复印信号或以音频信号告知。

（2）放置原稿

放置原稿前应对原稿进行检查，对于不清晰的字迹、线条应在复印前描写清楚，以免复印后返工。对于可拆开的原稿应拆开，以免复印时不平整出现阴影。然后根据玻璃刻度板的指示及当前使用纸盒的尺寸和横竖方向将原稿放置在玻璃上，盖上机盖。

（3）设定复印份数

按下数字键设定复印份数，一般可设范围为 1～99 份。若设定有误可按清除键清除，然后重新设定。

（4）设定复印倍率

一般复印机的放大仅有一档，按放大键即可，缩小倍率多以 A3 转 A4，B4 转 B5 或百分比等表示，了解了复印纸尺寸，即可很容易地选定缩小倍率。如果无须放大、缩小，可不按任何键。

（5）选择复印纸尺寸

根据原稿尺寸，放大或缩小倍率按下纸盒选取键。如机内装有所需尺寸纸盒，即可在面板上显示出来；如无显示，则需更换纸盒。

（6）调节复印浓度

根据原稿纸张、字迹的色调深浅，适当调节复印浓度。原稿纸张颜色较深的（如报纸），应将复印浓度调浅些；字迹浅细、不十分清晰的（如复印品原稿是铅笔原稿等），则应将浓度调深些。复印图片时一般应将浓度调淡。

3. 复印机的维护

定期对复印机进行维护和保养是保证复印机正常高效运转的有效措施。一般来讲，复印 3000 张以后，就要对废粉盒、显影器底部、导纸板和稿台玻璃进行清洁。复印 10000 张后，要对显影辊和定影器进行清洁；复印 50000 张后，除清洁主要部件外，还要检查易损零部件的工作状况，有损坏的需及时更换。在维护保养过程中，要注意的事项包括以下几点。

（1）保养时应关闭复印机主电源开关，拔下电源插头，以免金属工具碰触导致静电复印机短路。

（2）使用各种溶剂时应严格按要求操作，不耐腐蚀的零部件切不可使用溶剂清洁。使用时应避免明火。

（3）一些绝缘部件用酒精等擦拭后一定要待液体完全挥发后再装到复印机上，否则会导致其老化。

（4）在使用润滑油时，要按说明书的要求进行，一般塑料橡胶零件不得加油，否则会导致其老化。

（5）在拆卸某一部件时，应注意拆下的顺序，安装时应以相反的顺序操作。

（6）机器内、外部所使用的螺钉容易混淆，应在拆下后分别放置，以免上错，使之损坏。

（7）在拆卸内驱动链条、皮带、齿轮时，应记住其走向，一般可用纸画下来后再拆，以免装错，导致机件损坏。

4. 常见的复印机故障与排除

（1）复印机卡纸

故障原因与排除方法：

复印机卡纸可能是由机器本身元件故障造成的，也可能是由复印环境或人为使用所造成的。检查复印纸是否受潮褶皱，如有可更换新的复印纸。检查机器显示卡纸位置是否有残余的纸张未清理干净，如有一定要将其清除。检查纸盘规格与纸张大小是否一致、有无放错纸盘现象等。如经检查正常，重新开机，如仍然卡纸，则应请专业维修人员处理。

（2）复印后复印件颜色淡，对比度不够

故障原因与排除方法：

- 感光鼓表面充电电位过低，造成曝光后表面电位差太小，即静电潜像的反差小。调整充电电位或调整充电电极丝与感光鼓的距离。

- 复印机工作的环境湿度过大，纸张含水率过大造成。
- 由于复印纸的理化指标没有达到要求，如纸张厚度、光洁度和密度等原因造成。
- 机电方面的原因有：转印电极丝太脏，粘有墨粉、灰尘、纸屑，影响转印电压；转印电极丝距离感光鼓表面（纸张）太远，转印电流太小，不能使纸背面带有足够的转印电荷，影响转印效果。清洁转印电极丝或调整转印电极丝与感光鼓的距离。
- 显影器中墨粉不足，无法充分显影造成显影对比度不够。
- 由于在液干法显影中显影液陈旧失效，造成载体缺少或疲劳失效，带电性减弱，使得显影不足。

（3）复印件图像上出现白色斑点

故障原因与排除方法：

- 显影偏压过高。调整显影偏压。
- 感光鼓表面光层剥落、碰伤。清洁研磨或更换感光鼓。
- 由于转印电极丝电压偏低，造成转印效率低所致。
- 复印低局部受潮也可能出现白斑。

8.4 传真机

传真机是一种应用扫描和光电变换技术，把文件、图表、照片等静止图像转换成电信号，传送到接收端，以记录形式进行复制的通信设备。

传真机能直观、准确地再现真迹，并能传送不易用文字表达的图表和照片，操作简便。随着大规模集成电路、微处理机技术、信号压缩技术的应用，传真机正朝着自动化、数字化、高速、保密和体积小、重量轻的方向发展，如图 8-37 所示。

图 8-37　传真机

1. 传真机的分类

市场上常见的传真机可以分为以下四大类。

（1）热敏纸传真机

热敏纸传真机也称为卷筒纸传真机，是通过热敏打印头将打印介质上的热敏材料熔化变色，生成所需的文字和图形。

（2）激光式普通纸传真机

激光式普通纸传真机也称为激光一体机，是利用碳粉附着在纸上而成像的一种传真机，其工作原理主要是利用机体内控制激光束的一个硒鼓，凭借控制激光束的开启和关闭，从而在硒鼓产生带电荷的图像区，传真机内部的碳粉会受到电荷的吸引而附着在纸上，形成文字或图像。

（3）喷墨式普通纸传真机

喷墨式普通纸传真机也称为喷墨一体机，其工作原理与点矩阵式列印相似，是由步进马达带动喷墨头左右移动，把从喷墨头中喷出的墨水依序喷布在普通纸上完成列印的工作。

（4）热转印式普通纸传真机

热转印从热敏技术发展而来，它通过加热转印色带，使涂敷于色带上的墨转印到纸上形成图像。最常见的传真机中应用了热敏打印方式。

2. 传真机的使用

（1）发送传真

发送传真一般用手动传送，当对方传来一个传真提示音后，传真机即可自动发送传真，使用免提或话筒可以监听电话线路的活动，如图 8-38 所示。

具体操作步骤如下：

① 将待发送的文稿按传真机所示方向放入传真机的输入槽，按文件尺寸调正文件导板，使之紧挨文件边缘。

② 根据原稿质量，调整对比度和精细度。文稿的字迹较小时，可以选择传真机的精细或超精细方式，以改善文件的清晰度；如果文稿中包含有图片，可以选用半色调方式；当原稿的对比度较弱时，可以选用“浅色”方式，以补偿对比度。

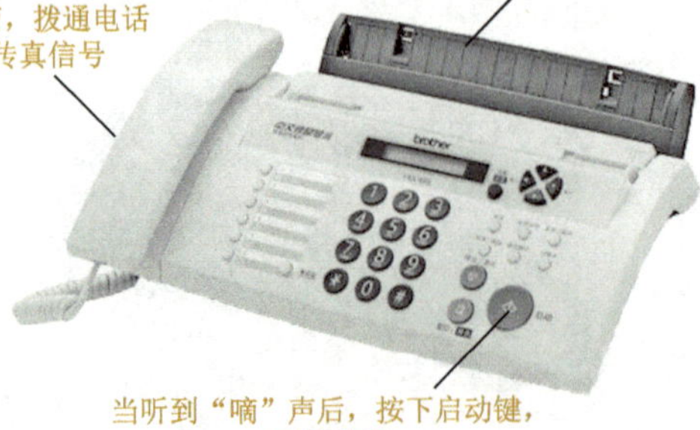

图 8-38 发送传真

③ 提起话筒或按免提键，拔出对方电话号码，等待“准备好”的回音。如果对方传真机处于自动接收状态，用户会听到“准备好接收”的“嘀”声信号；如果对方是手动接收状态，请对方操作员按下“启动（START）”键，将听到类似“嘀”声的信号。

④ 当传真机收到接收方的传真音后，按“启动”键即可传送传真。传输成功，将会显示“成功发送”信息，倘若通信失败，也会有出错信息显示。

（2）接收传真

接收传真时，应该首先选择接收方式。传真机提供 3 种接收模式，即自动、手动和应答。

- 自动模式

自动接收时，传真机必须是处于自动接收状态，可用键选择或者通过编程设置；通常会有自动接收批示灯批示或在显示屏上显示现时为自动接收状态。对方发送的传真到来时，电话铃在响若干声后即转入自动接收对方发来的传输文稿。接收完毕以后，若成功，则会有通信成功的信息显示；不成功，则会有出错信息显示或告警。

- 手动模式

如果用户的传真机主要用于传真传送，并且希望由自己来控制传真接收，则选该模式。在该模式下，一切传真都要经用户应答电话之后才可以接收。

- 应答模式

当用户外出时，希望传真机同时自动接收传真和留言，则选择该模式，而所有的传真电话都由外接的电话应答机管理。

3. 传真机的维护

（1）不要频繁开关传真机

因为每次开关机都会使传真机的电子元器件发生冷热变化，而频繁的冷热变化容易导致机内元器件提前老化，每次开机的冲击电流也会缩短传真机的使用寿命。

（2）尽量使用专用的传真纸

请参照传真机说明书，使用推荐的传真纸。劣质传真纸的光洁度不够，使用时会对感热记录头和输纸辊造成磨损。

（3）禁止在使用过程中打开合纸舱盖

因为传真机的感热记录头大多装在纸舱盖的下面，打印中请不要打开纸卷上面的纸舱盖，打开或关闭纸舱盖的动作不宜过猛。

（4）经常做清洁

要经常使用柔软的干布清洁传真机，保持外部的清洁。对于传真机内部，主要是根据你对机器使用频率和机器的周围环境而定，如是家庭使用，最好每一年清洁保养一次。

（5）使用环境很重要

传真机要避免受到阳光直射、热辐射、强磁场、潮湿、灰尘多的环境，防止水或化学液体流入传真机，以免损坏电子线路及器件。

4. 常见的传真机故障及排除

（1）传真机卡纸

“卡纸”是传真机很容易出现的故障，特别是使用新的纸张或使用过了的纸张都容易产生卡纸故障。如果发生“卡纸”时，在取纸时要注意，只可扳动传真机说明书上允许动的部件，不要盲目拉扯上盖。而且尽可能一次将整纸取出，注意不要把破碎的纸片留在传真机内。

（2）传真机功能键无效

首先检查按键是否被锁定，然后检查电源，并重新开机让传真机再一次进行复位检测，以清除某些死循环程序。如果还不能解决问题，请送修检查。

（3）初装的传真机可以复印，可以打电话，但是不能收发传真

初次安装传真机，用户在进行接线时往往带有随意性，弄不好就把外面进来的电话线错插在“TEL SET”里，这样就造成了只能复印不能接通传真，请将电信局电话线插入传真机标示“TEL LINE”插孔，将电话分机插入传真机标示“TEL SET”插孔。

（4）传真机在复印和接到的传真稿件都是白纸

如果传真机为热感式传真机，则有可能是记录纸正反面安装错误，请将记录纸反面放置再重新试试。热感式传真机所使用的传真纸，只有一面涂有化学药剂。因此安装错了在接收传真时不会印出任何文字或图片。如果您的传真机为色带传真机，请检查色带是否失效或错装。

8.5 投 影 机

投影机是一种数字化设备，用于计算机信息的显示。使用时，常配有大尺寸屏幕，计算机输出的显示信息通过投影机投影到幕布上。在一些办公会议上，会议组织者希望获得大画面、多彩色、高亮度、高分辨率的显示效果，而传统的显示器无法满足人们这方面的要求。近些年来迅速发展的大屏幕投影机技术成为解决彩色大画面显示的有效途径。作为计算机设备的延伸，投影机在数字化、高亮度、高清晰度显示方面具有鲜明的特点，目前被广泛地应用于教学、会议、广告展示等，如图 8-39 所示。

图 8-39 投影机

1. 投影机的分类

根据显示技术的不同投影机分为 CRT 投影机、LCD 投影机以及近些年发展起来的 DLP 投影机。

（1）CRT 投影机

CRT 投影机采用技术与 CRT 显示器类似，是最早的投影技术。它的优点是寿命长，显示的图像色彩丰富，还原性好，具有丰富的几何失真调整能力。由于技术的制约，无法在提高分辨率的同时提高流明，直接影响 CRT 投影机的亮度值，到目前为止，其亮度值始终在 300 流明以下，加上体积较大和操作复杂，已经被淘汰。

（2）LCD 投影机

LCD 投影机的技术是透射式投影技术，目前最为成熟。投影画面色彩还原真实鲜艳，色彩饱和度高，光利用效率很高，LCD 投影机比用相同瓦数光源灯的 DLP 投影机有更高的 ANSI 流明光输出，目前市场高流明的投影机主要以 LCD 投影机为主。它的缺点是黑色层次

表现不是很好，对比度一般在 500：1 左右，现在有达到 10000：1 以上的。投影画面的像素结构可以明显看到。

（3）DLP 投影机

DLP 投影机的技术是反射式投影技术，是现在高速发展的投影技术。它的采用使投影图像灰度等级、图像信号噪声比大幅度提高，画面质量细腻稳定，尤其在播放动态视频有图像流畅，没有像素结构感，形象自然，数字图像还原真实精确。出于成本和机身体积的考虑，目前 DLP 投影机多半采用单片 DMD 芯片设计，所以在图像颜色的还原上比 LCD 投影机稍逊一筹，色彩不够鲜艳。

2. 投影机的使用

（1）安装投影机

投影机一般可分为吊装式和便携式两种。吊装式投影机一般由专业人员进行安装，日常使用的主要是便携式投影机。便携式投影机在安装时应注意桌面与地面的连线，以免不小心断电造成非正常关机。若投影画面倾斜或变形，可调整机器的支腿并固定位置使画面正常。

（2）连接投影机与计算机

笔记本电脑或者视频台上的台式机连接投影机时一般采用两种方式：使用双显卡或使用视频分配器。使用双显卡方式即一台机器同时插两块显卡，一块显卡接显示器，另一块显卡接投影机；视频分配器的作用是将一路视频输入信号分成多路同样的视频信号输出。大多数笔记本电脑都设计了 RGB 接口，可以直接外接显示器或投影机。投影机附带有连接线，连接时把与投影机配套的 RGB 视频电缆一端接在计算机用来外接显示器的 VGA 端口上，另一端接在投影机的 RGB 输入端口上即可。

（3）接通电源

接通电源，投影机即处于待机状态，橙色的指示灯亮。按遥控器或投影机操作面板上的电源按钮，此时投影机进行预热状态，电源指示灯呈绿色闪烁。预热完成后，绿灯停止闪烁，保持灯亮。

（4）启动计算机

连接并开启投影机后，启动计算机。如果投影机上没有显示计算机屏幕信息，则需要切换计算机的输出方式。不同品牌的计算机切换功能键不同，通常笔记本电脑切换键为 Fn+F3 键或 Fn+F8 键。

（5）对投影机进行对焦等调整

为获得最佳投影效果，必须对焦。其具体操作是：将图像投到幕布上，一边移动投影机使图像投身到正确位置，一边调整投影仪镜头旋钮进行对焦，直到图像清晰为止。除此之外，还可使用投影仪操作面板或遥控器调整投影机的分辨率，最好将计算机与投影机的分辨率调整到一致。图像位置、图像大小、亮度、对比度和色彩等。

（6）关闭投影机

投影机使用完成后，按遥控器上的 STAND/ON（待机/开机）按钮，屏幕上出现“关闭电源吗？”的信息，在该信息显示期间（大约持续 5 秒），再次按 STAND/ON（待机/开机）按钮，投影机灯泡将关闭，并开始冷却。在此期间，POWER（电源）指示灯呈绿色闪烁，按 STAND/ON（待机/开机）按钮不起作用。此时投影机在做散热工作，直至确认投影机指示灯为橙色，方可切断投影机总电源。

3. 投影机的日常维护

（1）注意投影机的防尘，对于固定吊装的投影机应该定期进行防尘罩的清洗。

（2）尽量避免过高频率、过长时间的使用投影机，给机器充分的冷却、休息时间。

（3）严防强烈地冲撞、挤压和震动。

（4）停止使用后不能马上断开电源并将机器装包，应让机器散热完成后自动停机，在机器尚处于散热状态时断电造成的损坏是投影机最常见的返修原因。

（5）严禁带电插拔电缆，信号源与投影机电源最好同时接地。

（6）避免将投影机裸露在强烈阳光下操作，严禁淋雨、受潮。

4. 常见投影机故障及排除

（1）投影机连接笔记本电脑，无输出影像

笔记本电脑外接显示设备时，通常有四种显示输出控制：

① 笔记本液晶屏亮，外接显示设备亮。

② 笔记本液晶屏亮，外接显示设备不亮。

③ 笔记本液晶屏不亮，外接显示设备亮。

④ 笔记本液晶屏不亮，外接显示设备不亮。

解决方法：只需按下笔记本电脑键盘功能组合键进行切换即可。不同品牌的笔记本功能不同，如联想笔记本的功能键为 Fn+F3。

（2）投影画面模糊、不清晰

投影画面出现后，需调整焦距或投影机与墙面的距离。手动或电动对焦，直到画面清晰。不能调焦的机器，可通过前后移动投影机解决。

（3）笔记本使用双屏显示时，投影机画面会出现 Windows 背景颜色，但是无其他图像

在桌面上右击，选择“属性”→“设置”，单击显示器 2，不选择“将 Windows 桌面扩展到该监视器上”复选框，如图 8-40 所示。然后投影机的画面会变成蓝屏，最后再使用切换组合键选择输出设备。

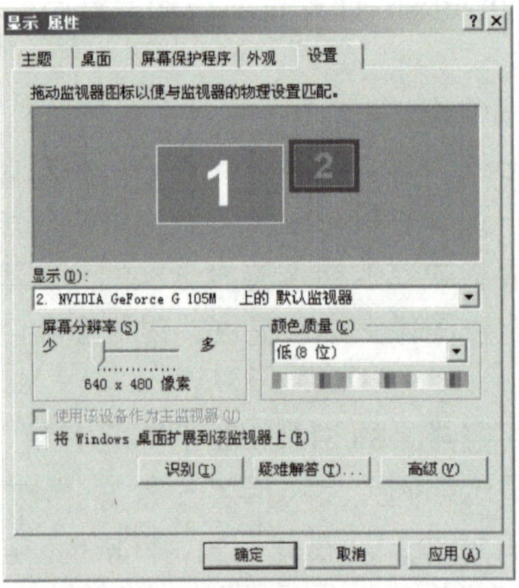

图 8-40 “显示属性”对话框

（4）播放影片时播放软件内画面为黑色

解决方法：调整输出的分辨率跟投影机自身的分辨率相同、将刷新率调到 60Hz、下载最新版本的播放软件一般可解决此问题。

8.6 一体化速印机

一体化速印机又称速印一体机、速印机、高速数码印刷机，是集制版、印刷为一体的油印设备。通过数字扫描、热敏制版成像的方式进行工作，从而实现高清晰的印刷质量，印刷速度在每分钟 100 张以上的印刷设备。一体化速印机能实现对原稿缩放印刷、拼接印刷、自动分纸控制等多种功能，绝大多数的机型还可以支持电脑打印直接输出的功能，如图 8-41 所示。

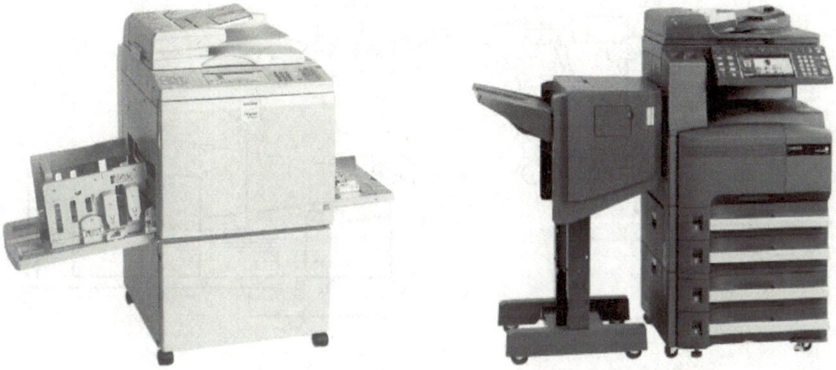

图 8-41　不同型号一体化速印机

从外形上看，一体化速印机和复印机非常相似，尤其是在制板时，同样也是将原稿放在玻璃稿台上。而在功能上它与复印机也有许多相似之处。但是一体化速印机的工作原理和复印机有着本质差别。一体化速印机的印刷首先需要通过光学和热敏制板的原理，把需要印刷的内容制成在印版上，然后再通过印版进行印刷，而在完成印刷后，这张印版也就报废了，无法反复使用。而复印机的印刷则主要是通过光学和半导体感光成像的原理来进行复印的，在复印结束之后，通过放电等手段可以消除感光板上的印象，从而可以反复使用。

1. 工作原理

一体化速印机的印刷过程可以分为卸版、扫描、制版、挂版、进纸、印刷、出纸共 7 个步骤，其内部结构如图 8-42 所示。

一体化速印机的工作大致分为两个过程：制版过程和印刷过程。制版过程如图 8-43 所示。在制新版前，必须先将滚裹在滚筒上已印刷过的纸版卸下。当原稿被输入时，原稿经曝光灯 A 照射后，通过反射镜 B 反射最后经镜头 C 成像于电荷耦合器 CCD 的输入端，CCD 输出电信号，但这是模拟信号，该信号经过 A/D 变换成数字信号，再经调制送到热敏打印头电路中去，控制热敏打印头输出，使之在蜡纸版上打出与图文相应的矩阵状或蜂巢状孔，至此，完成制版工艺。进纸轮输送印纸，分离片和上、下层分离轮组成中央分离机构，从防止送纸过程中发生送多张印纸或卡纸故障，进纸机构的作用是有效地将单张印纸送入印刷滚筒的下方。一体化速印机印刷过程类似于电动油墨印刷，但其挂版工作是挂版机构自动完成。印刷时，被热敏头穿孔的纸板前沿输送到印刷鼓单元纸夹部位，并被夹住，随着鼓旋转，挂在鼓的表面。印刷纸被供纸机构送到鼓的下方，经对位后和鼓上纸版紧密接触，鼓内油墨辊紧紧压在纸版内表面（中间相隔有聚四氟乙烯、不锈钢丝网等介质），并将油墨透过纸版上的图像孔，印刷在纸上，完成其印刷过程。最后利用分离爪及风扇吹风，把印刷后的纸张从滚筒上分离并送到接纸台上，完成印刷全过程。

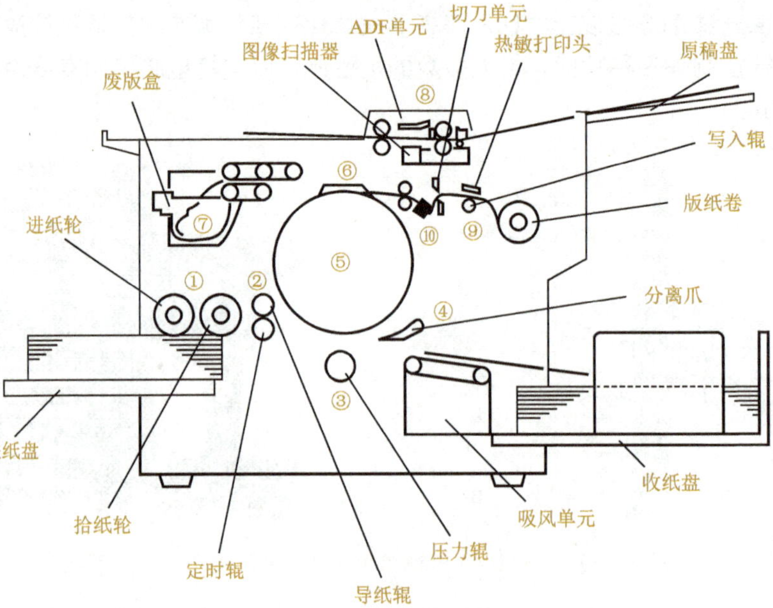

图 8-42　一体机内部结构图

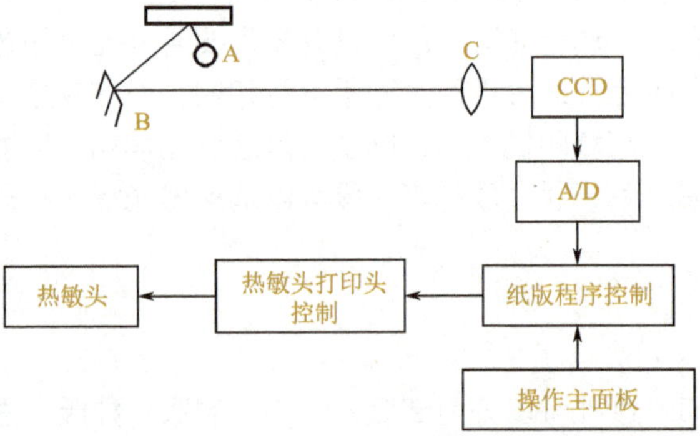

图 8-43　制版过程示意图

2. 操作使用

如图 8-44 所示为一体速印机的操作面板图。

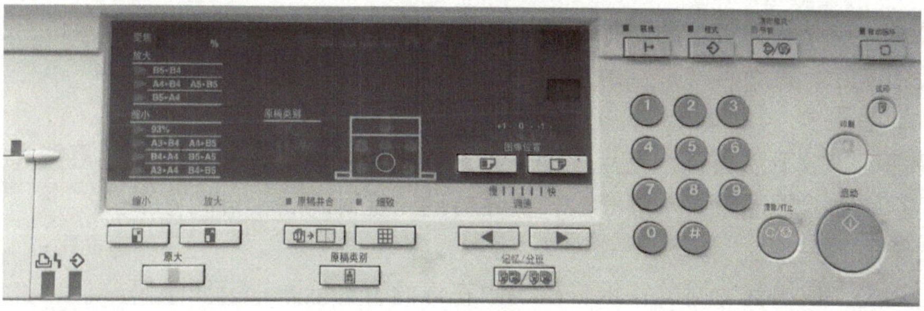

图 8-44　一体化速印机面板

一体化速印机的安装与使用各个型号大同小异，大致操作步骤如下：

（1）接通电源，并打开机器。

（2）检查控制面板上的设定，并按照需要作新的设置。

（3）送入原稿进行扫描制版。打开扫描台盖，将原稿正面朝下放到扫描台玻璃上，并将原稿中央对齐玻璃左侧的标志。放好原稿后，慢慢关上扫描台盖。按启动键，此时会扫描原稿并制版，制版完毕后，会印刷一份样本。

（4）根据印刷样张，校正部分设定，反复几次，直至满意，以使其达到最佳印刷效果；

（5）设定印刷数量，并按下“启动”按钮进行印刷。

（6）取出印刷的纸张，抬起压纸器，拉开出纸台导板，然后取出纸张。

3. 清洁保养与维护

（1）曝光玻璃。提起原稿盖或送稿器，用一块湿布清洁曝光玻璃，然后用一块干布将其擦干净。

（2）原稿台。提起原稿盖，用一块湿布清洁原稿盖，然后用一块干布将其擦干净。

（3）搓纸轮。用块湿布擦掉搓纸轮上的纸尘，然后用一块干布将其擦干净。

（4）分离轮。打开自动送稿器单元，用湿布清洁分离轮，再用干布擦干净。

（5）热敏头。每用完 2 卷蜡纸清洁一次。关掉电源开关，打开原稿台取出蜡纸卷筒（切记将压力杆拨向分离位置），松开压力辊两边螺丝，将压力辊平放取出，用布清洁热敏头表面，用随机奉送的清洁笔及清洁药水清洁热敏头数次，用布擦干净热敏头，然后按上述步骤装回压力辊。

（6）定期清洁曝光灯。

4. 一般故障处理

（1）滚筒表面卡纸

打开蜡纸废盒组件，取出卡纸滚筒上的纸张，有需要时可取出滚筒以便排除卡纸。

（2）废蜡纸纸盒卡蜡纸

打开废蜡纸盖，取出废蜡纸盒，取出被卡的蜡纸，将废蜡纸盒放回原处。

（3）缺版纸

打开稿台，拉高稿台扣杆，然后把稿台向后推把压力杆拉起，松开压在纸版卷面上的压力，把用完的纸版空卷筒取出拿走，并取出旧纸卷筒上的侧挡，将其插入新的纸版卷筒上，将新纸版卷插入机内，把纸版头插入压辊底下，再将压力杆推到原位，转动纸版卷，使纸版拉紧，按下裁剪键，剪齐纸版头，听到“哗、哗”声后，把纸版剪离的部分取出，把稿台拉回原处，直到自动扣紧为止。

（4）缺油墨

拉开前门，放下油墨架，把用完的油墨盒取出，把新的油墨盒放人油墨架内，关闭前门，按下空转键，把油墨送入滚筒内，机器转动一定时间后会自动停下。

（5）印刷不完整

取出滚筒，取出其上面的蜡纸，取出附在滚筒上的纸张，装回滚筒。

思考与实训 8

一、填空题

1．按照打印机的印字方式，打印机主要可以分为__________、__________和__________三种类型。

2．在打印机中，支持各种票据复写打印的是__________打印机。

3．手持式扫描仪的外形与条码扫描仪类似，其光学分辨率一般为__________。

4．在扫描低度扫描图像时出现“内存不足!请关闭其他应用程序”的提示信息，主要的原因是__________设置太小。

5．根据复印机的工作原理，复印机主要可以分为__________和__________。

6．传真机提供了__________、__________和__________三种接收模式。

7．计算机连接投影机时一般采用__________和__________两种方式。

8．使用投影机播放影片时，一般要将刷新率调到__________，可以避免播放软件内画面为黑色。

9．目前市场高流明的投影机主要以__________投影机为主。

10．一体化速印机是__________、__________为一体的油印设备，印刷速度在每分钟__________张以上。

二、实训题

1．在 Windows XP 中使用 Windows 自带的安装程序安装打印机 Star-3200+。

2．使用扫描仪扫描一幅自己的照片，并存储到计算机中。

3．使用传真机给朋友发一份传真。

4．使用复印机缩印一份文件。

5．如何将投影机连接到自己的电脑，并调整其清晰度?

反侵权盗版声明

电子工业出版社依法对本作品享有专有出版权。任何未经权利人书面许可，复制、销售或通过信息网络传播本作品的行为；歪曲、篡改、剽窃本作品的行为，均违反《中华人民共和国著作权法》，其行为人应承担相应的民事责任和行政责任，构成犯罪的，将被依法追究刑事责任。

为了维护市场秩序，保护权利人的合法权益，我社将依法查处和打击侵权盗版的单位和个人。欢迎社会各界人士积极举报侵权盗版行为，本社将奖励举报有功人员，并保证举报人的信息不被泄露。

举报电话：（010）88254396；（010）88258888

传　　真：（010）88254397

E-mail：　dbqq@phei.com.cn

通信地址：北京市万寿路173信箱

　　　　　电子工业出版社总编办公室

邮　　编：100036